电气信息工程丛书

西门子 PLC 高级应用实例精解

——S7-200 SMART+S7-1200/1500 PLC

主　编　向晓汉

主　审　陆金荣

机械工业出版社

本书从实用的角度出发，用实例讲解了西门子 S7-200 SMART+S7-1200/300/400/1500 PLC 的高级应用，包括西门子 PLC 的语言 SCL、S7-Graph，西门子 PLC 的程序设计方法，西门子 PLC 在过程控制中的应用，西门子 PLC 的通信及应用，西门子 PLC 在变频器调速系统中的应用，西门子 PLC 在运动控制中的应用，西门子 PLC 的故障诊断技术，西门子 PLC 高速计数器及应用技术，西门子 PLC 工程应用；用工程实际的开发过程详细介绍了每个实例，便于读者模仿学习；每个实例都有详细的软件、硬件配置清单，并配有接线图和程序。本书的电子资源中有重点内容的程序和操作视频资料。

　　本书可供已经入门 PLC 的工程技术人员、高校教师和学生使用。

图书在版编目（CIP）数据

西门子 PLC 高级应用实例精解：S7-200 SMART+S7-1200/1500 PLC/向晓汉主编 . —北京：机械工业出版社，2024.7
（电气信息工程丛书）
ISBN 978-7-111-75317-9

Ⅰ . ①西… Ⅱ . ①向… Ⅲ . ①PLC 技术 Ⅳ . ①TM571.6

中国国家版本馆 CIP 数据核字（2024）第 052551 号

机械工业出版社（北京市百万庄大街 22 号　邮政编码 100037）
策划编辑：李馨馨　　　　　　　责任编辑：李馨馨　赵晓峰
责任校对：张雨霏　李小宝　　　责任印制：常天培
固安县铭成印刷有限公司印刷
2024 年 7 月第 1 版第 1 次印刷
184mm×260mm·18.75 印张·477 千字
标准书号：ISBN 978-7-111-75317-9
定价：69.80 元

电话服务　　　　　　　　　　网络服务
客服电话：010-88361066　　机 工 官 网：www.cmpbook.com
　　　　　010-88379833　　机 工 官 博：weibo.com/cmp1952
　　　　　010-68326294　　金 书 网：www.golden-book.com
封底无防伪标均为盗版　　机工教育服务网：www.cmpedu.com

前　言

随着计算机技术的发展，以可编程序控制器、变频器调速和计算机通信等技术为主体的新型电气控制系统已经逐渐取代传统的继电器电气控制系统，并广泛应用于各行业。西门子PLC由于具有卓越的性能，因此在工控市场占有非常大的份额，应用十分广泛。但相当多的读者反映虽然对西门子的PLC已经入门，却对PLC的通信、PLC在过程控制中的应用和PLC在运动控制中的应用等"高级"技术无从下手，感觉很难。入门的书很多，而涉及工程高级应用的书很少，因此，为了使读者能更好地掌握相关知识，编者在总结长期的教学经验和工程实践的基础上，联合相关企业人员，共同编写了本书。

自本书的第2版出版已近10年，深受广大读者欢迎。这些年来，西门子的PLC进行了换代，例如S7-200 PLC已经停产，取而代之的是S7-200 SMART PLC，S7-300/400 PLC虽未停产，在大部分场合下已经被S7-1200/1500 PLC取代，因此技术更新和读者的诉求是这次改版的主要动力。此外，新一代的工控人有着和以往不同的学习习惯，新媒体对这一代人打下深深的烙印，为了适应这种变化，编者特意制作了微课，读者扫描二维码便可观看微课视频，配合文字讲解，学习效果会更好。

本书与其他相关书籍相比，具有以下特点。

1）用实例引导读者学习。书中的大部分章节用精选的例子进行讲解。例如，用例子说明现场通信实现的全过程。

2）重点实例都包含软硬件的配置方案图、原理图和程序，而且为确保程序的正确性，程序已经在PLC上运行通过。

3）对于重点章节，配有微课视频，便于读者学习。

4）本书具有实用性，实例容易被读者进行工程移植。

5）本书与时俱进，融入当前的热点新技术，例如机器人、SINAMICS V90伺服系统、IO-LINK通信、智能仪表、网关的通信、PN/PN耦合器、远程维护和扫码器都选入教材并作为工作任务，确保了教材的先进性。

全书共分9章。第1、4、8章主要由无锡职业技术学院的向晓汉编写，第2、3章主要由桂林电子科技大学的向定汉编写，第5~7章主要由龙丽编写，第9章主要由无锡雷华科技有限公司的陆彬编写。参加编写的还有唐克彬、孙腾飞、曹英强和王飞飞。本书由向晓汉任主编，陆金荣高级工程师任主审。

由于编者水平有限，缺点和不足在所难免，敬请读者批评指正。

编　者

2023.6

目　　录

第1章 西门子PLC的语言SCL、S7-Graph

本章介绍SCL和S7-Graph的应用场合和语法等，并最终使读者掌握SCL和S7-Graph的程序编写方法。西门子S7-300/400 PLC、S7-1200 PLC、S7-1500 PLC的SCL具有共性，但针对S7-1200/1500 PLC的SCL有其特色，本章主要针对S7-1200/1500 PLC讲解SCL和S7-Graph。

1.1 西门子PLC的SCL编程

1.1.1 SCL简介

1. SCL概念

SCL（Structured Control Language，结构化控制语言）是一种类似于计算机高级语言的编程方式，它的语法规范接近计算机中的PASCAL（帕斯卡语言）。SCL编程语言达到了IEC 61131—3标准中定义的ST（结构化文本）语言的PLCopen初级水平。

2. SCL应用范围

由于SCL是高级语言，所以其非常适合于如下任务：

1）复杂运算功能。

2）复杂数学函数。

3）数据管理。

4）过程优化。

由于SCL具备的优势，其将在编程中应用越来越广泛，有的PLC厂家已经将结构化文本作为首推编程语言（以前首推为梯形图）。

1.1.2 SCL程序编辑器

1. 打开SCL编辑器

在TIA Portal（博途）项目视图中，单击"添加新块"，新建程序块，编程语言为"SCL"，再单击"确定"按钮，如图1-1所示，即可生成主程序OB1（也可能是OB123等），其编程语言为SCL。在创建新的组织块、函数和函数块时，均可将其编程语言选定为SCL。

在TIA Portal项目视图的项目树中，双击"Main［OB1］"，弹出的视图就是SCL编辑器，如图1-2所示。

2. SCL编辑器的界面介绍

如图1-2所示，SCL编辑器的界面分5个区域，SCL编辑器的各部分组成及含义见表1-1。

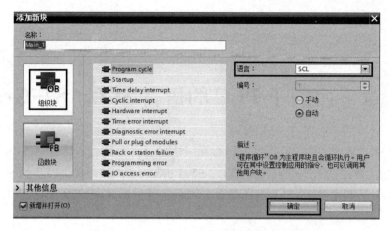

图 1-1 添加新块，选择编程语言为 SCL

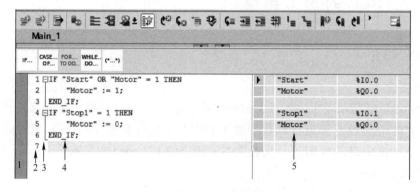

图 1-2 SCL 编辑器

表 1-1 SCL 编辑器的各部分组成及含义

对应序号	组成部分	含 义
1	侧栏	在侧栏中可以设置书签和断点
2	行号	行号显示在程序代码的左侧
3	轮廓视图	轮廓视图中将突出显示相应的代码部分
4	代码区	在代码区，可对 SCL 程序进行编辑
5	绝对操作数的显示	列出了赋值给绝对地址的符号操作数

1.1.3 SCL 编程语言基础

1. SCL 的基本术语

（1）字符集

SCL 使用 ASCII 字符子集：字母 A~Z（大小写），数字 0~9，空格和换行符等，此外，还包含特殊含义的字符，见表 1-2。

表 1-2 SCL 的特殊含义字符

特殊含义字符										
+	−	*	/	=	<	>	[	]	(	)
:	;	$	#	"	,	{	}	%	.	,

（2）数字（Numbers）

在 SCL 中，有多种表达数字的方法，其表达规则如下：

1）数字可以有正负、小数点或者指数表达。

2）数字间不能有空格、逗号和字符。

3）为了便于阅读可以用下划线分隔符，如：16#11FF_AAFF 与 16#11FFAAFF 相等。

4）数字前面可以有正号（+）和负号（-），没有正负号，默认为正数。

5）数字不可超出范围，如整数范围是-32768～+32767。

数字中有整数和实数。

整数分为 INT（范围是-32768～+32767）和 DINT（范围是-2147483648～+2147483647），合法的整数表达举例：-18，+188。

实数也称为浮点数，即带小数点的数，合法的实数表达如：2.3、-1.88 和 1.1e+3（就是 $1.1×10^3$，后同）。

（3）字符串（Character Strings）

字符串就是按照一定顺序排列的字符和数字，字符串用单引号标注，如'QQ&360'。

（4）注释（Comment Section）

注释用于解释程序，帮助读者理解程序，不影响程序的执行，下载程序时，对于 S7-300/400 PLC，注释不会下载到 CPU（中央处理器）中去，注释可下载到 S7-1200/1500 PLC。注释显示为绿色字体。对程序详细的注释是一种良好的习惯。

注释从"（＊"开始，到"＊）"结束，也可以放在双斜杠"//"后面，注释的例子如下：

```
TEMP1:=1;（＊这是一个临时变量，用于存储中间结果＊）
TEMP2:=3;//整数赋值
```

（5）变量（Variables）

在 SCL 中，每个变量在使用前必须声明其变量的类型，以下是根据不同区域将变量分为三类：局域变量、全局变量和允许预定义的变量。

局域变量在逻辑块（FC、FB、OB）中定义，只能在块内有效访问，变量前缀为#（如#Stp），见表 1-3。

表 1-3　SCL 的局域变量

序号	变量	说　明
1	静态变量	静态变量是变量值在块执行期间和执行后保留在背景数据块中，用于保存函数块值，FB 有，而 FC 无，静态变量极为常用，必须要认真领会
2	临时变量	属于逻辑块，不占用静态内存，其值只在执行期间保留。可以同时作为输入变量和输出变量使用
3	块参数	是函数块和函数的形式参数，用于在块被调用时传递实际参数。包括输入参数、输出参数和输入/输出参数等

全局变量是指可以在程序中任意位置进行访问的数据或数据域，变量名带引号，如"Start"。

2. 运算符

一个表达式代表一个值，它可以由单个地址（单个变量）或者几个地址（几个变量）

利用运算符结合在一起组成。

运算符有优先级，遵循一般算数运算的规律。SCL 的运算符见表 1-4。

表 1-4　SCL 的运算符

序号	类　别	名　称	运算符	优先级
1	赋值	赋值	: =	11
2	算术运算	幂运算	* *	2
		乘	*	4
		除	/	4
		模运算	MOD	4
		除	DIV	4
		加、减	+、-	5
3	比较运算	小于	<	6
		大于	>	6
		小于或等于	<=	6
		大于或等于	>=	6
		等于	=	7
		不等于	<>	7
4	逻辑运算	非	NOT	3
		与	AND、&	8
		异或	XOR	9
		或	OR	10
5	（表达式）	（,)	（ ）	1

3. 表达式

表达式是为了计算一个终值所用的公式，它由地址（变量）和运算符组成。表达式的规则如下：

1）两个运算符之间的地址（变量）与优先级高的运算结合。

2）按照运算符优先级进行运算。

3）具有相同的运算级别，从左到右运算。

4）标识符前的减号表示该标识符乘以-1。

5）算术运算不能两个或者两个以上连用。

6）圆括号用于越过优先级。

7）算术运算不能用于连接字符或者逻辑运算。

8）左圆括号与右圆括号的个数应相等。

举例如下：

```
A1 AND（A2）    //逻辑运算表达式
（A3）<（A4）    //比较运算表达式
3+3 * 4/2       //算术运算表达式
```

（1）简单表达式（Simple Expressions）

在 SCL 中，简单表达式就是简单的加减乘除的算式。举例如下：

SIMP_EXPRESSION: = A * B + D / C - 3 * VALUE1;

（2）算术运算表达式（Arithmetic Expressions）

算术运算表达式是由算术运算符构成的，允许处理数值数据类型。

（3）比较运算表达式（Comparison Expressions）

比较运算表达式就是比较两个地址中的数值，结果为布尔数据类型。如果布尔运算的结果为真，则结果为 TRUE，如果布尔运算的结果为假，则结果为 FALSE。比较运算表达式的规则如下：

1）可以进行比较的数据类型有：INT、DINT、REAL、BOOL、BYTE、WORD、DWORD、CHAR 和 STRING 等。

2）对于 DT、TIME、DATE、TOD 等时间数据类型，只能进行同数据类型的比较。

3）不允许 S5TIME 型的比较，如要进行时间比较，必须使用 IEC 的时间。

4）比较运算表达式可以与布尔规则相结合，形成语句。例如：Value_A > 20 AND Value_B < 20。

（4）逻辑运算表达式（Logical Expressions）

逻辑运算符 AND、&、XOR 和 OR 与逻辑地址（布尔型）或数据类型为 BYTE、WORD、DWORD 型的变量结合而构成的逻辑运算表达式。SCL 的逻辑运算符及其地址和结果的数据类型见表 1-5。

表 1-5　SCL 的逻辑运算符及其地址和结果的数据类型

序号	运算	标识符	第一个地址	第二个地址	结果	优先级
1	非	NOT	ANY_BIT	—	ANY_BIT	3
2	与	AND	ANY_BIT	ANY_BIT	ANY_BIT	8
3	异或	XOR	ANY_BIT	ANY_BIT	ANY_BIT	9
4	或	OR	ANY_BIT	ANY_BIT	ANY_BIT	10

4. 赋值

通过赋值，一个变量接受另一个变量或者表达式的值。在赋值运算符"：="左边的是变量，该变量接受右边的地址或者表达式的值。

（1）基本数据类型的赋值（Value Assignments with Variables of an Elementary Data Type）

每个变量、每个地址或者表达式都可以赋值给一个变量或者地址。赋值举例如下：

```
SWITCH_1 : = -17 ;                 //给变量赋值常数
SETPOINT_1 : = 100. 1 ;
QUERY_1 : = TRUE ;
TIME_1 : = T#1H_20M_10S_30MS ;
SETPOINT_1 : = SETPOINT_2 ;        //给变量赋值变量
SWITCH_2 : = SWITCH_1 ;
SWITCH_2 : = SWITCH_1 * 3 ;        //给变量赋值表达式
```

（2）结构和 UDT 的赋值（Value Assignments with Variables of the Type STRUCT and UDT）

结构和 UDT（即 PLC 数据类型）是复杂的数据类型，但很常用。可以对其赋值同样的数据类型变量、同样数据类型的表达式、同样的结构或者结构内的元素。应用举例如下：

```
MEASVAL : = PROCVAL ;                    //把一个完整的结构赋值给另一个结构
```

```
MEASVAL. VOLTAGE : = PROCVAL. VOLTAGE ;        //结构的一个元素赋值给另一个结构的元素
AUXVAR : = PROCVAL. RESISTANCE ;               //将结构元素赋值给变量
MEASVAL. RESISTANCE : = 4.5;                    //把常数赋值给结构元素
MEASVAL. SIMPLEARR[1,2] : = 4;                  //把常数赋值给数组元素
```

（3）数组的赋值（Value Assignments with Variables of the Type ARRAY）

数组的赋值类似于结构的赋值，有数组元素的赋值和完整数组赋值。数组元素赋值就是对单个数组元素进行赋值，这比较常用。当数组元素的数据类型、数组下标和数组上标都相同时，一个数组可以赋值给另一个数组，这就是完整数组赋值。应用举例如下：

```
SETPOINTS : = PROCVALS ;               //把一个数组赋值给另一个数组
CRTLLR[2] : = CRTLLR_1 ;               //数组元素赋值
CRTLLR [1,4] : = CRTLLR_1 [4];         //数组元素赋值
```

1.1.4 控制语句

SCL 提供的控制语句可分为三类：选择语句、循环语句和程序跳转语句。

1. 选择语句（Selective Statements）

选择语句有 IF 和 CASE，其使用方法和 C 语言等高级计算机语言的用法类似，其功能说明见表 1-6。

表 1-6　SCL 的选择语句功能说明

序号	语句	说　明
1	IF	是二选一的语句，判断条件是"TRUE"或者"FALSE"，控制程序进入不同的分支进行执行
2	CASE	是一个多选语句，根据变量值，程序有多个分支

（1）IF 语句

IF 语句是条件，当条件满足时，按照顺序执行，不满足时跳出，其应用举例如下：

```
IF "START1" THEN      //当 START1 = 1 时，将 N、SUM 赋值为 0，将 OK 赋值为 FALSE
    N : = 0 ;
    SUM : = 0 ;
    OK : = FALSE ;
EISEIF "START" = TRUE THEN
    N : = N + 1 ;           //当 START = TRUE 时，执行 N : = N + 1 ;
    SUM : = SUM + N ;       //当 START = TRUE 时，执行 SUM : = SUM + N ;
ELSE
    OK : = FALSE ;          //当 START = FALSE 时，执行 OK : = FALSE ;
END_IF ;                    //结束 IF 条件语句
```

（2）CASE 语句

当需要从问题的多个可能操作中选择其中一个执行时，可以选择嵌套 IF 语句来控制选择执行，但是选择过多会增加程序的复杂性，降低了程序的执行效率。这种情况下，使用 CASE 语句就比较合适。其应用举例如下：

```
CASE TW OF
    1 : DISPLAY : = OVEN_TEMP ;    //当 TW = 1 时，执行 DISPLAY : = OVEN_TEMP ;
    2 : DISPLAY : = MOTOR_SPEED;   //当 TW = 2 时，执行 DISPLAY : = MOTOR_SPEED;
```

　　　3：DISPLAY：= GROSS_TARE；　　//当 TW=3 时，执行 DISPLAY：= GROSS_TARE；QW4：= 16
　　　　#0003；
　　　　QW4：= 16#0003；
　　　4..10：DISPLAY：= INT_TO_DINT（TW）；//当 TW=4..10 时，执行 DISPLAY：= INT_TO_DINT
　　　　（TW）；
　　　　QW4：= 16#0004；　　　　　　　//当 TW=4..10 时，执行 QW4：= 16#0004；
　　　11,13,19：DISPLAY：= 99；
　　　　QW4：= 16#0005；
　　ELSE
　　　DISPLAY：= 0；　　　　　　　　//当 TW 不等于以上数值时，执行 DISPLAY：= 0；
　　　TW_ERROR：= 1；　　　　　　　//当 TW 不等于以上数值时，执行 TW_ERROR：= 1；
　　END_CASE；　　　　　　　　　　//结束 CASE 语句

2. 循环语句（Loops）

SCL 提供的循环语句有三种：FOR 语句、WHILE 语句和 REPEAT 语句。其功能说明见表 1-7。

表 1-7　SCL 的循环语句功能说明

序号	语　　句	说　　明
1	FOR	只要控制变量在指定的范围内，就重复执行语句序列
2	WHILE	只要一个执行条件满足，某一语句就周而复始地执行
3	REPEAT	重复执行某一语句，直到终止该程序的条件满足为止

（1）FOR 语句

FOR 语句的控制变量为 INT 或者 DINT 类型的局部变量。FOR 循环语句定义了：指定的初值和终值，这两个值的类型必须与控制变量的类型一致。其应用举例如下：

```
FOR INDEX := 1 TO 50 BY 2 DO    //INDEX 初值为 1，终值为 50，步长为 2
    IF IDWORD［INDEX］= 'KEY' THEN
        EXIT；
    END_IF；
END_FOR；                        //结束 FOR 语句
```

（2）WHILE 语句

WHILE 语句通过执行条件来控制语句的循环执行。执行条件是根据逻辑表达式的规则形成的。其应用举例如下：

```
WHILE INDEX <= 50 AND IDWORD［INDEX］<> 'KEY' DO
    INDEX := INDEX + 2；    //当 INDEX <= 50 AND IDWORD［INDEX］<> 'KEY'时
                           //执行 INDEX := INDEX + 2；
END_WHILE；                //终止循环
```

（3）REPEAT 语句

在终止条件满足之前，使用 REPEAT 语句反复执行 REPEAT 语句与 UNTIL 之间的语句。终止的条件是根据逻辑表达式的规则形成的。REPEAT 语句的条件判断在循环体执行之后进行。就是终止条件得到满足，循环体仍然至少执行一次。其应用举例如下：

```
REPEAT
    INDEX := INDEX + 2；  //循环执行 INDEX := INDEX + 2；
    UNTIL INDEX > 50 OR IDWORD［INDEX］= ' KEY'    //直到 INDEX > 50 或 IDWORD
                                                  ［INDEX］='KEY'
END_REPEAT；                                      //终止循环
```

3. 程序跳转语句（Program Jump）

在 SCL 中的跳转语句有四种：CONTINUE 语句、EXIT 语句、GOTO 语句和 RETURN 语句。其功能说明见表 1-8。

表 1-8　SCL 的程序跳转语句功能说明

序号	语句	说　　明
1	CONTINUE	用于终止当前循环反复执行
2	EXIT	不管循环终止条件是否满足，在任意点退出循环
3	GOTO	使程序立即跳转到指定的标号处
4	RETURN	使得程序跳出正在执行的块

（1）CONTINUE 语句的应用举例

用一个例子说明 CONTINUE 语句的应用。

```
INDEX := 0 ;
WHILE INDEX <= 100 DO
    INDEX := INDEX + 1 ;
    IF ARRAY[INDEX] = INDEX THEN
        CONTINUE ;          //当 ARRAY[INDEX] = INDEX 时，退出循环
    END_IF ;
    ARRAY[INDEX] := 0 ;
END_WHILE ;
```

（2）EXIT 语句的应用举例

用一个例子说明 EXIT 语句的应用。

```
FOR INDEX_1 := 1 TO 51 BY 2 DO
    IF IDWORD[INDEX_1] = 'KEY' THEN
        INDEX_2 := INDEX_1 ;  //当 IDWORD[INDEX_1] = 'KEY'，执行 INDEX_2 := INDEX_1；
        EXIT ;                //当 IDWORD[INDEX_1] = 'KEY'，执行退出循环
    END_IF ;
END_FOR ;
```

（3）GOTO 语句的应用举例

用一个例子说明 GOTO 语句的应用。

```
IF A > B THEN
    GOTO LAB1 ;          //当 A > B 跳转到 LAB1
ELSEIF A > C THEN
    GOTO LAB2 ;          //当 A > C 跳转到 LAB2
END_IF ;
LAB1: INDEX := 1 ;
    GOTO LAB3 ;          //当 INDEX := 1 跳转到 LAB3
LAB2: INDEX := 2 ;
```

微课
SCL 应用举例

1.1.5　SCL 应用举例

前文中介绍了 SCL 的基础知识，以下用几个例子介绍 SCL 的具体应用。

【**例 1-1**】用 SCL 语言编写一个主程序，实现对一台电动机的起停控制。

【**解**】

1）新建项目。新建一个项目"SCL"，在 TIA Portal 项目视图的项目树中，单击"添加新块"，新建程序块，编程语言为"SCL"，再单击"确定"按钮，如图 1-1 所示，即可生成主程序 OB1（OB123），其编程语言为 SCL。

2）新建变量表。在 TIA Portal 项目视图项目树中，双击"添加新变量表"，弹出变量表，输入和输出变量与对应的地址如图 1-3 所示。注意：这里的变量是全局变量。

PLC 变量				
		名称	变量表	数据类型	地址
1	🔲	Step	默认变量表	Byte	%MB100
2	🔲	Start	默认变量表	Bool	%I0.0
3	🔲	E_Stop	默认变量表	Bool	%I0.1
4	🔲	Motor	默认变量表	Bool	%Q0.0

图 1-3　新建变量表

3）编写 SCL 程序。在 TIA Portal 项目视图的项目树中，双击"Main_1"，弹出视图就是 SCL 编辑器，在此界面中输入 SCL 程序，如图 1-4 所示。运行此程序可实现电动机的起停控制。

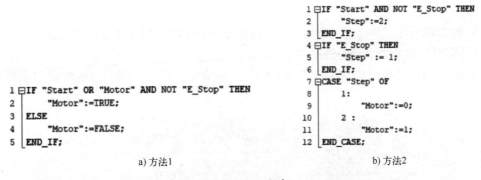

a) 方法1　　　　　　　　　　　　　　　　b) 方法2

图 1-4　SCL 程序

【**例 1-2**】将英寸单位的整数数值（1 in = 25.4 mm），转换成以毫米为单位的双整数数值。要求用 SCL 编写函数实现此功能。

【**解**】

1）新建项目。新建一个项目"SCL1"，在 TIA Portal 项目视图的项目树中，单击"添加新块"，新建程序块，块名称为"InchToMm"，编程语言为"SCL"，块的类型是"函数 FC"，再单击"确定"按钮，即可生成函数 FC1，其编程语言为 SCL。

2）定义函数块的变量。打开新建的函数"InchToMm"，定义函数 InchToMm 的输入变量（Input）、输出变量（Output）和临时变量（Temp），如图 1-5 所示。注意：这些变量是局部变量，只在本函数内有效。

3）编写函数 InchToMm 的 SCL 程序如图 1-6 所示。

4）编写主程序，OB1 中的程序如图 1-7 所示。

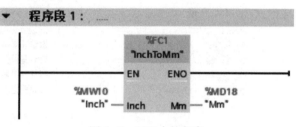

图 1-5　定义函数块的变量

```
1  #Temp1:=INT_TO_REAL(#Inch);
2  #Temp2 := #Temp1 * 25.4;
3  #Mm := ROUND(#Temp2);
```

图 1-6　函数 InchToMm 的 SCL 程序

图 1-7　OB1 中的程序

【**例 1-3**】用 S7-1200/1500 PLC 控制一台鼓风机，鼓风机系统一般由引风机和鼓风机两级构成。当按下起动按钮之后，引风机先工作，工作 5 s 后，鼓风机工作。按下停止按钮之后，鼓风机先停止工作，5 s 之后，引风机才停止工作。

【**解**】

1）创建新项目，并创建函数块 FB1，打开函数块 FB1，创建其块接口参数，如图 1-8a 所示。特别要注意静态变量的创建。

2）编写 FB1 的 SCL 程序如图 1-8b 所示。再编写主程序，OB1 中的梯形图如图 1-8c 所示。

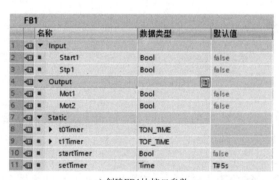

a) 创建FB1块接口参数

```
1 □IF #Start1 OR #startTimer AND #Stp1 THEN
2      #startTimer := TRUE;
3 ELSE
4      #startTimer := FALSE;
5 END_IF;
6 #t0Timer(IN:=#startTimer,PT:=#setTimer,Q=>#Mot1);
7 #t1Timer(IN:=#startTimer,PT:=#setTimer,Q=>#Mot2);
```

b) FB1的SCL程序

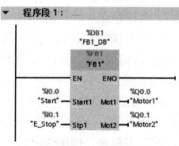

c) OB1中的梯形图

图 1-8　例 1-3 图

【例 1-4】 计算字中为 "1" 的位的数量。要求用 SCL 编写函数实现此功能。

【解】

1）新建项目。新建一个项目 "SCL2"，在 TIA Portal 项目视图的项目树中，单击 "添加新块"，新建程序块，块名称为 "WordBitCount"，编程语言为 "SCL"，块的类型是 "函数块 FB"，再单击 "确定" 按钮，即可生成函数块 FB1，其编程语言为 SCL。

2）定义函数块的变量。打开新建的函数 "WordBitCount"，定义函数 WordBitCount 的输入变量（Input）、输出变量（Output）和临时变量（Temp），如图 1-9a 所示。注意：这些变量是局部变量，只在本函数内有效。

3）编写函数 WordBitCount 的 SCL 程序如图 1-9b 所示。

4）编写主程序，OB1 中的程序如图 1-9c 所示。如果输入端的数据为 2#1111_1000，那么输出端结果为 5。

WordBitCount				
		名称	数据类型	默认值
1	▼	Input		
2	■	status	Word	16#0
3	▼	Output		
4	■	count	Int	0
5	▼	Static		
6	■	statStatus	Word	16#0
7	■	statCount	Int	0
8	▼	Temp		
9	■	nCycle	Int	

a) 定义函数块的变量

```
1   #statCount := 0;
2   #statStatus := #status;
3 □FOR #nCycle := 0 TO 15 DO    //循环16次，即测试16个位
4   □   IF #statStatus.%X0      //如果该位为1
5       THEN
6           #statCount += 1;    //计数值加1
7       END_IF;
8       #statStatus := ROR_WORD(IN := #statStatus, N := 1); //字的右循环
9   END_FOR;
10  #count := #statCount;
```

b) 函数WordBitCount的SCL程序

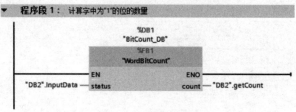

c) OB1中的程序

图 1-9　例 1-4 图

1.2　西门子 PLC 的 S7-Graph 编程

实际工业生产的控制过程中，顺序逻辑控制占有相当大的比例。所谓顺序逻辑控制，就是按照生产工艺预先规定的顺序，在各个输入信号的作用下，根据内部状态和时间顺序，在

生产过程中的各个执行机构自动地、有秩序地进行操作。S7-Graph 是一种顺序功能图编程语言，它能有效地应用于设计顺序逻辑控制程序。目前只有 S7-300/400/1500 PLC 支持 S7-Graph 编程。

1.2.1　S7-Graph 编程基础

1. S7-Graph 程序构成

在 TIA Portal 软件（STEP7）中，只有 FB（函数块）可以使用 S7-Graph 语言编程。S7-Graph 编程界面为图形界面，包含若干个顺控器。当编译 S7-Graph 程序时，其生成的块以 FB 的形式出现，此 FB 可以被其他程序调用，例如 OB1、OB35。顺序控制 S7-Graph 程序构成如图 1-10 所示。

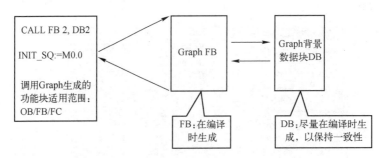

图 1-10　顺序控制 S7-Graph 程序构成

2. S7-Graph 的编辑器

（1）打开 S7-Graph 的编辑器

新建一个项目"Graph"，在 TIA Portal 项目视图的项目树中，单击"添加新块"，新建程序块，块名称为"FB1"，编程语言为"GRAPH"，块的类型是"函数块 FB"，再单击"确定"按钮，如图 1-11 所示，即可生成函数块 FB1，其编程语言为 Graph。

图 1-11　添加新块 FB1

（2）S7-Graph 编辑器的组成

S7-Graph 编辑器由生成和编辑程序的工具条、工作区、导航视图和块接口四部分组成，如图 1-12 所示。

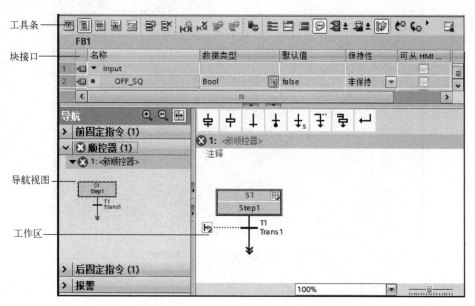

图 1-12　S7-Graph 编辑器

1）工具条。工具条可以分为 3 类，具体如下：

① 视图：调整显示作用，如是否显示符号名等。

② 顺控器：包含顺控器元素，如分支、跳转和步等。

③ LAD/FBD：可以为每步添加 LAD（梯形图）/FBD（功能块图）指令。

2）工作区。在工作区内可以对顺控程序的各个元素进行编程。可以在不同视图中显示 Graph 程序，还可以使用缩放功能缩放这些视图。

3）导航视图。导航视图中包含的视图有：前固定指令、顺序视图、后固定指令和报警视图。

4）块接口。创建 S7-Graph 时，可以选择接口参数的最小数目、默认接口参数和接口参数的最大数目，每一个参数集都包含一组不同的输入和输出参数。

打开 S7-Graph 编辑器，本节打开 FB1 就是打开 S7-Graph 编辑器，在菜单栏中，单击"选项"→"设置"，弹出"属性"选项卡，在"常规"→"PLC 编程"→"GRAPH"→"接口"下，有三个选项可供选择，如图 1-13 所示，"默认接口参数"就是标准接口参数。

3. 顺控器规则

S7-Graph 格式的 FB 程序是这样工作的：

1）每个 S7-Graph 格式的 FB，都可以作为一个普通 FB 被其他程序调用。

2）每个 S7-Graph 格式的 FB，都被分配一个背景数据块，此数据块用来存储 FB 参数设置、当前状态等。

3）每个 S7-Graph 格式的 FB，都包括三个主要部分：顺控器之前的前固定指令（Permanent Pre-instructions）、一个或多个顺控器、顺控器之后的后固定指令（Permanent Post-instructions）。

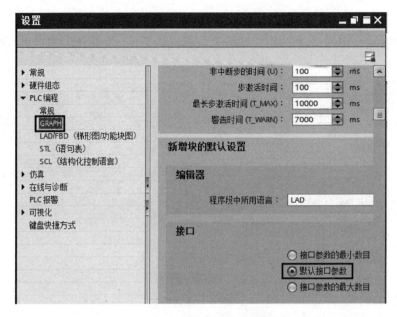

图 1-13　设置 Graph 接口的参数集

（1）顺控器执行规则

1）步的开始。每个顺控器都以一个初始步或者多个位于顺控器任意位置的初始步开始。

只要某个步的某个动作（Action）被执行，则认为此步被激活（Active），如果多个步被同时执行，则认为是多个步被激活（Active）。

2）一个激活步的退出。任意激活的干扰（Active Disturbs），例如互锁条件或监控条件的消除或确认，并且至后续步的转换条件（Transition）满足时，激活步退出。

3）满足转换条件的后续步被激活。

4）在顺控器的结束位置的处理。

① 如有一个跳转指令（Jump），指向本顺控器的任意步，或者 FB 的其他顺控器，此指令可以实现顺控器的循环操作。

② 如有分支停止指令，顺控器的步将停止。

5）激活的步（Active Step）。激活的步是一个当前自身的动作正在被执行的步。一个步在如下任意情况下，都可被激活：

① 当某步前面的转换条件满足。

② 当某步被定义为初始步（Initial Step），并且顺控器被初始化。

③ 当某步被其他基于事件的动作调用（Event-dependent Action）。

（2）顺控器的结构

顺控器主要结构有：简单的线性结构顺控器（如图 1-14a 所示）、选择结构及并行结构顺控器（如图 1-14b 所示）和多个顺控器（如图 1-14c 所示）。

（3）顺控器元素

在工具栏中有一些顺控器元素，这是创建程序所必需的，必须掌握，顺控器元素的含义见表 1-9。

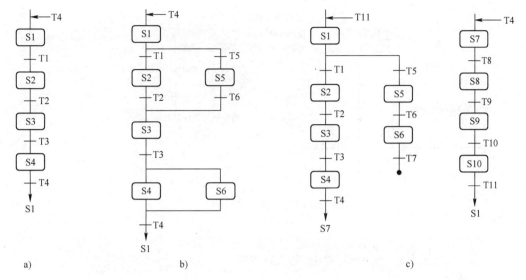

图 1-14　顺控器的结构

表 1-9　顺控器元素的含义

序号	元　　素	中 文 含 义
1	╪	步和转换条件
2	╬	添加新步
3	┴	添加转换条件
4	╪•	顺控器结尾
5	╪s	指定顺控器的某一步跳转到另一步
6	╥¨	打开选择分支
7	╦	打开并行分支
8	⌐	关闭分支

4. 条件与动作的编程

（1）步的构成及属性

一个 S7-Graph 程序由多个步组成，其中每一步由步序、步名、转换编号、转换名、转换条件和动作命令组成，步的说明图如图 1-15 所示。步序、步名和转换名由系统自动生成，一般无须修改，也可以自己修改，但必须是唯一的。步的动作由命令和操作数地址组成，左边的框中输入命令，右边的框中输入操作数地址。

（2）动作（Action）

动作有标准动作和事件有关的动作，动作中可以为定时器、计数器和算术运算等。步的动作在 S7-Graph 的 FB 中占有重要位置，用户大部分控制任务要由步的动作来完成，编程者应当熟练掌握所有的动作指令。添加动作很容易，选中动作框，在相应的区域中输入命令和动作即可，添加动作只要单击"新增"按钮即可，如图 1-16 所示。

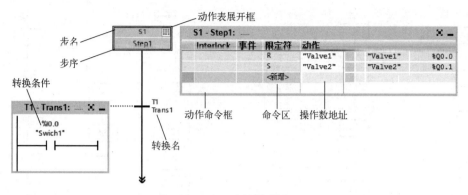

图 1-15　步的说明图

图 1-16　添加动作

标准动作在编写程序中较为常用，常用的标准动作的含义见表 1-10。

表 1-10　常用的标准动作的含义

序号	命令	含　义
1	N	输出，当该步为激活步时，对应的操作数输出为 1；当该步为非激活步时，对应的操作数输出为 0
2	S	置位，当该步为激活步时，对应的操作数输出为 1；当该步为非激活步时，对应的操作数输出为 1，除非遇到某一激活步将其复位
3	R	复位，当该步为激活步时，对应的操作数输出为 0，并保持一致
4	D	延迟，当该步为激活步时，开始倒计时，计时时间到，对应的操作数输出为 1；当该步为非激活步时，对应的操作数输出为 0
5	L	脉冲限制，当该步为激活步时，对应的操作数输出为 1，并开始倒计时，计时时间到，输出为 0；当该步为非激活步时，对应的操作数输出为 0
6	CALL	块调用，当该步为激活步时，指定的块会被调用

（3）动作中的算术运算

在动作中可以使用如下简单的算术运算语句：

1）A:=B。

2）A:=函数（B），可以使用 S7-Graph 内置的函数。

3）A:=B<运算符>C，例如 A:=B + C。

算术运算必须使用英文符号，不允许使用中文符号。

5. 转换条件

转换条件可以是事件，例如退出激活步，也可以是状态变化。条件可以在转换、联锁、监控和固定性指令中出现。

6. S7-Graph 的函数块参数

在 S7-Graph 编辑器中编写程序后，生成函数块。在 FB 函数有 4 个参数设置区，有 4 个参数集选项，分别介绍如下：

1）Minimum（最小参数集），FB 只包括 INIT_SQ 启动参数，如果用户的程序仅仅会运行在自动模式，并且不需要其他的控制及监控功能。

2）Standard（标准参数集），FB 包括默认参数，如果用户希望程序运行在各种模式，并提供反馈及确认消息功能。

3）Maximum（最大参数集），FB 包括默认参数、扩展参数，提供更多的控制和监控参数。

4）User-defined（用户定义参数集），包括默认参数和扩展参数，可提供更多的控制和监控参数。

S7-Graph FB 的部分参数及其含义见表 1-11。

表 1-11　S7-Graph FB 的部分参数及其含义

序号	FB 参数	数据类型	含　义
1	ACK_EF	BOOL	故障信息得到确认
2	INIT_SQ	BOOL	激活初始步，顺控器复位
3	OFF_SQ	BOOL	停止顺控器，例如使所有步失效
4	SW_AUTO	BOOL	模式选择：自动模式
5	SW_MAN	BOOL	模式选择：手动模式
6	SW_TAP	BOOL	模式选择：单步调节
7	SW_TOP	BOOL	模式选择：自动或切换到下一个
8	S_SEL	INT	选择：如果在手动模式下选择输出参数 "S_NO" 的步号，则需使用 "S_ON"/"S_OFF" 进行启用/禁用
9	S_ON	BOOL	手动模式：激活步显示
10	S_OFF	BOOL	手动模式：去使能步显示
11	T_PUSH	BOOL	单步调节模式：如果传送条件满足，上升沿可以触发连续程序的传送
12	HALT_SQ	BOOL	暂停顺序控制器
13	HALT_TM	BOOL	停止所有步的激活运行时间、块运行与重新激活临界时间
14	S_NO	INT	显示步号
15	AUTO_ON	BOOL	显示自动模式
16	TAP_ON	BOOL	显示半自动模式
17	MAN_ON	BOOL	显示手动模式

1.2.2 S7-Graph 的应用举例

以下用一个简单的例子来讲解 S7-Graph 编程应用的过桯。

【例 1-5】用一台 PLC 控制 3 盏灯，实现如下功能：初始状态时所有的灯都不亮；按下按钮 SB1，灯 HL1 亮；按下按钮 SB2，灯 HL2 亮，灯 HL1 灭；2 s 后，灯 HL2 和灯 HL3 亮；再 2 s 后，所有灯熄灭；从头如此循环。程序要求用 S7-Graph 设计实现。

【解】

1）根据题意，先绘制流程图如图 1-17 所示。

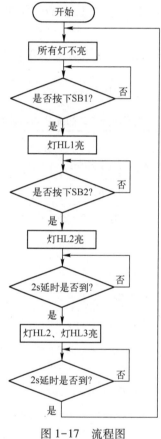

图 1-17　流程图

2）新建一个项目 "Graph1"，并进行硬件组态，再编译和保存该项目。

3）在 TIA Portal 项目视图的项目树中，单击 "添加新块"，新建程序块，块名称为 "FB1"，编程语言为 "GRAPH"，块的类型是 "函数块 FB"，再单击 "确定" 按钮，如图 1-11 所示，即可生成函数块 FB1，其编程语言为 Graph。

4）编辑 Graph 程序。编写完整的 FB1 的 Graph 程序如图 1-18 所示，D "Switch"，t#2s 表示延时 2 s 后，"Switch" 接通，#Step4. T 表示第 4 步的时间，相当于定时器。之后，单击标准工具栏中的 "保存" 按钮🖫。

5）编写 OB1 中的程序。编写程序如图 1-19 所示。M10. 2 每次接通产生一个上升沿，对 FB1 进行初始化。

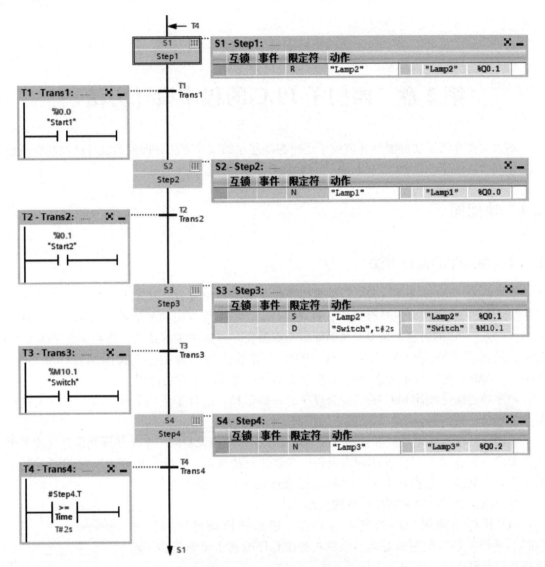

图 1-18　FB1 的 Graph 程序

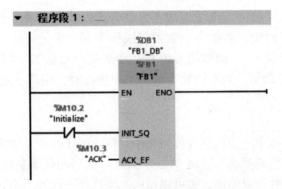

图 1-19　OB1 中的程序

第 2 章　西门子 PLC 的程序设计方法

本章主要介绍了功能图，并讲解了逻辑控制程序的设计方法，即经验设计法和功能图设计法，同时讲解了 SCL 和 S7-Graph 语言编程方法及应用。

2.1　功能图

2.1.1　功能图的设计方法

微课
功能图的设计
方法

功能图（SFC）是描述控制系统的控制过程、功能和特征的一种图解表示方法。它具有简单、直观等特点，不涉及控制功能的具体技术，是一种通用的语言，是 IEC（国际电工委员会）首选的编程语言，近年来在 PLC 的编程中已经得到了普及与推广。在 IEC 60848 中称顺序功能表图，在我国国家标准 GB/T 6988.1—2008《电气技术用文件的编制 第 1 部分：规则》中称功能图。

顺序功能图是设计 PLC 顺序控制程序的一种工具，适合于系统规模较大、程序关系较复杂的场合，特别适合于对顺序操作的控制。

功能图的基本思想是：设计者按照生产要求，将被控设备的一个工作周期划分成若干个工作阶段（简称"步"），并明确表示每一步要执行的输出，"步"与"步"之间通过制定的条件进行转换，在程序中，只要通过正确连接进行"步"与"步"之间的转换，就可以完成被控设备的全部动作。

PLC 执行功能图程序的基本过程是：根据转换条件选择工作"步"，进行"步"的逻辑处理。组成功能图程序的基本要素是步、转换条件和有向连线，如图 2-1 所示。

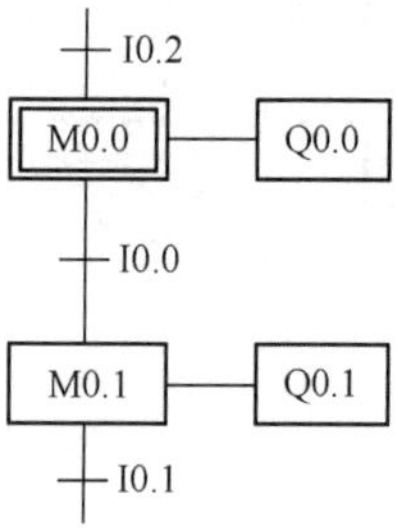

1. 步

一个顺序控制过程可分为若干个阶段，也称为步或状态。系统初始状态对应的步称为初始步，初始步一般用双线框表示。在每一步中施控系统要发出某些"命令"，而被控系统要完成某些"动作"，"命令"和"动作"都称为动作。当系统处于某一工作阶段时，则该步处于激活状态，称为活动步。

图 2-1　功能图

2. 转换条件

使系统由当前步进入下一步的信号称为转换条件。顺序控制设计法用转换条件控制代表各步的编程元件，让它们的状态按一定的顺序变化，然后用代表各步的编程元件去控制输出。不同状态的转换条件可以不同，也可以相同。当转换条件各不相同时，在功能图程序中每次只能选择其中一种工作状态（称为"选择分支"），当转换条件都相同时，在功能图程序中每次可以选择多个工作状态（称为"选择并行分支"）。只有满足条件状态，才能进行逻辑处理与输出。因此，转换条件是功能图程序选择工作状态（步）的"开关"。

3. 有向连线

步与步之间的连接线称为有向连线，有向连线决定了状态的转换方向与转换途径。在有向连线上有短线，表示转换条件。当条件满足时，转换得以实现，即上一步的动作结束而下一步的动作开始，因而不会出现动作重叠。步与步之间必须要有转换条件。

图 2-1 中的双线框为初始步，M0.0 和 M0.1 是步名，I0.0、I0.1 为转换条件，Q0.0、Q0.1 为动作。当 M0.0 有效时，输出指令驱动 Q0.0。步与步之间的连线称为有向连线，它的箭头省略未画。

4. 功能图的结构分类

根据步与步之间的进展情况，功能图分为以下几种结构。

（1）单一顺序

单一顺序动作是一个接一个地完成，完成每步只连接一个转移，每个转移只连接一个步，顺序功能图和梯形图是一一对应的。以下用"起保停"电路来讲解功能图和梯形图的对应关系。

为了便于将顺序功能图转换为梯形图，采用代表各步的编程元件的地址（比如 M0.2）作为步的代号，并用编程元件的地址来标注转换条件和各步的动作和命令，当某步对应的编程元件置 1，代表该步处于活动状态。

标准的"起保停"梯形图如图 2-2 所示，图中 I0.0 为 M0.1（线圈）的起动条件，当 I0.0 置 1 时，M0.1 得电；I0.1 为 M0.1 的停止条件，当 I0.1 置 1 时，M0.1 断电；M0.1 的辅助触点为 M0.1 的保持条件。

如图 2-3 所示的顺序功能图，M0.1 转换为活动步的条件是 M0.1 步的前一步是活动步，相应的转换条件（I0.0）得到满足，即 M0.1 的起动条件为 M0.0 和 I0.0 同时起作用（均为 1）。当 M0.2 转换为活动步后，M0.1 转换为不活动步，因此，M0.2 可以看成 M0.1 的停止条件。由于大部分转换条件都是瞬时信号，即信号持续的时间比其激活的后续步的时间短，因此应当使用有记忆功能的电路控制代表步的储存位。在这种情况下，起动条件、停止条件和保持条件全部具备，就可以采用"起保停"方法设计顺序功能图和梯形图。如图 2-3 所示的顺序功能图转换为如图 2-4 所示的梯形图。

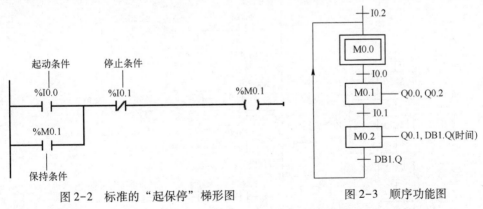

图 2-2 标准的"起保停"梯形图　　　　图 2-3 顺序功能图

（2）选择顺序

选择顺序是指某一步后有若干个单一顺序等待选择，称为分支，一般只允许选择进入一个顺序，转换条件只能标在水平线之下。选择顺序的结束称为合并，用一条水平线表示，水平线以下不允许有转换条件，如图 2-5 所示。

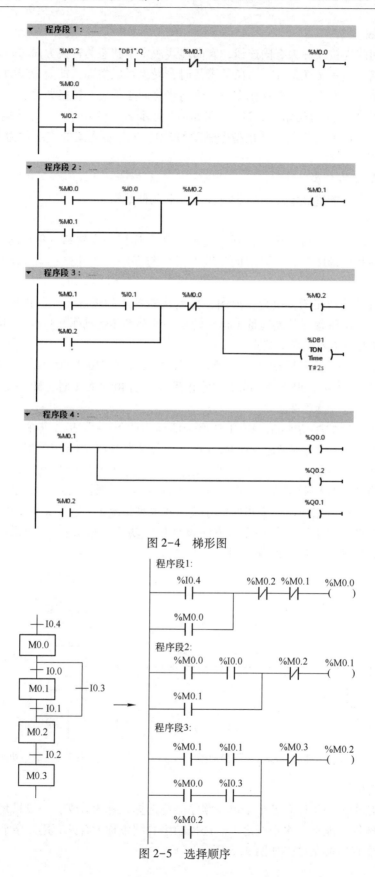

图 2-4　梯形图

图 2-5　选择顺序

（3）并行顺序

并行顺序是指在某一转换条件下同时起动若干个顺序，也就是说转换条件实现导致几个分支同时激活。并行顺序的开始和结束都用双水平线表示，如图 2-6 所示。

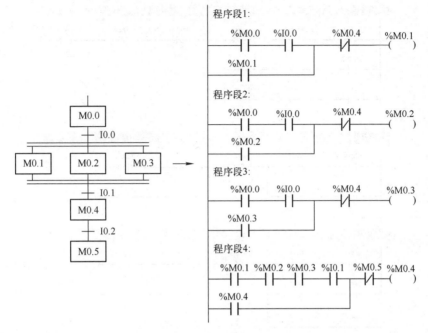

图 2-6　并行顺序

（4）选择序列和并行序列的综合

其功能图如图 2-7 所示，步 M0.0 之后有一个选择序列的分支，设 M0.0 为活动步，当它的后续步 M0.1 或 M0.2 变为活动步时，M0.0 变为不活动步，即 M0.0 为 0 状态，所以应将 M0.1 和 M0.2 的常闭触点与 M0.0 的线圈串联。

步 M0.2 之前有一个选择序列合并，当步 M0.1 为活动步（即 M0.1 为 1 状态），并且转换条件 I0.1 满足，或者步 M0.0 为活动步，并且转换条件 I0.2 满足，步 M0.2 变为活动步，所以该步的存储器 M0.2 的"起保停"电路的起动条件为 M0.1·I0.1+M0.0·I0.2，对应的起动电路由两条并联支路组成。

步 M0.2 之后有一个并行序列分支，当步 M0.2 是活动步并且转换条件 I0.3 满足时，步 M0.3 和步 M0.5 同时变成活动步，这时用 M0.2 和 I0.3 常开触点组成的串联电路，分别作为 M0.3 和 M0.5 的起动电路来实现，与此同时，步 M0.2 变为不活动步。

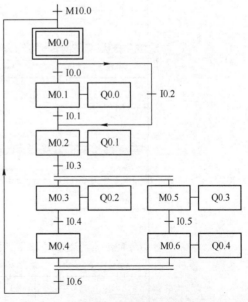

图 2-7　选择序列和并行序列功能图

步 M0.0 之前有一个并行序列的合并，该转换实现的条件是所有的前级步（即 M0.4 和

M0.6）都是活动步和满足转换条件 I0.6。由此可知，应将 M0.4、M0.6 和 I0.6 的常开触点串联，作为控制 M0.0 的"起保停"电路的起动电路。如图 2-7 所示的功能图对应的梯形图如图 2-8 所示。

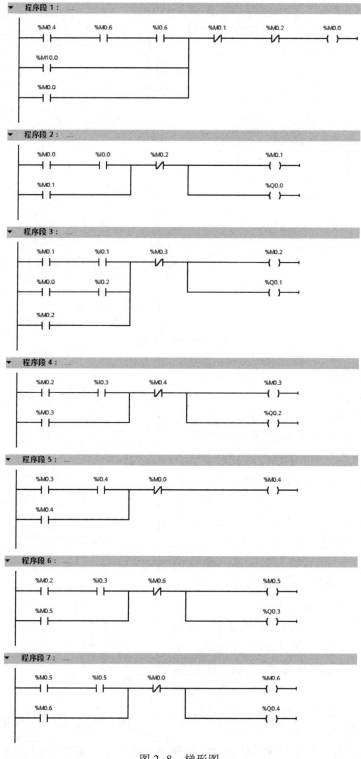

图 2-8　梯形图

2.1.2　功能图设计的注意点

1）状态之间要有转换条件。错误的功能图如图 2-9 所示，状态之间缺少"转换条件"是不正确的，应改成如图 2-10 所示的功能图。必要时转换条件可以简化，如将图 2-11 简化成图 2-12。

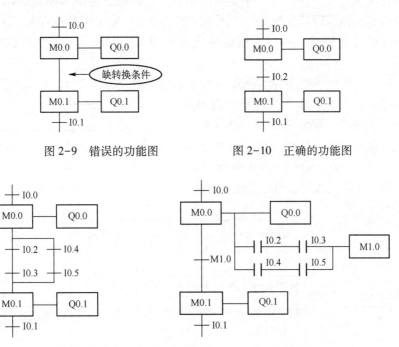

图 2-9　错误的功能图　　　　　　图 2-10　正确的功能图

图 2-11　简化前的功能图　　　　　图 2-12　简化后的功能图

2）转换条件之间不能有分支。例如，图 2-13 应该改成如图 2-14 所示的合并后的功能图，合并转换条件。

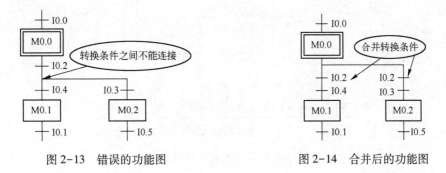

图 2-13　错误的功能图　　　　　　图 2-14　合并后的功能图

3）顺序功能图中的初始步对应于系统等待起动的初始状态，初始步是必不可少的。

4）顺序功能图中一般应由步和有向连线组成闭环。

2.2　PLC 逻辑控制程序的设计方法及其应用

相同的硬件系统，由不同的人设计，可能设计出不同的程序，有的人设计的程序简洁而且可靠，而有的人设计的程序虽然能完成任务，但较复杂。PLC 程序设计是有规律可遵循的，下面将详细介绍几种常用设计方法。

2.2.1 经验设计法及其应用

经验设计法就是在一些典型的梯形图的基础上，根据具体的对象对控制系统的具体要求，对原有的梯形图进行修改和完善。这种方法适合有一定工作经验的人，这些人有现成的资料，特别在产品更新换代时，使用这种方法比较节省时间。下面举例说明这种方法的思路。

【例 2-1】 图 2-15 为往复运行的小车运输系统示意图，图 2-16 为原理图，SQ1、SQ2、SQ3 和 SQ4 是限位开关，小车先左行，到 SQ1 处停机右行，到 SQ2 后停机再左行，就这样不停循环工作，限位开关 SQ3 和 SQ4 的作用是当 SQ2 或者 SQ1 失效时，SQ3 和 SQ4 起保护作用，SB1 和 SB2 是起动按钮，SB3 是停止按钮。

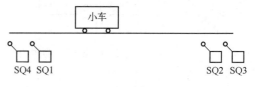

图 2-15　小车运输系统示意图

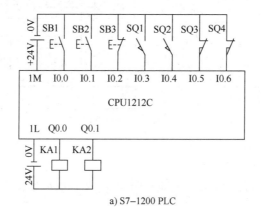

a) S7-1200 PLC

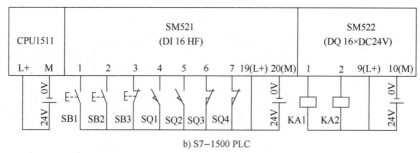

b) S7-1500 PLC

图 2-16　例 2-1 原理图

【解】

小车左行和右行是不能同时进行的，因此有互锁关系，与电动机正、反转的梯形图类似，因此先画出电动机正、反转控制的梯形图，如图 2-17 所示，再在这个梯形图的基础上进行修改，增加 4 个限位开关的输入，就变成了如图 2-18 所示小车运输系统的梯形图。Q0.0 控制左行（正转），Q0.1 控制右行（反转）。

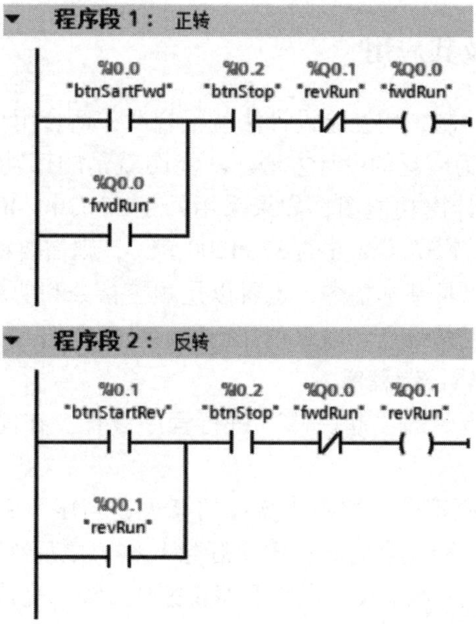

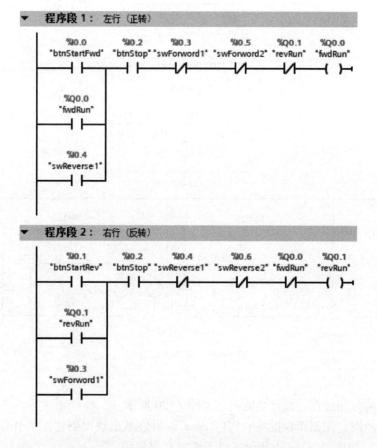

图 2-17　电动机正、反转控制的梯形图

图 2-18　小车运输系统的梯形图

2.2.2　功能图设计法及其应用

对于比较复杂的逻辑控制，用经验设计法就不合适，适合用功能图设计法。功能图设计法是西门子 PLC 中应用最为广泛的设计方法。功能图就是顺序功能图，功能图设计法就是先根据系统的控制要求设计出功能图，如果采用的是 S7-300/400/1500 PLC，则直接使用 S7-Graph 即可，对于不支持 S7-Graph 的 S7-1200 PLC，则需要根据功能图编写梯形图或者其他类型的程序，程序可以是基本指令，也可以是顺控指令和功能指令。因此，设计功能图是整个设计过程的关键，也是难点。以下用几个例题进行介绍。

1. 用基本指令编写逻辑控制程序

这种方法就是用基本指令的"起保停"进行程序设计。在前面进行了详细的介绍，以下用一个例题进行讲解。

【例 2-2】图 2-19 为原理图，控制 4 盏灯的亮灭，当压下起动按钮 SB1 时，HL1 灯亮 1.8 s，之后灭；HL2 灯亮 1.8 s，之后灭；HL3 灯亮 1.8 s，之后灭；HL4 灯亮 1.8 s，之后灭，如此循环。有三种停止模式：模式 1，当压下停止按钮 SB2，完成一个工作循环后停止；模式 2，当压下停止按钮 SB2，立即停止，压下起动按钮后，从停止位置开始完成剩下的逻辑；模式 3，当压下急停按钮 SB3，所有灯灭，完全复位。

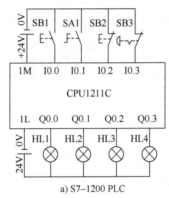

a) S7-1200 PLC

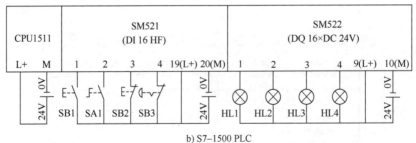

b) S7-1500 PLC

图 2-19　例 2-2 原理图

【解】

根据题目的控制过程，设计功能图，如图 2-20 所示。

再根据功能图，先创建数据块 "DB_Timer"，并在数据块中创建 4 个 IEC 定时器，编程控制（梯形图）程序如图 2-21 所示。以下详细介绍程序。

程序段 1：停止模式 1，压下停止按钮，M2.0 线圈得电，M2.0 常开触点闭合，当完成一个工作循环后，定时器"DB_Timer". T3. Q 的常开触点闭合，将线圈 M3.0~M3.7 复位，系统停止运行。

程序段 2：停止模式 2，压下停止按钮，M2.1 线圈得电，M2.1 常闭触点断开，造成所有的定时器断电，从而使得程序"停止"在一个位置。

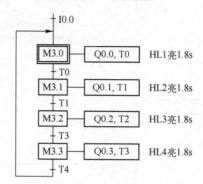

图 2-20　功能图

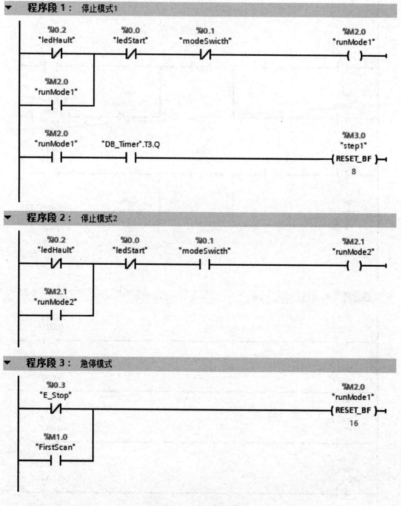

图 2-21　梯形图程序

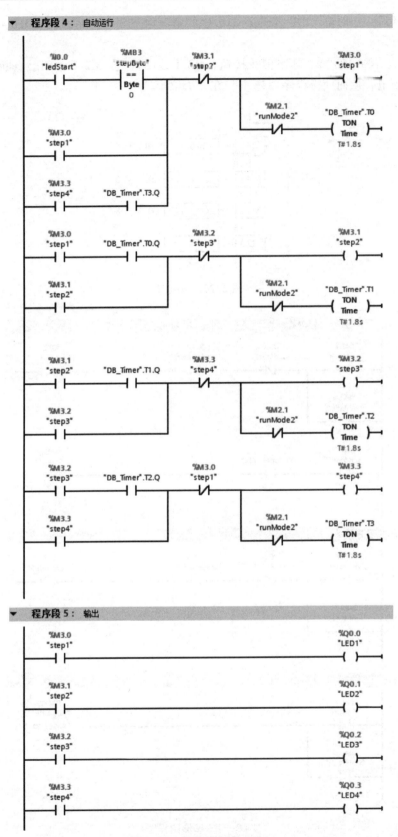

图 2-21　梯形图程序（续）

程序段 3：停止模式 3，即急停模式，立即把所有的线圈清零复位。

程序段 4：自动运行程序。MB3 = 0（即 M3.0 ~ M3.7 = 0），压下起动按钮才能起作用，这一点很重要，初学者容易忽略。这个程序段一共有 4 步，每一步一个动作（灯亮），执行当前步的动作时，切断上一步的动作，这是编程的核心思路，有人称这种方法是"起保停"逻辑编程方法。

程序段 5：将梯形图逻辑运算的结果输出。

任务小结

这个例子虽然简单，但是一个典型的逻辑控制实例，有两个重要的知识点。

1）读者要学会逻辑控制程序的编写方法。

2）要理解停机模式的应用场合及掌握编写停机程序的方法。本例的停止模式 1 常用于一个产品加工有多道工序，必须完成所有工序才算合格的情况；本例的停止模式 2 常用于设备加工过程中，发生意外事件，例如卡机使工序不能继续，使用模式 2 停机，排除故障后继续完成剩余的工序；停止模式 3 是急停，当人身和设备有安全问题时使用，使设备立即处于停止状态。

---

2. 用 MOVE 指令编写逻辑控制程序

用 MOVE 指令编写逻辑控制程序，实际就是指定一个"步号"，每一步完成一个或几个动作，步的跳转由 MOVE 指令完成。以下用一个例题进行讲解。

【例 2-3】用 S7-1200/1500 PLC 控制箱体折边机的运行。箱体折边机用于将一块平板薄钢板折成 U 型，用于制作箱体。控制系统要求如下：

1）有起动、复位和急停控制。

2）要有复位指示和一个工作完成结束的指示。

3）折边过程可以手动控制和自动控制。

4）按下"急停"按钮，设备立即停止工作。

箱体折边机工作示意图如图 2-22 所示，折边机由 4 个气缸组成，一个下压气缸、两个翻边气缸（由同一个电磁阀控制，在此仅以一个气缸说明）和一个顶出气缸。其工作过程是：当按下复位按钮 SB1 时，YV2 得电，下压气缸向上运行，到上极限位置 SQ1 为止；YV4 得电，翻边气缸向右运行，直到右极限位置 SQ3 为止；YV5 得电，顶出气缸向上运行，直到上极限位置 SQ6 为止，三个气缸同时动作，复位完成后，指示灯以 1 s 为周期闪烁。工人放置钢板，此时压下起动按钮 SB2，YV6 得电，顶出气缸向下运行，到下极限位置 SQ5 为止；接着 YV1 得电，下压气缸向下运行，到下极限位置 SQ2 为止；接着 YV3 得电，翻边气缸向左运行，到左极限位置 SQ4 为止；保压 0.5 s 后，YV4 得电，翻边气缸向右运行，到右极限位置 SQ3 为止；接着 YV2 得电，下压气缸向上运行，到上极限位置 SQ1 为止；YV5 得电，顶出气缸向上运行，顶出已经折弯完成的钢板，到上极限位置 SQ6 为止，一个工作循环完成，其气动原理图如图 2-23 所示。

【解】

（1）I/O 分配

在 I/O 分配之前，先计算所需要的 I/O 点数，输入点为 17 个，输出点为 7 个，由于输入输出最好留 15% 左右的余量备用，所以初步选择的 PLC 是 CPU1214C，又因为控制对象为电磁阀和信号灯，因此 CPU 的输出形式选为继电器比较有利（其输出电流可达 2A），所以

PLC 最后定为 CPU1214C（AC/DC/RLY）和 SM1221（DI8）。折边机的 I/O 分配表见表 2-1。

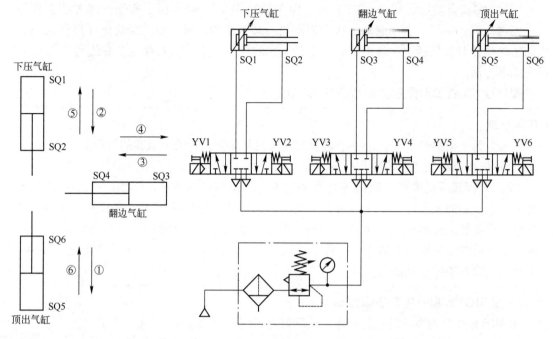

图 2-22　箱体折边机工作示意图　　　　　图 2-23　箱体折边机气动原理图

表 2-1　折边机的 I/O 分配表

输　入			输　出		
名　　称	符　号	输入点	名　　称	符　号	输出点
手动/自动转换开关	SA1	I0.0	复位灯	HL1	Q0.0
复位按钮	SB1	I0.1	下压伸出线圈	YV1	Q0.1
起动按钮	SB2	I0.2	下压缩回线圈	YV2	Q0.2
急停按钮	SB3	I0.3	翻边伸出线圈	YV3	Q0.3
下压伸出按钮	SB4	I0.4	翻边缩回线圈	YV4	Q0.4
下压缩回按钮	SB5	I0.5	顶出伸出线圈	YV5	Q0.5
翻边伸出按钮	SB6	I0.6	顶出缩回线圈	YV6	Q0.6
翻边缩回按钮	SB7	I0.7			
顶出伸出按钮	SB8	I1.0			
顶出缩回按钮	SB9	I1.1			
下压原位限位	SQ1	I1.2			
下压伸出限位	SQ2	I1.3			
翻边原位限位	SQ3	I1.4			
翻边伸出限位	SQ4	I1.5			
顶出原位限位	SQ5	I2.0			
顶出伸出限位	SQ6	I2.1			
光电开关	SQ7	I2.2			

（2）设计电气原理图

根据 I/O 分配表和题意，设计原理图如图 2-24 所示，其中图 2-24b 是 S7-1200/1500 PLC

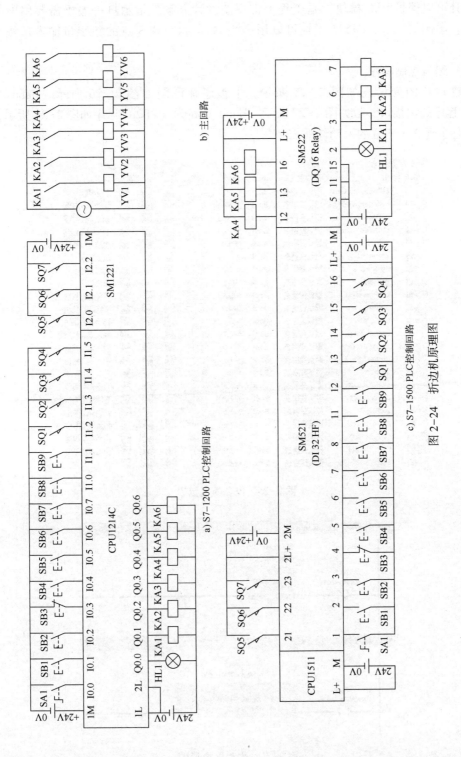

图 2-24　折边机原理图

控制回路的公用部分。建议读者在设计类似的工程时，用中间继电器驱动电磁阀，因为这样设计可以保护 PLC 模块，是工程上常规的设计方案。指示灯一般不需要用中间继电器驱动。本例的 32 点 SM521 模块可以用一块 16 点和一块 8 点的数字量输入模块 SM521 替代。

（3）编写控制程序

创建 PLC 的变量表如图 2-25 所示，主程序梯形图如图 2-26 所示。Hand_Control（FB2）程序的块接口参数如图 2-27 所示。Hand_Control（FB2）程序如图 2-28 所示，该程序主要是实现 3 个气缸的手动伸缩控制。

	名称	变量表	数 ...	地址	保持	从 ...	从 ...	在 ...	注释
⬛	cylinderFoldOut	默认变量表	Bool	%Q0.3	☐	☑	☑	☑	翻边伸出线圈
⬛	cylinderFoldBack	默认变量表	Bool	%Q0.4	☐	☑	☑	☑	翻边缩回线圈
⬛	cylinderPushOut	默认变量表	Bool	%Q0.5	☐	☑	☑	☑	顶出伸出线圈
⬛	cylinderPushBack	默认变量表	Bool	%Q0.6	☐	☑	☑	☑	顶出缩回线圈
⬛	swAuto-man	默认变量表	Bool	%I0.0	☐	☑	☑	☑	手动/自动转换开关
⬛	btnReset	默认变量表	Bool	%I0.1	☐	☑	☑	☑	复位按钮
⬛	btnStart	默认变量表	Bool	%I0.2	☐	☑	☑	☑	起动按钮
⬛	E_Stop	默认变量表	Bool	%I0.3	☐	☑	☑	☑	急停按钮
⬛	btnPressOut	默认变量表	Bool	%I0.4	☐	☑	☑	☑	下压伸出按钮
⬛	btnPressbck	默认变量表	Bool	%I0.5	☐	☑	☑	☑	下压缩回按钮
⬛	btnFoldOut	默认变量表	Bool	%I0.6	☐	☑	☑	☑	翻边伸出按钮
⬛	btnFoldBack	默认变量表	Bool	%I0.7	☐	☑	☑	☑	翻边缩回按钮
⬛	btnPushOut	默认变量表	Bool	%I1.0	☐	☑	☑	☑	顶出伸出按钮
⬛	btnPushBack	默认变量表	Bool	%I1.1	☐	☑	☑	☑	顶出缩回按钮
⬛	Screen	默认变量表	Bool	%I2.2	☐	☑	☑	☑	光电开关
⬛	swPressOut	默认变量表	Bool	%I1.3	☐	☑	☑	☑	下压伸出限位
⬛	swPressbck	默认变量表	Bool	%I1.2	☐	☑	☑	☑	下压原位限位
⬛	swFoldOut	默认变量表	Bool	%I1.5	☐	☑	☑	☑	翻边伸出限位
⬛	swFoldBack	默认变量表	Bool	%I1.4	☐	☑	☑	☑	翻边原位限位
⬛	swPushOut	默认变量表	Bool	%I2.1	☐	☑	☑	☑	顶出伸出限位
⬛	swPushBack	默认变量表	Bool	%I2.0	☐	☑	☑	☑	顶出原位限位
⬛	Step	默认变量表	Byte	%MB1	☐	☑	☑	☑	步

图 2-25　PLC 的变量表

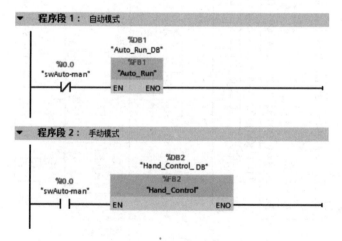

图 2-26　主程序梯形图

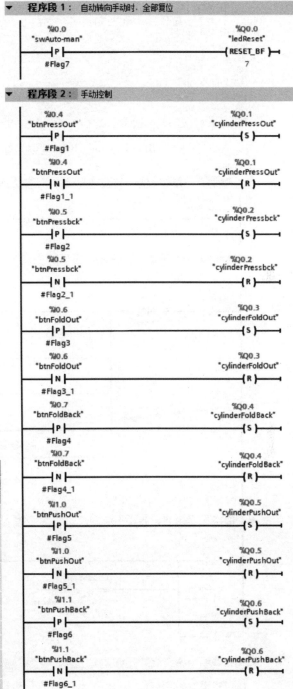

Hand_Control			
	名称	数据类型	默认值
7	▼ Static		
8	Flag1	Bool	false
9	Flag2	Bool	false
10	Flag3	Bool	false
11	Flag4	Bool	false
12	Flag5	Bool	false
13	Flag6	Bool	false
14	Flag1_1	Bool	false
15	Flag2_1	Bool	false
16	Flag3_1	Bool	false
17	Flag4_1	Bool	false
18	Flag5_1	Bool	false
19	Flag6_1	Bool	false
20	Flag7	Bool	false

图 2-27 Hand_Control（FB2）程序的块接口参数　　　图 2-28 Hand_Control（FB2）程序

　　Auto_Run（FB1）程序的块接口参数如图 2-29 所示，数据块中的块接口参数就是 Auto_Run（FB1）的参数。Auto_Run（FB1）程序如图 2-30 所示，以下介绍 Auto_Run（FB1）程序。

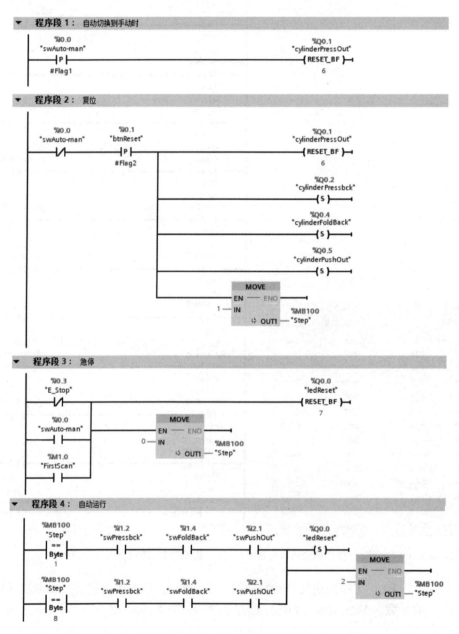

图 2-29　Auto_Run（FB1）程序的块接口参数

图 2-30　Auto_Run（FB1）程序

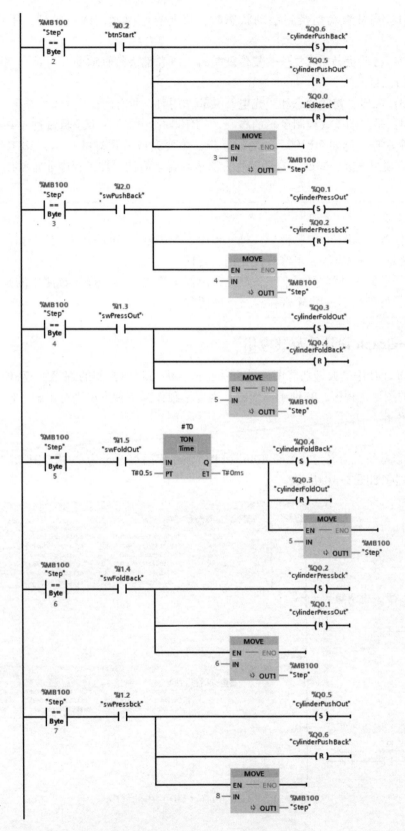

图 2-30　Auto_Run（FB1）程序（续）

程序段 1：当从自动切换到手动状态时，将所有电磁阀的线圈复位。手动状态没有复位。

程序段 2：自动状态才有复位。复位就是将下压和翻边气缸缩回，将顶出气缸顶出，再把 MB100 置 1。

程序段 3：急停、初始状态和当光电开关起作用时，所有的输出为 0，并把 MB100 置 0。

程序段 4：是自动模式控制逻辑的核心。MB100 是步号，这个逻辑过程一共有 7 步，每一步完成一个动作。例如 MB100 = 1 是第 1 步，主要完成复位灯的指示；MB100 = 2 是第 2 步，主要完成顶出气缸的缩回。这种编程方法逻辑非常简洁，在工程中非常常用，读者应该学会。

> **任务小结**
>
> 1）本任务用 MB100 作逻辑步，每一步用一个步号（MB100 = 1~7），相比于前面两种逻辑控制程序编写方法，可修改性更强，更便于阅读。
>
> 2）本任务的手动程序使用 FB，其上升沿和下降沿的第二操作数使用的是静态参数（如 Flag1），好处是不占用 M 寄存器，更加便利。

2.2.3　S7-Graph 设计法及其应用

S7-Graph 设计法是典型功能图设计方法，适合编写顺序控制的程序。S7-Graph 是一种有自身特色的图形化程序，有别于梯形图，因此单独作为一种方法进行讲解。以下用例 2-3 进行详细介绍。

【解】

1）创建函数块，命名为"Auto_Run"（FB1），编程语言选定为"GRAPH"，"Auto_Run"（FB1）中的程序如图 2-31 所示。

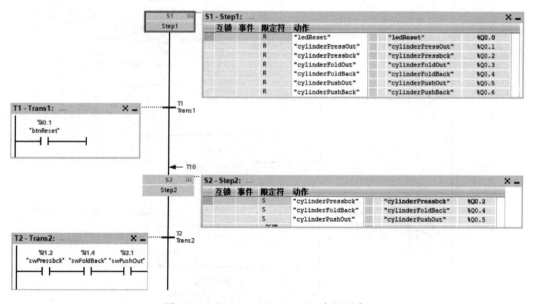

图 2-31　"Auto_Run"（FB1）中的程序

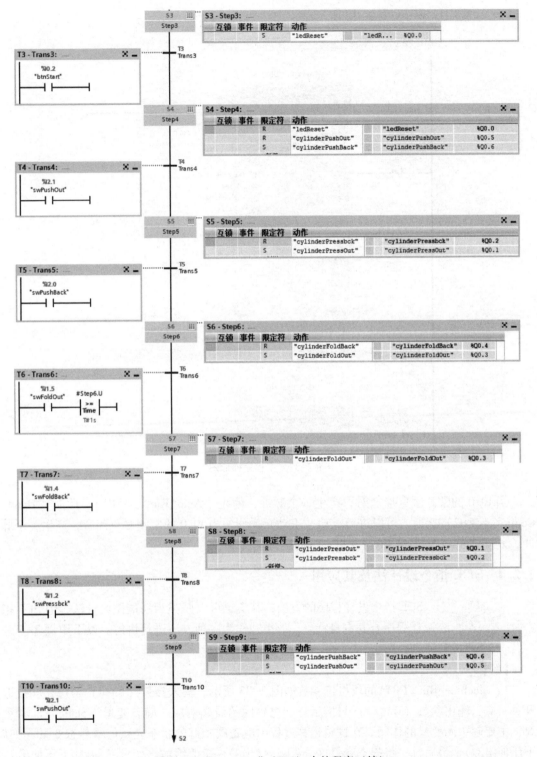

图 2-31　"Auto_Run"（FB1）中的程序（续）

2）创建函数块，命名为"Hand_Control"（FB2），编程语言选定为"LAD"，"Hand_Control"（FB2）中的程序如图 2-28 所示。

3）主程序梯形图如图 2-32 所示。

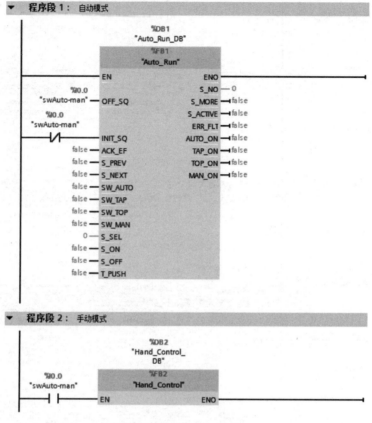

图 2-32　主程序梯形图

当 I0.0 的常开触点接通时，产生一个脉冲，停止"Auto_Run"（FB1），此时"Hand_Control"（FB2）接通，可以进行点动（手动）操作。当 I0.0 的常闭触点闭合，产生一个脉冲，复位"Auto_Run"（FB1），进入自动运行模式。

2.2.4　SCL 指令设计法及其应用

微课
SCL 指令设计法及其应用

　　SCL 指令设计程序的方法，其实也可以归类为功能图设计法，但 SCL 指令设计程序有其自身特点，故单独作为一种方法进行讲解。以下用例 2-3 进行详细介绍。

【解】

1）Machine_Run(FB1)的块接口参数如图 2-33 所示，输入参数（Input）与按钮和接近开关对应，输出参数（Output）与指示灯和电磁阀的线圈对应。静态变量（Static）非常重要，主要起中间变量的作用，在逻辑运算过程中电磁阀和灯的状态先赋值给静态变量（如#下压伸出 Q），最后统一将静态变量（如#下压伸出 Q）赋值给输出变量（如#Q 下压伸出），这样可以避免双线圈输出。定时器和上升沿指令也使用了静态变量，这样可以减少背景数据块的使用。静态变量使用非常灵活，在工程中非常常用，读者要认真领会。

编写 Machine_Run(FB1)的 SCL 程序如图 2-34 所示。本程序自动模式时，相当于有 8 步，静态变量#statStep 相当于"步号"，当条件满足时，每一步执行一个或者数个动作。

Machine_Run										
	名称	数据类型	默认值	保持	从 HMI/...	从 ...	在 H...	设...	注释
▼	Input								
▪	Swicth	Bool	false	非保持	☑	☑	☑	☐	手动/自动转换
▪	Reset	Bool	false	非保持	☑	☑	☑	☐	复位
▪	Start	Bool	false	非保持	☑	☑	☑	☐	起动
▪	EStop	Bool	false	非保持	☑	☑	☑	☐	急停
▪	PressOut	Bool	false	非保持	☑	☑	☑	☐	下压伸出限位
▪	Pressbck	Bool	false	非保持	☑	☑	☑	☐	下压缩回限位
▪	FoldOut	Bool	false	非保持	☑	☑	☑	☐	翻边伸出限位
▪	FoldBack	Bool	false	非保持	☑	☑	☑	☐	翻边缩回限位
▪	PushOut	Bool	false	非保持	☑	☑	☑	☐	顶出伸出限位
▪	PushBack	Bool	false	非保持	☑	☑	☑	☐	顶出缩回限位
▪	Screen	Bool	false	非保持	☑	☑	☑	☐	
▼	Output				☐	☐	☐	☐	
▪	Led	Bool	false	非保持	☑	☑	☑	☐	
▪	cylPressOut	Bool	false	非保持	☑	☑	☑	☐	气缸下压伸出
▪	cylPressbck	Bool	false	非保持	☑	☑	☑	☐	气缸下压缩回
▪	cylFoldOut	Bool	false	非保持	☑	☑	☑	☐	气缸翻边伸出
▪	cylFoldBack	Bool	false	非保持	☑	☑	☑	☐	气缸翻边缩回
▪	cylPushOut	Bool	false	非保持	☑	☑	☑	☐	气缸顶出伸出
▪	cylPushBack	Bool	false	非保持	☑	☑	☑	☐	气缸顶出缩回
▼	InOut				☐	☐	☐	☐	
▪	<新增>				☐	☐	☐	☐	
▼	Static				☐	☐	☐	☐	
▪	statStep	Int	0	非保持	☑	☑	☑	☐	
▪	statPressOut	Bool	false	非保持	☑	☑	☑	☐	下压伸出状态
▪	statPressbck	Bool	false	非保持	☑	☑	☑	☐	下压缩回状态
▪	statFoldOut	Bool	false	非保持	☑	☑	☑	☐	翻边伸出状态
▪	statFoldBack	Bool	false	非保持	☑	☑	☑	☐	翻边缩回状态
▪	statPushOut	Bool	false	非保持	☑	☑	☑	☐	顶出伸出状态
▪	statPushBack	Bool	false	非保持	☑	☑	☑	☐	顶出缩回状态
▪	statLed	Bool	false	非保持	☑	☑	☑	☐	复位指示状态
▪ ▶	t0Timer	TON_TIME		非保持	☑	☑	☑	☐	
▪	statStartTimer	Bool	false	非保持	☑	☑	☑	☐	
▪	statSetTimer	Time	T#0ms	非保持	☑	☑	☑	☐	
▪ ▶	r0Trigger	R_TRIG			☑	☑	☑	☐	
▪	StartTrigger	Bool	false	非保持	☑	☑	☑	☑	
▪	r0Trigger_Q	Bool	false	非保持	☑	☑	☑	☐	

图 2-33　Machine_Run(FB1)的块接口参数

```
1  IF NOT #Swicth THEN        //自动模式
2      CASE #statStep OF
3          0:
4          IF #EStop
5          THEN
6              #statLed := FALSE;
7              #statStep := 1;
8          END_IF;
9          1:
10             #statPressOut := FALSE;        //开始复位
```

图 2-34　Machine_Run(FB1)的 SCL 程序

```
11                  #statPressbck := TRUE;
12                  #statFoldOut := FALSE;
13                  #statFoldBack := TRUE;
14                  #statPushBack := FALSE;
15                  #statPushOut := TRUE;
16                  IF #FoldBack AND #Pressbck AND #PushOut THEN
17                      #statFoldBack := FALSE;
18                      #statLed := TRUE;          //指示灯亮
19                      #statStep := 2;            //复位完成,转下一步
20                  END_IF;
21          2:
22                  IF #Reset THEN                 //压下起动按钮,复位指示灯灭
23                      #statLed := FALSE;
24                      #statPushBack := TRUE;
25                      #statPushOut := FALSE;
26                      #statStep := 3;
27                  END_IF;
28          3:
29                  IF #PushBack THEN              //顶出缩回
30                      #statPressbck := FALSE;
31                      #statPressOut := TRUE;
32                      #statStep := 4;
33                  END_IF;
34
35          4:
36                  IF #PressOut THEN             //完成下压,转向下一步
37                      #statStep := 5;
38                  END_IF;
39          5:
40                  #statFoldBack := FALSE;
41                  #statFoldOut := TRUE;
42                  IF #FoldOut THEN              //完成翻边,转向延时
43                      #statStartTimer := TRUE;
44                      #statSetTimer := t#0.5s;
45                      IF #t0Timer.Q THEN
46                          #statStep := 6;
47                      END_IF;
48                  END_IF;
49          6:
50                  #statFoldBack := TRUE;        //翻边缩回
51                  #statFoldOut := FALSE;
52                  IF #FoldBack THEN
53                      #statPressOut := FALSE;
54                      #statPressbck := TRUE;
55                      #statStep := 7;
56                  END_IF;
57          7:
58                  #statPushBack := FALSE;
59                  #statPushOut := TRUE;         //完成顶出,一个工作循环结束
60                  IF #PushOut THEN
61                      #statStep := 1;
62                  END_IF;
63          END_CASE;
64  END_IF;
```

图 2-34 Machine_Run(FB1)的 SCL 程序（续）

```
65 ⊟#t0Timer(IN:=#statStartTimer,     //调用定时器指令
66 └         PT:=#statSetTimer);
67
68   #StartTrigger:= #Swicth;
69 ⊟#r0Trigger(CLK:=#StartTrigger,     //调用上升沿指令
70 └          Q=>#r0Trigger_Q);
71
72 ⊟IF NOT #EStop OR #Screen OR #r0Trigger_Q THEN   //急停、光电开关和切换到手动时,输出为0
73 │     #statPressOut := FALSE;
74 │     #statPressbck := FALSE;
75 │     #statFoldOut := FALSE;
76 │     #statFoldBack := FALSE;
77 │     #statPushBack := FALSE;
78 │     #statPushOut := FALSE;
79 │     #statStep := 0;
80   END_IF;
81
82 ⊟IF #Swicth THEN                     //手动模式
83 │     #statPressOut := "btnPressOut";
84 │     #statPressbck := "btnPressbck";
85 │     #statFoldOut := "btnFoldOut";
86 │     #statFoldBack := "btnFoldBack";
87 │     #statPushBack := "btnPushBack";
88 │     #statPushOut := "btnPushOut";
89   END_IF;
90
91     //气缸的状态数值赋值给输出变量
92   #cylPressOut:=#statPressOut;
93   #cylPressbck:=#statPressbck;
94   #cylFoldOut:=#statFoldOut;
95   #cylFoldBack:=#statFoldBack;
96   #cylPushBack:=#statPushBack;
97   #cylPushOut:=#statPushOut;
98   #Led:=#statLed;
```

图 2-34　Machine_Run(FB1)的 SCL 程序（续）

2）编写主程序梯形图如图 2-35 所示。

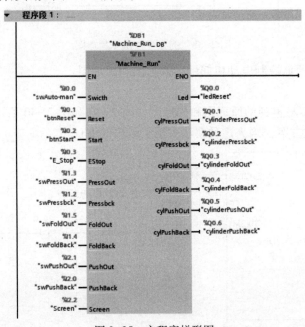

图 2-35　主程序梯形图

2.3 编程小技巧

2.3.1 电动机的控制

电动机的控制在梯形图的编写中极为常见，多是在一个程序中的一个片段出现，以下列举几个常见的例子。

【例 2-4】 设计电动机点动控制的梯形图和原理图。

【解】

1）方法 1。最容易想到的原理图和梯形图如图 2-36 和图 2-37 所示。但如果程序用到置位指令（S Q0.0），则这种解法不可用。

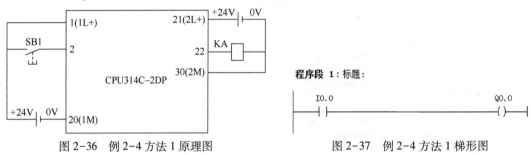

图 2-36　例 2-4 方法 1 原理图　　　　图 2-37　例 2-4 方法 1 梯形图

2）方法 2。梯形图如图 2-38 所示。

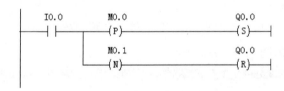

图 2-38　例 2-4 方法 2 梯形图

【例 2-5】 设计两地控制电动机起停的梯形图和原理图。

【解】

1）方法 1。最容易想到的原理图和梯形图如图 2-39 和图 2-40 所示。这种解法是正确的解法，但不是最优方案，因为这种解法占用了较多的 I/O 点。

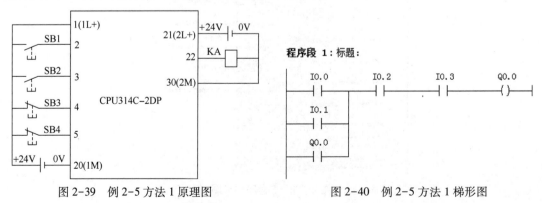

图 2-39　例 2-5 方法 1 原理图　　　　图 2-40　例 2-5 方法 1 梯形图

2）方法 2。梯形图如图 2-41 所示。

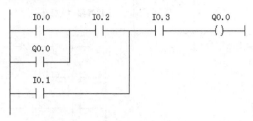

图 2-41　例 2-5 方法 2 梯形图

3）方法 3。优化后的方案的原理图如图 2-42 所示，梯形图如图 2-43 所示，节省了 2 个输入点，但功能完全相同。

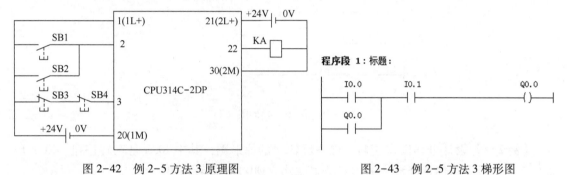

图 2-42　例 2-5 方法 3 原理图　　　　　　图 2-43　例 2-5 方法 3 梯形图

【例 2-6】编写电动机的起动优先控制程序。

【解】

I0.0 是起动按钮接常开触点，I0.1 是停止按钮接常闭触点。起动优先于停止的梯形图如图 2-44 所示。优化后的梯形图如图 2-45 所示。

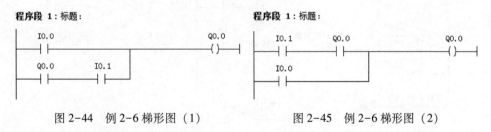

图 2-44　例 2-6 梯形图（1）　　　　　　图 2-45　例 2-6 梯形图（2）

【例 2-7】编写程序，实现电动机的起停控制和点动控制，画出梯形图和接线（原理）图。

【解】

输入点：起动—I0.0，停止—I0.2，点动—I0.1，手动／自动转换—I0.3。

输出点：正转—Q0.0。

原理图如图 2-46 所示，梯形图如图 2-47 所示，这种编程方法在工程实践中非常常用。以上程序还可以用如图 2-48 所示的梯形图程序替代。

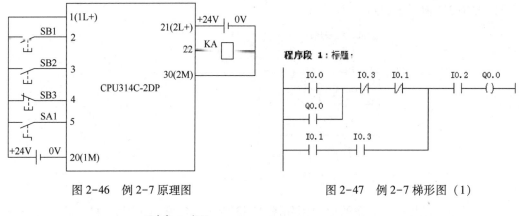

图 2-46 例 2-7 原理图   图 2-47 例 2-7 梯形图（1）

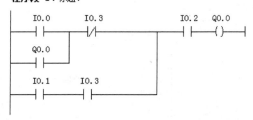

图 2-48 例 2-7 梯形图（2）

【例 2-8】 设计电动机"正转—停—反转"的梯形图，其中 I0.0 是正转按钮、I0.1 是反转按钮、I0.2 是停止按钮、Q0.0 是正转输出、Q0.1 是反转输出。

【解】

先设计 PLC 的电气原理图，如图 2-49 所示。

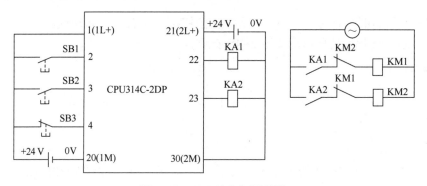

图 2-49 PLC 的电气原理图

借鉴继电器接触器系统中的设计方法，不难设计"正转—停—反转"梯形图，如图 2-50 所示。常开触点 Q0.0 和常开触点 Q0.1 起自保（自锁）作用，而常闭触点 Q0.0 和常闭触点 Q0.1 起互锁作用。

2.3.2 定时器应用技巧

使用 S7-1200/1500 PLC，当一个程序中使用了多个定时器时，初学者可能会让每个定时器自动生成一个背景数据块，数据块过多，不利于管理，一种解决的方法是创建一个数据

程序段 1：正转

```
   I0.0          I0.2    Q0.1    Q0.0
───┤ ├──┬──────────┤ ├────┤/├────( )───
         │
   Q0.0  │
───┤ ├───┘
```

程序段 2：反转

```
   I0.1          I0.2    Q0.0    Q0.1
───┤ ├──┬──────────┤ ├────┤/├────( )───
         │
   Q0.1  │
───┤ ├───┘
```

图 2-50 "正转—停—反转"梯形图

块，让多个定时器共用一个数据块。以下用两个例子进行介绍。

【**例 2-9**】用 S7-1200/1500 PLC 控制"气炮"。"气炮"是一种形象叫法，在工程中，混合粉末状物料（例如水泥厂的生料、熟料和水泥等）通常使用压缩空气循环和间歇供气，将粉末状物料混合均匀。也可用"气炮"的冲击力清理人不容易到达的灌体的内壁。要求设计"气炮"，实现通气 3 s，停 2 s，如此循环。

【**解**】

1）设计电气原理图。PLC 采用 CPU1511-1PN，原理图如图 2-51a 所示，PLC 采用 CPU1211C，原理图如图 2-51b 所示。

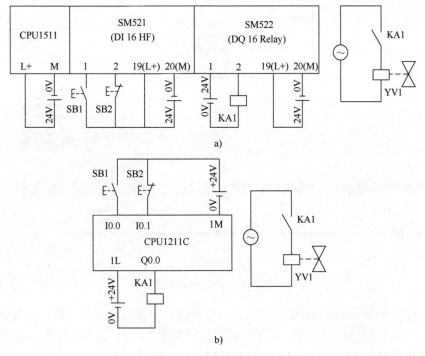

图 2-51　例 2-9 原理图

2）编写控制程序。首先创建数据块 DB_Timer，即定时器的背景数据块，如图 2-52 所示，然后在此数据块中，创建变量 T0，特别要注意变量的数据类型为"IEC_TIMER"，最后要编译数据块，否则容易出错。这是创建定时器数据块的第二种办法，在项目中有多个定时器时，这种方法更加实用。

DB_Timer									
	名称	数据类型	起始值	保持	从 HMI/OP...	从 H...	在 HMI ...	设定值	注释
1	▼ Static			☐	☐	☐	☐	☐	
2	▶ T0	IEC_TIMER		☐	☑	☑	☑	☐	
3	▶ T1	IEC_TIMER		☐	☑	☑	☑	☐	

图 2-52　数据块

梯形图如图 2-53 所示。控制过程是：当 SB1 合上，M10.0 线圈得电自锁，定时器 T0 低电平输出，经过"NOT"取反，Q0.0 线圈得电，阀门打开供气。定时器 T0 定时 3s 后高电平输出，经过"NOT"取反，Q0.0 断电，控制的阀门关闭供气，与此同时定时器 T1 起动定时，2s 后，"DB_Timer".T1.Q 的常闭触点断开，造成 T0 和 T1 的线圈断电，逻辑取反后，Q0.0 阀门打开供气；下一个扫描周期"DB_Timer".T1.Q 的常闭触点又闭合，T0 又开始定时，如此周而复始，Q0.0 控制阀门开/关，产生"气炮"功能。

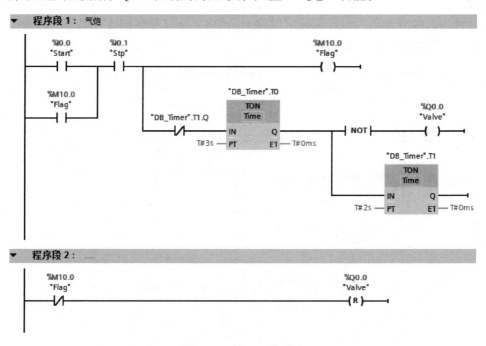

图 2-53　例 2-9 梯形图

【例 2-10】用 S7-1200/1500 PLC 控制一台鼓风机，鼓风机系统一般由引风机和鼓风机两级构成。当按下起动按钮之后，引风机先工作，工作 5s 后，鼓风机工作。按下停止按钮之后，鼓风机先停止工作，5s 之后，引风机才停止工作。

【解】

1）设计电气原理图。

① PLC 的 I/O 分配见表 2-2。

表 2-2　PLC 的 I/O 分配表

输入			输出		
名　称	符　号	输入点	名　称	符　号	输出点
起动按钮	SB1	I0.0	鼓风机	KA1	Q0.0
停止按钮	SB2	I0.1	引风机	KA2	Q0.1

② 设计控制系统的原理图。设计电气原理图如图 2-54、图 2-55 所示，KA1 和 KA2 是中间继电器，起隔离和信号放大作用；KM1 和 KM2 是接触器，KA1 和 KA2 触点的通断控制 KM1 和 KM2 线圈的得电和断电，从而驱动电动机的起停。

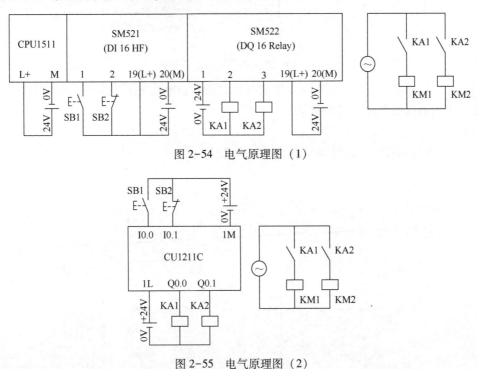

图 2-54　电气原理图（1）

图 2-55　电气原理图（2）

2）编写控制程序。引风机在按下停止按钮后还要运行 5 s，容易想到要使用 TOF 定时器；鼓风机在引风机工作 5 s 后才开始工作，因而用 TON 定时器。

① 首先创建数据块 DB_Timer，即定时器的背景数据块，如图 2-52 所示，然后在此数据块中，创建两个变量 T0 和 T1，特别要注意变量的数据类型为 "IEC_TIMER"，最后要编译数据块，否则容易出错。

② 编写鼓风机控制梯形图程序如图 2-56 所示。当压下起动按钮 SB1，M10.0 线圈得电自锁。定时器 TON 和 TOF 同时得电，Q0.1 线圈得电，引风机立即起动。5 s 后，Q0.0 线圈得电，鼓风机起动。

当压下停止按钮 SB2，M10.0 线圈断电。定时器 TON 和 TOF 同时断电，Q0.0 线圈立即断开，鼓风机立即停止。5 s 后，Q0.1 线圈断电，引风机停机。

使用 S7-1200/1500 PLC，当一个程序中有函数块 FB，且使用了一个或者多个定时器时，FB 中定时器可不单独使用背景数据块，而采用多重背景，其好处是此定时器和 FB 共用一个背景数据块。以下用一个例子进行介绍。

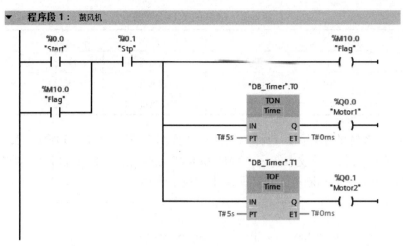

图 2-56　鼓风机控制梯形图程序

【例 2-11】用 S7-1200/1500 PLC 控制一台三相异步电动机的星形-三角形（丫-△）起动。要求使用函数块和多重实例背景。

【解】

1）设计电气原理图。设计电气原理图如图 2-57 所示。

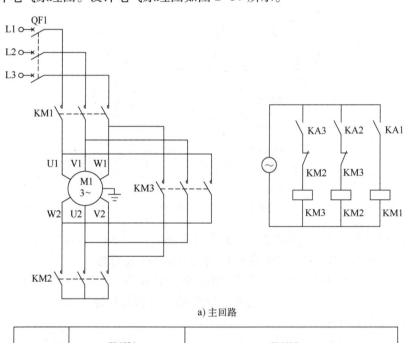

a) 主回路

b) S7-1500控制回路

图 2-57　例 2-11 电气原理图

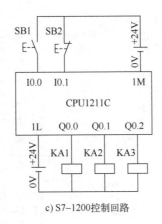

c) S7-1200控制回路

图 2-57　例 2-11 电气原理图（续）

2）编写控制程序。星形-三角形起动的项目创建如下。

① 新建一个项目，在项目视图的项目树中，选中并单击"新添加的设备"（本例为 PLC_1）→"程序块"→"添加新块"，弹出界面"添加新块"，创建"FB1"如图 2-58 所示。选中"函数块 FB"→本例命名为"Starter"，单击"确定"按钮。

图 2-58　创建"Starter（FB1）"

② 在接口"Input"中，新建 2 个参数，在块的接口中创建参数如图 2-59 所示，注意参数的类型。注释内容可以空缺，注释的内容支持汉字字符。在接口"Output"中，新建 3 个参数。在接口"Static"中，新建 4 个静态局部数据。

③ 在函数 Starter（FB1）的程序编辑区编写程序，梯形图如图 2-60 所示。由于图 2-57 中 SB2 接常闭触点，所以梯形图中#Stop 为常开触点，必须要对应。

④ 在项目视图的项目树中，双击"Main［OB1］"，打开主程序块"Main［OB1］"，将函数块"FB1"拖拽到程序段 1，梯形图如图 2-61 所示。

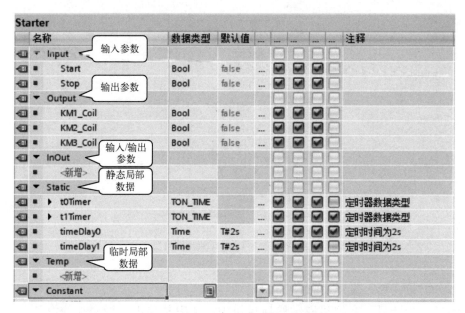

图 2-59　在块的接口中创建参数

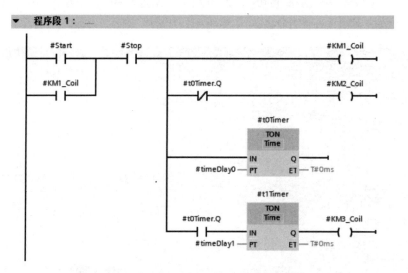

图 2-60　Starter（FB1）中的梯形图

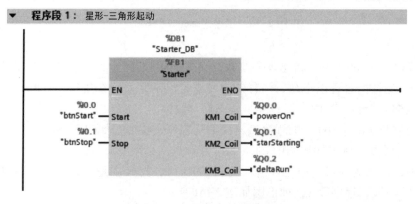

图 2-61　主程序块中的梯形图

微课

取代特殊寄存
器的程序

2.3.3　取代特殊功能的小程序

【**例 2-12**】CPU 上电运行后，对 M0.0 置位，并一直保持为 1，设计梯形图。

【**解**】

S7-300/400 PLC 无上电运行后特殊寄存器一直闭合，设计梯形图如图 2-62 所示。

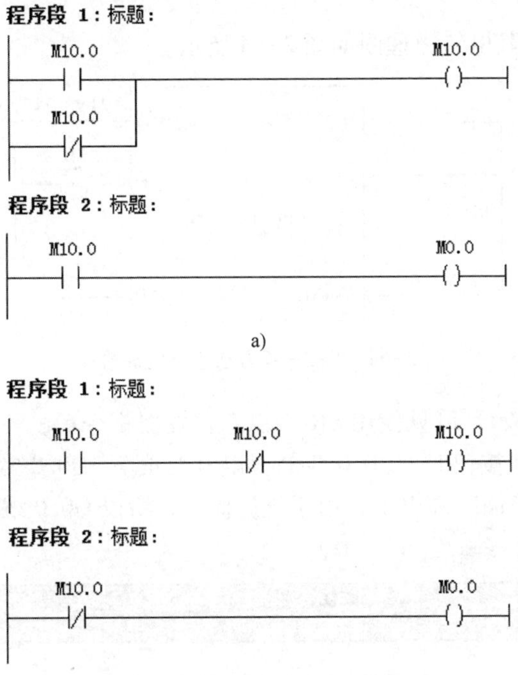

程序段 1：标题：

```
     M10.0                                    M10.0
──────┤├──────┬──────────────────────────────( )────
     M10.0    │
──────┤/├──────┘
```

程序段 2：标题：

```
     M10.0                                     M0.0
──────┤├──────────────────────────────────────( )────
```

a)

程序段 1：标题：

```
     M10.0              M10.0                 M10.0
──────┤├────────────────┤/├────────────────────( )────
```

程序段 2：标题：

```
     M10.0                                     M0.0
──────┤/├──────────────────────────────────────( )────
```

b)

图 2-62　例 2-12 梯形图

【**关键点**】在 S7-200 SMART PLC 中，此程序的功能可取代 SM0.0。

【**例 2-13**】CPU 上电运行后，对 MB0~MB3 清零复位，设计梯形图。

【**解**】

S7-300/400 PLC 无上电闭合一个扫描周期的特殊寄存器，但有 2 个方法解决此问题，方法 1 梯形图如图 2-63 所示。另一种解法要用到 OB100。

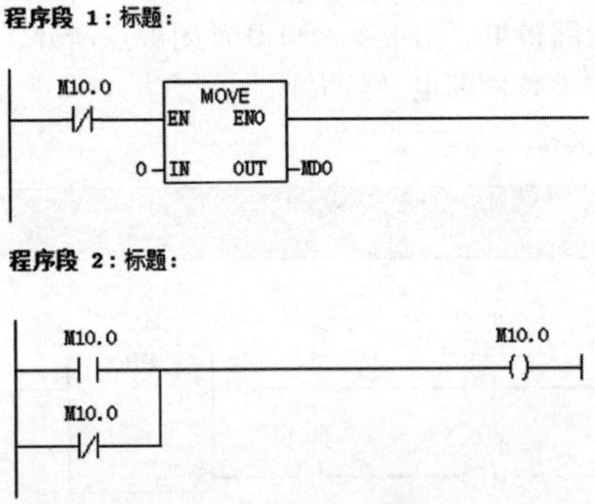

程序段 1：标题：

```
     M10.0      ┌──────────────┐
──────┤/├───────┤EN   MOVE  ENO├──────
                │              │
              0─┤IN        OUT ├─MD0
                └──────────────┘
```

程序段 2：标题：

```
     M10.0                                    M10.0
──────┤├──────┬──────────────────────────────( )────
     M10.0    │
──────┤/├──────┘
```

图 2-63　例 2-13 梯形图

【关键点】在 S7-200 PLC 中，此程序的功能可取代 SM0.1。

微课
单键起停控制
（乒乓控制）

2.3.4 单键起停控制（乒乓控制）

【例 2-14】设计一个单键起停控制（乒乓控制）的程序，实现用单按钮控制一盏灯的亮和灭，即按奇数次按钮灯亮，按偶数次按钮灯灭。

【解】

1）方法 1：先设计其电气原理图如图 2-64 所示。

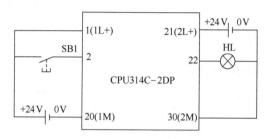

图 2-64 例 2-14 方法 1 电气原理图

梯形图如图 2-65 所示，可见使用 SR 双稳态触发器指令后，不需要用自锁，程序变得更加简洁。当第一次压下按钮时，Q0.0 线圈得电（灯亮），Q0.0 常开触点闭合，当第二次压下按钮时，S 和 R 端子同时高电平，由于复位优先，所以 Q0.0 线圈断电（灯灭）。

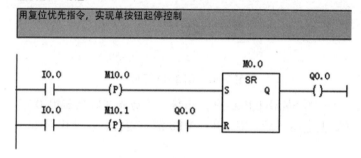

图 2-65 例 2-14 方法 1 梯形图

2）方法 2：这个题目还有第 2 种解法，就是用 RS 指令，梯形图如图 2-66 所示，当第一次压下按钮时，Q0.0 线圈得电（灯亮），Q0.0 常闭触点断开，当第二次压下按钮时，R 端子处于高电平，所以 Q0.0 线圈断电（灯灭）。

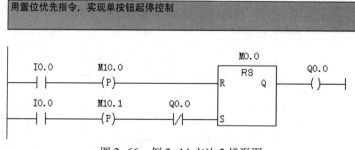

图 2-66 例 2-14 方法 2 梯形图

3）方法 3：这个电路是微分电路，但没用到上升沿指令。梯形图如图 2-67 所示。

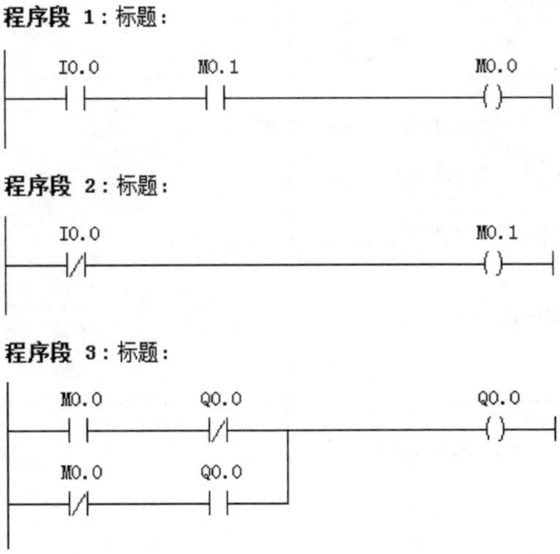

程序段 1：标题：

```
    I0.0        M0.1              M0.0
  ──┤ ├────────┤ ├──────────────( )──
```

程序段 2：标题：

```
    I0.0                          M0.1
  ──┤/├────────────────────────( )──
```

程序段 3：标题：

```
    M0.0        Q0.0              Q0.0
  ──┤ ├────────┤/├───────┬──────( )──
    M0.0        Q0.0      │
  ──┤/├────────┤ ├───────┘
```

图 2-67　例 2-14 方法 3 梯形图

4）方法 4：当 I0.0 第一次合上时，M0.0 接通一个扫描周期，使得 Q0.0 线圈得电一个扫描周期，当下一次扫描周期到达，Q0.0 常开触点闭合自锁，灯亮。

当 I0.0 第二次合上时，M0.0 接通一个扫描周期，使得 Q0.0 线圈闭合一个扫描周期，切断 Q0.0 的常开触点和 M0.0 的常开触点，使得灯灭。梯形图如图 2-68 所示。

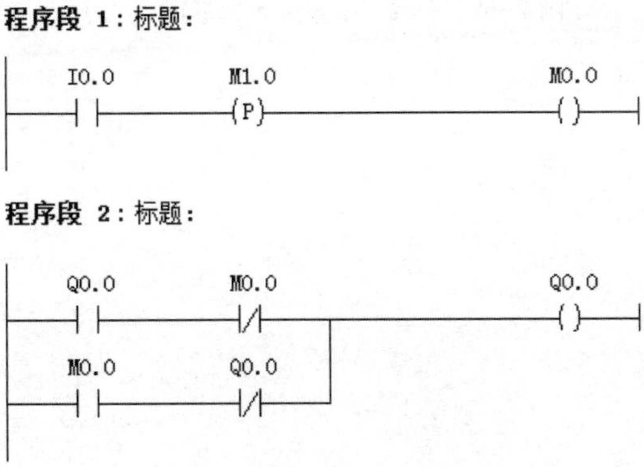

程序段 1：标题：

```
    I0.0        M1.0              M0.0
  ──┤ ├────────(P)──────────────( )──
```

程序段 2：标题：

```
    Q0.0        M0.0              Q0.0
  ──┤ ├────────┤/├───────┬──────( )──
    M0.0        Q0.0      │
  ──┤ ├────────┤/├───────┘
```

图 2-68　例 2-14 方法 4 梯形图

5）方法 5：当 I0.0 第一次合上时，M0.0 接通一个扫描周期，使得 Q0.0 线圈得电一个扫描周期，当下一次扫描周期到达，Q0.0 常开触点闭合自锁，灯亮。

当 I0.0 第二次合上时，M0.0 接通一个扫描周期，C0 计数为 2，Q0.0 线圈断电，使得灯灭，同时计数器复位。梯形图如图 2-69 所示。

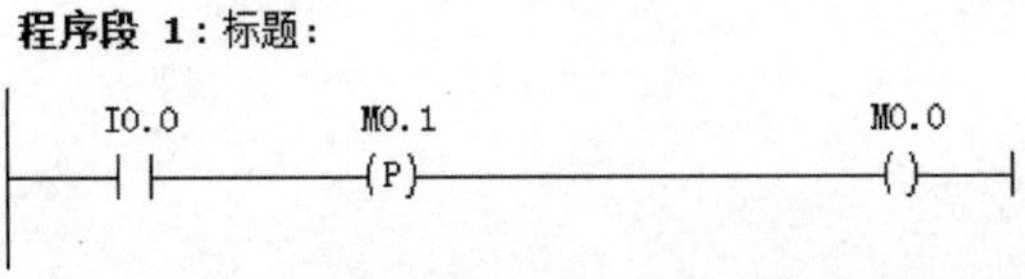

程序段 1：标题：

```
    I0.0        M0.1              M0.0
  ──┤ ├────────(P)──────────────( )──
```

图 2-69　例 2-14 方法 5 梯形图

程序段 2：标题：

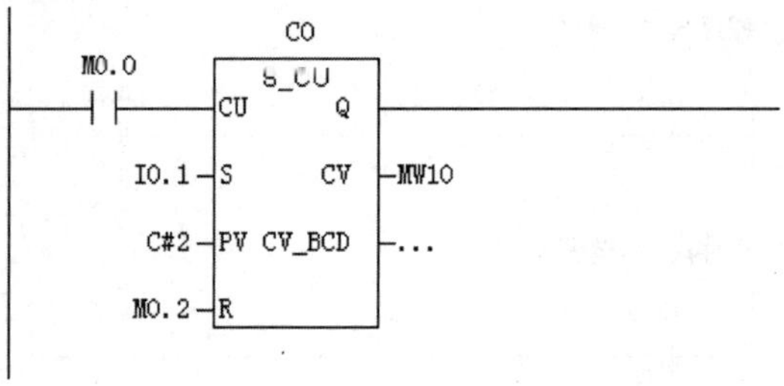

程序段 3：标题：

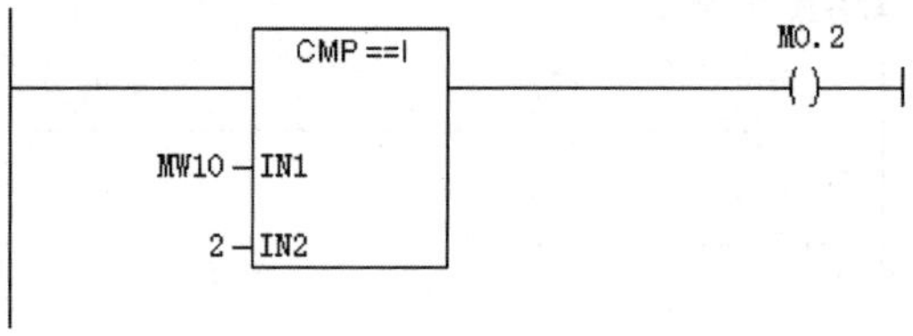

程序段 4：标题：

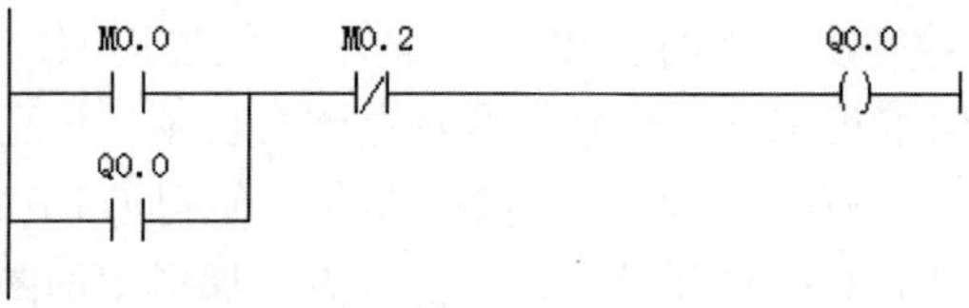

图 2-69　例 2-14 方法 5 梯形图（续）

第3章 西门子 PLC 在过程控制中的应用

PLC 的工艺功能包括高速输入、高速输出和 PID 功能，工艺功能是 PLC 学习中的难点内容。本章学习掌握 PID 控制程序的编写和 PID 参数的整定。

3.1 PLC 的 PID 控制基础

3.1.1 PID 控制原理简介

在过程控制中，按偏差的比例（P）、积分（I）和微分（D）进行控制的 PID 控制器（也称 PID 调节器）是应用最广泛的一种自动控制器。它具有原理简单、易于实现、适用面广、控制参数相互独立、参数选定比较简单和调整方便等优点；而且在理论上可以证明，对于过程控制的典型对象——"一阶滞后+纯滞后"与"二阶滞后+纯滞后"的控制对象，PID 控制器是一种最优控制。PID 调节规律是连续系统动态品质校正的一种有效方法，它的参数整定方式简便，结构改变灵活（如可为 PI 调节、PD 调节等）。长期以来，PID 控制器被广大科技人员及现场操作人员采用，并积累了大量的经验。

1. 比例（P）控制

比例控制是一种最简单、最常用的控制方式，如放大器、减速器和弹簧等。比例控制器能立即成比例地响应输入的变化量。但仅有比例控制时，系统输出存在稳态误差（Steady-State Error）。

2. 积分（I）控制

在积分控制中，控制器的输出量是输入量对时间积累。对一个自动控制系统，如果在进入稳态后存在稳态误差，则称这个控制系统是有稳态误差的或简称有差系统（System with Steady-State Error）。为了消除稳态误差，在控制器中必须引入积分项。积分项对误差的运算取决于时间的积分，随着时间的增加，积分项会增大。所以即便误差很小，积分项也会随着时间的增加而加大，它推动控制器的输出增大，使稳态误差进一步减小，直到等于零。因此，采用比例+积分（PI）控制器，可以使系统在进入稳态后无稳态误差。

3. 微分（D）控制

在微分控制中，控制器的输出与输入误差信号的微分（即误差的变化率）成正比关系。自动控制系统在克服误差的调节过程中可能会出现振荡甚至失稳。其原因是存在较大惯性的组件（环节）或有滞后（Delay）组件，具有抑制误差的作用，其变化总是落后于误差的变化。解决的办法是使抑制误差作用的变化"超前"，即在误差接近零时，抑制误差的作用就应该是零。这就是说，在控制器中仅引入比例项往往是不够的，比例项的作用仅是放大误差的幅值，因而需要增加的是微分项，它能预测误差变化的趋势，这样，具有比例+微分的控制器就能够提前使抑制误差的控制作用等于零，甚至为负值，从而避免被控量的严重超调。

所以对有较大惯性或滞后的被控对象，比例+微分（PD）控制器能改善系统在调节过程中的动态特性。

4. PID 的算法

（1）PID 控制系统原理框图

PID 控制系统原理框图如图 3-1 所示。

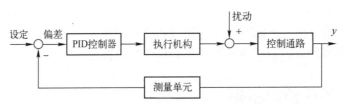

图 3-1　PID 控制系统原理框图

（2）PID 算法

S7-1200/1500 PLC 内置了三种 PID 指令，分别是 PID_Compact、PID_3Step 和 PID_Temp。

PID_Compact 是一种具有抗积分饱和功能并且能够对比例作用和微分作用进行加权的 PIDT1 控制器。PID 算法根据以下等式工作：

$$y = K_{\mathrm{p}} \left[(bw-x) + \frac{1}{T_{\mathrm{I}}s}(w-x) + \frac{T_{\mathrm{D}}s}{aT_{\mathrm{D}}s+1}(cw-x) \right] \tag{3-1}$$

式中，y 是 PID 算法的输出值；K_{p} 是比例增益；s 是拉普拉斯运算符；b 是比例作用权重；w 是设定值；x 是过程值；T_{I} 是积分作用时间；T_{D} 是微分作用时间；a 是微分延迟系数（微分延迟 $T_{\mathrm{I}} = aT_{\mathrm{D}}$）；$c$ 是微分作用权重。

【关键点】式（3-1）是非常重要的，根据这个公式，读者必须建立一个概念：增益 K_{p} 增加可以直接导致输出值 y 的快速增加，T_{I} 的减小可以直接导致积分项数值的增加，微分项数值的大小随着微分时间 T_{D} 的增加而增加，从而直接导致 y 增加。理解了这一点，对于正确调节 P、I、D 三个参数是至关重要的。

3.1.2　PID 控制器的参数整定

PID 控制器的参数整定是控制系统设计的核心内容。它是根据被控过程的特性，来确定 PID 控制器的比例系数、积分时间和微分时间的大小。PID 控制器参数整定的方法很多，概括起来有如下两大类：

一是理论计算整定法。它主要依据系统的数学模型，经过理论计算确定控制器参数。这种方法所得到的计算数据未必可以直接使用，还必须通过工程实际进行调整和修改。

二是工程整定法。它主要依赖于工程经验，直接在控制系统的试验中进行，且方法简单、易于掌握，在工程实际中被广泛采用。PID 控制器参数的工程整定方法，主要有临界比例法、反应曲线法和衰减法。这三种方法各有其特点，其共同点都是通过试验，然后按照工程经验公式对控制器参数进行整定。但无论采用哪一种方法所得到的控制器参数，都需要在实际运行中进行最后的调整与完善。

1. 整定的方法和步骤

现在一般采用的是临界比例法。利用该方法进行 PID 控制器参数的整定步骤如下：

1）首先预选择一个足够短的采样周期让系统工作。

2）仅加入比例控制环节，直到系统对输入的阶跃响应出现临界振荡，记下这时的比例放大系数和临界振荡周期。

3）在一定的控制度下通过公式计算得到 PID 控制器的参数。

2. PID 参数的整定实例

PID 参数的整定对于初学者来说并不容易，不少初学者看到 PID 的曲线往往不知道是什么含义，当然也就不知道如何下手调节了，以下用几个简单的例子进行介绍。

【例 3-1】 某系统的电炉在进行 PID 参数整定，其输出曲线已给出，设定值和测量值重合（40℃），所以有人认为 PID 参数整定成功，对此进行分析并给出自己的见解。

【解】

在 PID 参数整定时，分析曲线图是必不可少的，测量值和设定值基本重合是基本要求，并非说明 PID 参数整定就一定合理。

分析 PID 运算结果的曲线是至关重要的，如图 3-2a 所示，PID 运算结果的曲线虽然很平滑，但过于平坦，这样电炉在运行过程中，其抗干扰能力弱，也就是说，当负载对热量需要稳定时，温度能保持稳定，但当负载热量变化大时，测量值和设定值就未必处于重合状态了。这种 PID 运算结果的曲线过于平坦，说明 P 过小。

将 P 的数值设定为 20.0。调整后的 PID 曲线图如图 3-2b 所示，整定就比较合理了。

【例 3-2】 某系统的电炉在进行 PID 参数整定，其输出曲线如图 3-3 所示，设定值和测量值重合（40℃），所以有人认为 PID 参数整定成功，对此进行分析并给出自己的见解。

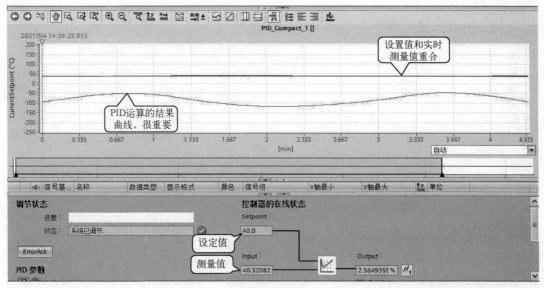

a）PID 曲线图(1)

图 3-2 例 3-1 图

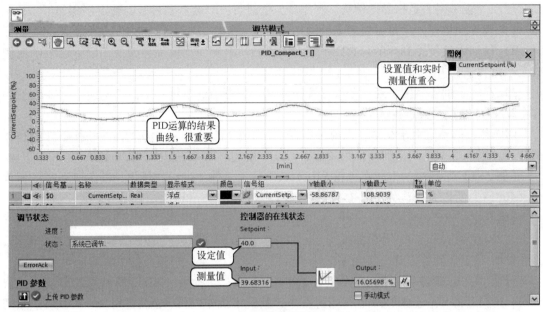

b) PID曲线图(2)

图 3-2　例 3-1 图（续）

【解】

如图 3-3 所示，虽然测量值和设定值基本重合，但 PID 参数整定不合理。这是因为 PID 运算结果的曲线已经超出了设定的范围，实际就是超调，说明比例环节 P 过大。

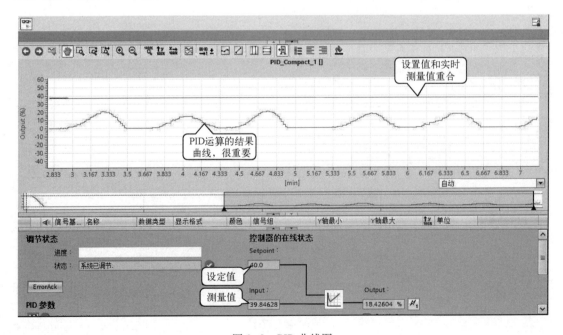

图 3-3　PID 曲线图

3.2 西门子 PLC 对电炉的温度控制

3.2.1 S7-200 SMART PLC 对电炉温度的 PID 控制

要求将一台电炉的炉温控制在一定的范围。电炉的工作原理如下。

当设定电炉温度后，S7-200 SMART PLC 经过 PID 运算后由模拟量输出模块 EM AQ02 输出一个电压信号送到控制板，控制板根据电压信号（弱电信号）的大小控制电热丝的加热电压（强电）的大小（甚至断开），温度传感器测量电炉的温度，温度信号经过控制板的处理后先输入到模拟量输入模块 EM AE04，再送到 S7-200 SMART PLC 进行 PID 运算，如此循环，要求有手动模式和自动模式。整个系统的电气原理图如图 3-4 所示。

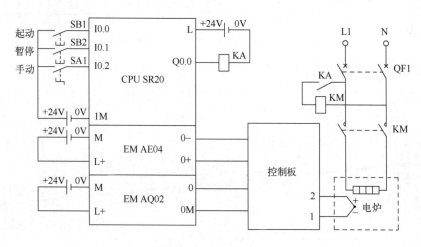

图 3-4　电气原理图

1. 主要软硬件配置

1）1 套 STEP7-Micro/WIN SMART V2.7。

2）1 台 CPU SR20。

3）1 台 EM AE04。

4）1 台 EM AQ02。

5）1 根以太网线。

6）1 台电炉（含控制板）。

S7-200 SMART PLC 的 PID 控制有两种方案：一种是用 PID 指令编写程序，程序编写比较复杂，不能使用 PID 整定控制面板；另一种是用 PID 指令向导自动生成 PID 子程序，程序简单，而且可以使用 PID 整定控制面板，PID 的参数可以自动整定，是工程中常用的方法。以下用第二种方法。

2. PID 指令向导配置

1）定义需要配置的 PID 回路号。新建项目，单击"向导"→"PID"，打开 PID 向导，进行如图 3-5 所示的设置。

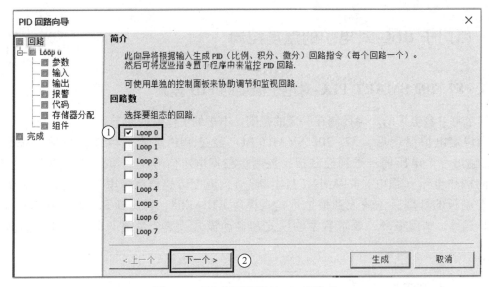

图 3-5　定义需要配置的 PID 回路号

2）为回路组态命名。为回路组态命名为"Loop0"，如图 3-6 所示。

图 3-6　为回路组态命名为"Loop0"

3）设定 PID 回路参数。设置 PID 的回路参数如图 3-7 所示，参数可以使用默认值，最终参数还需要在调试时整定。

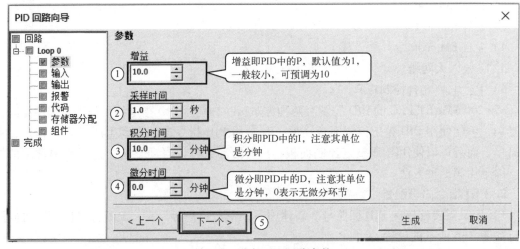

图 3-7　设定 PID 回路参数

4）设定回路过程变量。这里的过程变量就是传感器输出的 0~10 V 的模拟量，经 A/D（模数）转换后的数值，设置回路的过程变量如图 3-8 所示，如模拟量是 4~20 mA 的电流信号，标记"2"处的下限为 5530，上限为 27648。

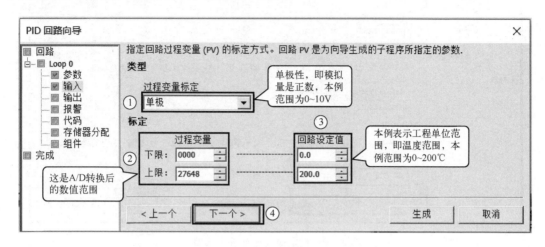

图 3-8　设定回路过程变量

5）设定输出回路输出选项。输出变量可以是数字量（高速脉冲）或者模拟量，本例为模拟量，设定输出回路输出选项如图 3-9 所示。

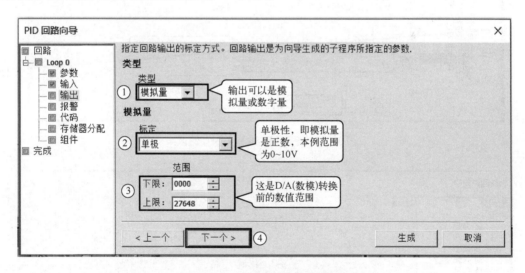

图 3-9　设定输出回路输出选项

6）定义向导所生成的 PID 初始化子程序和中断程序名及手/自动模式。设定输入回路输出选项如图 3-10 所示，如有手动模式，则需要勾选"添加 PID 的手动控制"选项。

7）指定 PID 运算数据存储区，如图 3-11 所示。指令向导的生成需要 120 字节的专用存储空间，这个空间的地址可以使用默认值，也可以由读者指定，但注意这个存储区的地址不可与编程时的其他地址冲突。

8）配置完 PID 向导。配置完 PID 向导如图 3-12 所示，生成的子程序在"指令"→"调用子例程"中可以找到。

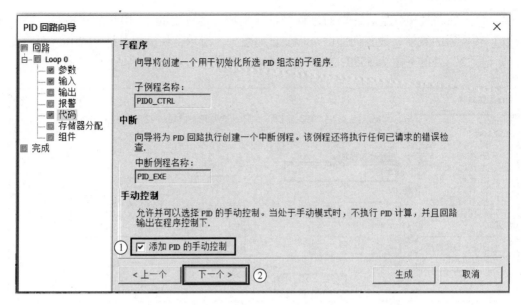

图 3-10 设定输入回路输出选项

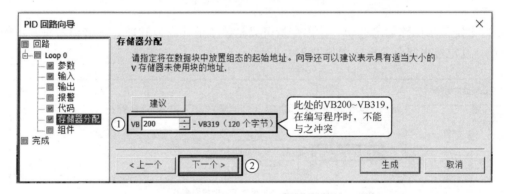

图 3-11 指定 PID 运算数据存储区

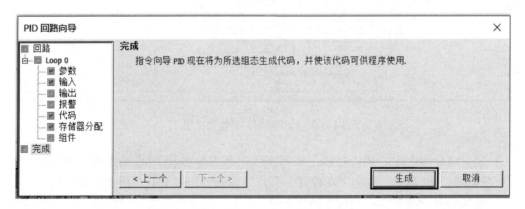

图 3-12 配置完 PID 向导

3. 编写程序

编写程序如图 3-13 所示。程序的解读如下。

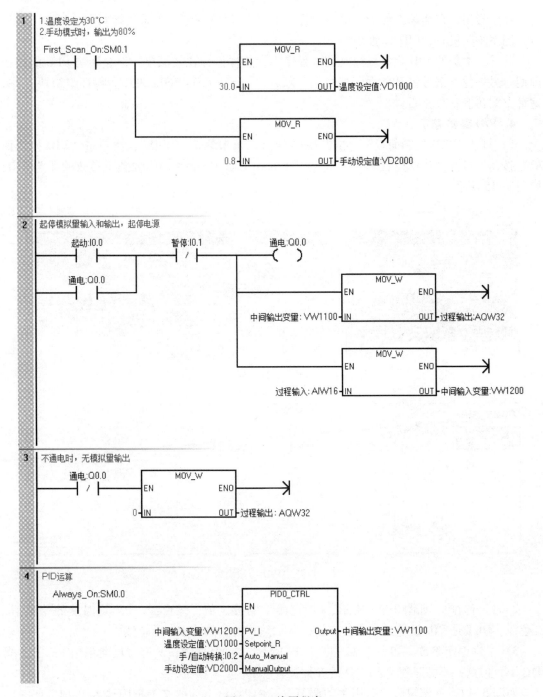

图 3-13　编写程序

程序段 1：设置一个自动模式时的初始温度，设置手动模式时，输出为 80%，即程序中 AQW32 为 27648×0.8＝22184 输出。

程序段 2：起动状态时，将模拟量输入通道的温度值送入 PID 指令，并将 PID 计算的结果送到模拟量输出通道。开/关加热器的电源。

程序段 3：停机时无模拟量输出。

程序段 4：PID 运算。注意 PID 指令前只能是 SM0.0。

顺便指出：在实际工程中，很多时候 PID 不用起停控制，当系统运行时，PID 正常运行，当系统关机时，PID 自动关闭。

此外，本例的 PID 程序直接放在主程序中，这样设计比较简单，但会影响 PLC 的扫描周期。另一种方案是将 PID 程序编写在中断程序（S7-1200/1500 PLC 为循环组织块）中，这种方案在下一节介绍。

4. PID 参数整定

1）打开"PID 控制面板"。如图 3-14 所示，单击菜单"工具"，再单击"PID 控制面板"按钮，打开"PID 控制面板"。双击"Loop0（Loop0）"，弹出需要整定参数的那路 PID，如图 3-15 所示。

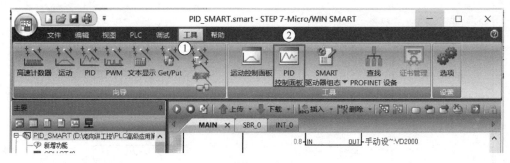

图 3-14　打开"PID 控制面板"（1）

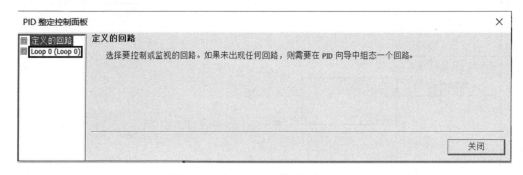

图 3-15　打开"PID 控制面板"（2）

2）运行监控。如图 3-16 所示，SP 是温度的设定值，绿色线。PV 是温度的测量值，红色线。OUT 是 PID 运算的结果输出，控制加热器的加热功率，蓝色线。

3）手动整定参数。如图 3-17~图 3-19 所示，温度设定值 SP 和温度测量值 PV 的曲线重合了，但这并不意味着 P、I、D 的参数是合理的。

如图 3-17，首先勾选"启用手动调节"，在计算值下面的文本框中输入 P、I、D 的参数，本例分别为 20.0、5.0 和 0.0，最后单击"更新 CPU"，参数下载到 CPU 中。PID 运算的结果输出曲线非常平坦，近乎直线，说明 P 还相对较小。

经过数次修改 P 的大小，将 P 设定为 40.0，如图 3-18 所示，可以看到 PID 运算的结果输出曲线波浪要大一些，曲线也比较平滑，显然 P=40.0 仍然偏小。

经过数次修改 P 的大小，将 P 设定为 100.0，如图 3-19 所示，可以看到 PID 运算的结果输出曲线波浪要更大一些，曲线也比较平滑，显然 P=100.0 更加合适。

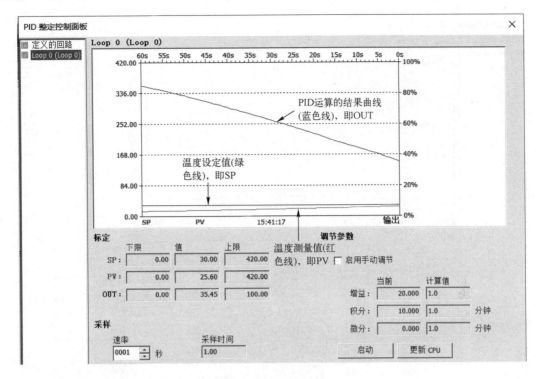

图 3-16　运行监控

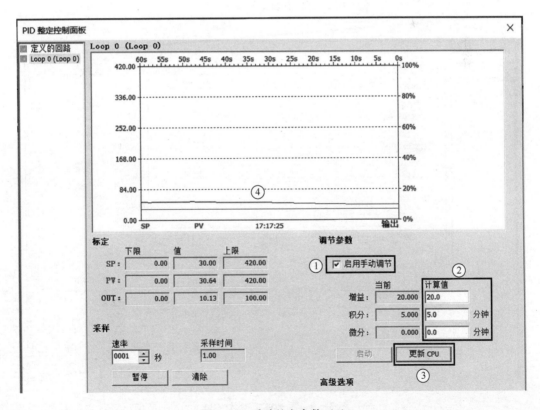

图 3-17　手动整定参数（1）

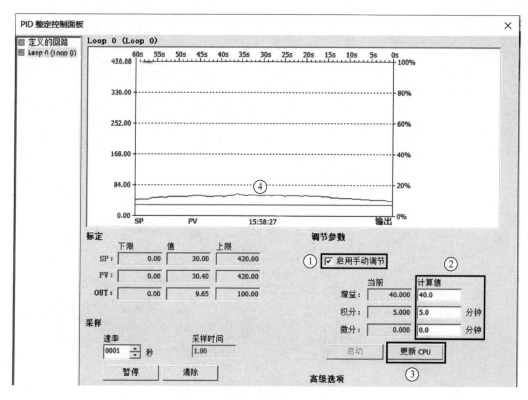

图 3-18　手动整定参数（2）

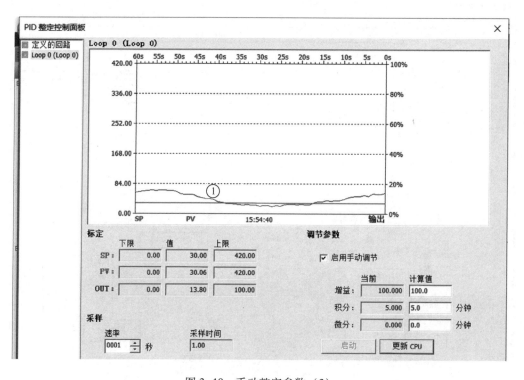

图 3-19　手动整定参数（3）

3.2.2　S7-1200/1500 PLC 对电炉温度的控制

微课

S7-1500 PLC
对电炉进行
温度控制

以下用一个例子介绍 PID 控制的应用。

【例 3-3】有一台电炉，要求炉温控制在一定的范围。电炉的工作原理如下：当设定电炉温度后，CPU1511T-1PN 经过 PID 运算后由 SM532 输出一个模拟量到控制板，控制板根据信号（弱电信号）的大小控制电热丝的加热电压（强电）的大小（甚至断开），温度传感器测量电炉的温度，温度信号经过控制板的处理后输入到模拟量输入端子，再送到 CPU1511T-1PN 进行 PID 运算，如此循环。编写控制程序。

【解】

1. 主要软硬件配置

① 1 套 TIA Portal V18。

② 1 台 CPU1511T-1PN。

③ SM521、SM522、SM531 和 SM532 各 1 台。

④ 1 台电炉。

设计原理图，如图 3-20 所示。

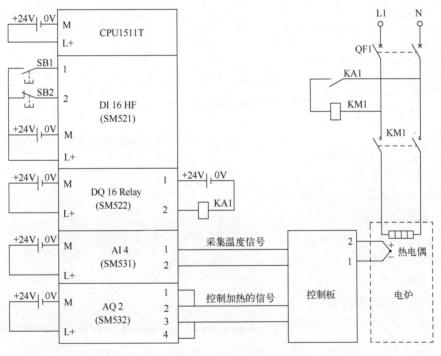

图 3-20　原理图

2. 硬件组态

1）新建项目，添加模块，如图 3-21 所示。打开 TIA Portal 软件，新建项目"PID_S7-1500"，在项目树中，单击"添加新设备"选项，添加 CPU1511T-1PN、DI 16、DQ 16、AI 4 和 AQ 2。

2）新建变量表。新建变量和数据类型，如图 3-22 所示。

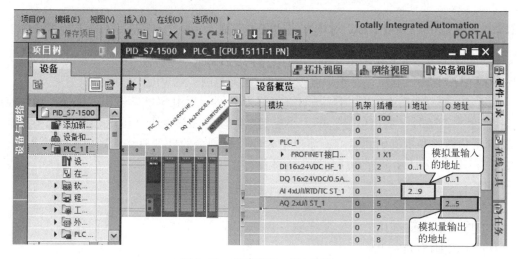

图 3-21 新建项目，添加模块

	名称	变量表	数据类型	地址
PLC变量				
1	Start	默认变量表	Bool	%I0.0
2	Stp	默认变量表	Bool	%I0.1
3	PowerOn	默认变量表	Bool	%Q0.0
4	AnologIn	默认变量表	Word	%IW2
5	AnologOut	默认变量表	Word	%QW2
6	SetTemperature	默认变量表	Real	%MD10

图 3-22 新建变量表

3. 参数组态

1）添加循环组织块 OB30，设置其循环周期为 100000 μs。

2）插入 PID_Compact 指令块。添加完循环中断组织块后，选择"指令树"→"工艺"→"PID 控制"→"PID_Compact"选项，将"PID_Compact"指令块拖拽到循环中断组织中。添加完"PID_Compact"指令块后，会弹出如图 3-23 所示的界面，单击"确定"按钮，完成对"PID_Compact"指令块的背景数据块的定义。

图 3-23 定义指令块的背景数据块

3）基本参数组态。先选中已经插入的指令块，再选择"属性"→"组态"→"基本设置"，进行如图 3-24 所示的设置。当 CPU 重启后，PID 运算变为自动模式，需要注意的是"PID_Compact"指令块输入参数 MODE，最好不要赋值。

4）过程值设置。先选中已经插入的指令块，再选择"属性"→"组态"→"过程值设置"，进行如图 3-25 所示的设置。把过程值的下限设置为"0.0"，把过程值的上限设置为传感器的上限值"400.0"。这就是温度传感器的量程。

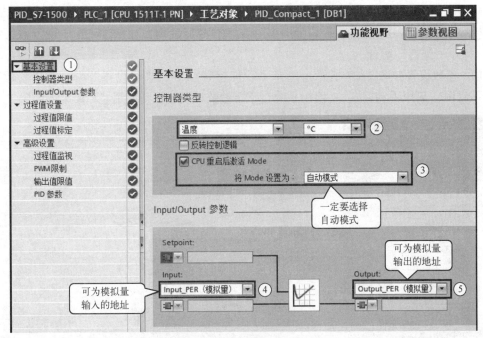

图 3-24　基本设置

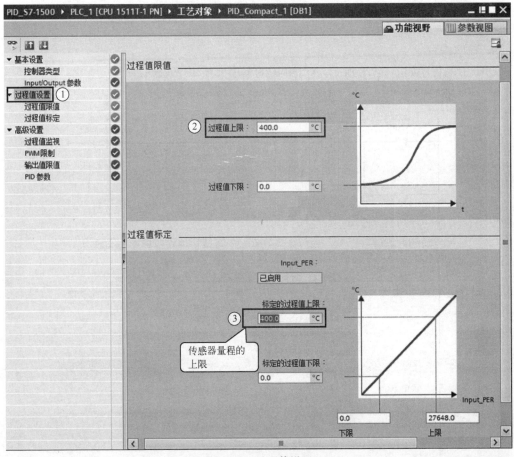

图 3-25　过程值设置

5）高级设置。选择"项目树"→"PID_S7-1500"→"PLC_1［CPU 1511T-1 PN］"→"工艺对象"→"PID_Compact_1［DB1］"→"组态"选项，如图 3-26 所示，双击"组态"，打开"组态"界面。

PID 参数设置如图 3-27 所示。选择"功能视野"→"高级设置"→"PID 参数"选项，不启用"启用手动输入"，使用系统自整定参数；调节规则使用"PID"控制器。

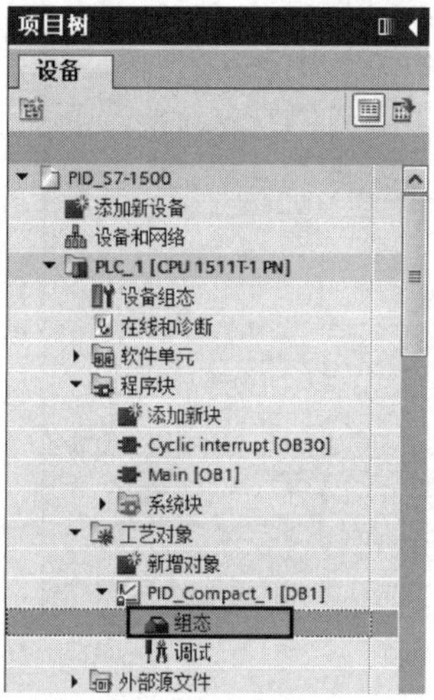

图 3-26　打开工艺对象组态 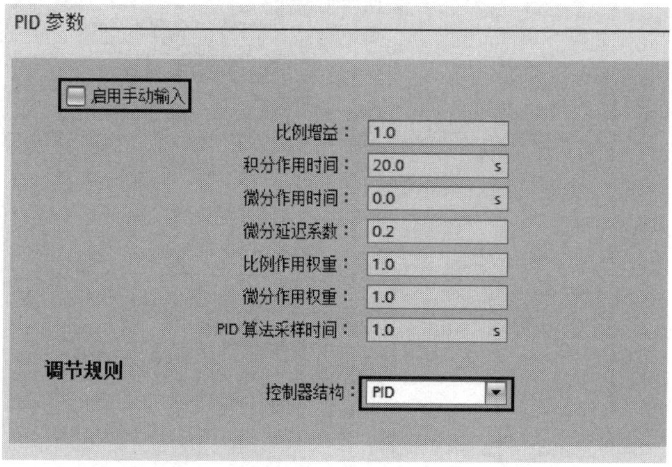　　　　　　　　图 3-27　PID 参数设置

4. 程序编写

OB1 中的程序如图 3-28 所示，OB30 中的程序如图 3-29 所示。

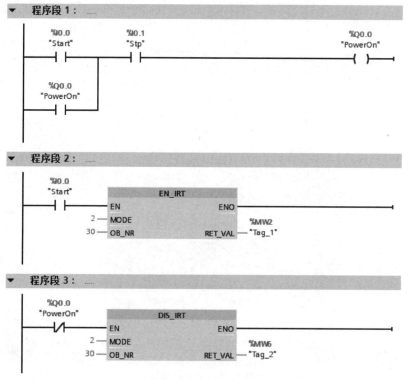

图 3-28　OB1 中的程序

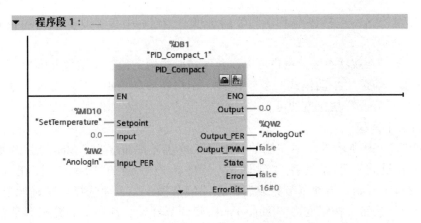

图 3-29　OB30 中的程序

5. 自整定

很多品牌的 PLC 都有自整定功能。S7-1500 PLC 有较强的自整定功能，这大大减少了 PID 参数整定的时间，对初学者更是如此，可借助 TIA Portal 软件的调试面板进行 PID 参数的自整定。

（1）打开调试面板

单击指令块 PID_Compact 上的 圖 图标，如图 3-29 所示，即可打开"调试面板"。

（2）调试面板

调试面板如图 3-30 所示，包括四个部分，分别介绍如下：

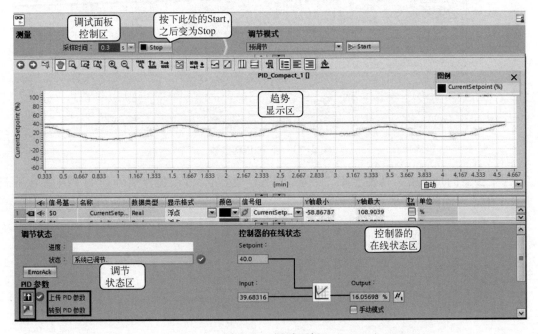

图 3-30　调试面板

1）调试面板控制区：起动和停止测量功能、采样时间以及调节模式选择。

2）趋势显示区：以曲线的形式显示设定值、测量值和输出值。这个区域非常重要。

3）调节状态区：包括显示 PID 调节的进度、错误、上传 PID 参数到项目和转到 PID 参数。

4）控制器的在线状态区：用户可以在此区域监视给定值、反馈值和输出值，并可以手动强制输出值，勾选"手动模式"复选按钮，用户在"Output"栏内输入百分比形式的输出值，并单击"修改"按钮 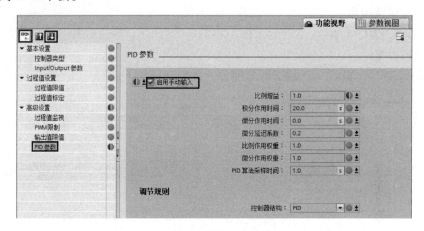 即可。

（3）自整定过程

单击如图 3-30 所示界面中左侧的"Start"按钮（按钮变为"Stop"），开始测量在线值，在"调节模式"下面选择"预调节"，再单击右侧的"Start"按钮（按钮变为"Stop"），预调节开始。当预调节完成后，在"调节模式"下面选择"精确调节"，再单击右侧的"Start"按钮（按钮变为"Stop"），精确调节开始。预调节和精确调节都需要消耗一定的运算时间，需要用户等待。

上传参数和下载参数。当 PID 自整定完成后，单击如图 3-30 所示左下角的"上传 PID 参数"按钮 ，参数从 CPU 上传到在线项目中。

如图 3-30 所示，单击"转到 PID 参数"按钮 ，弹出如图 3-31 所示界面，单击"监控所有"按钮 ，勾选"启用手动输入"选项，单击"下载"按钮 ，修正后的 PID 参数可以下载到 CPU 中去。

图 3-31　下载 PID 参数

需要注意的是单击工具栏上的"下载到设备"按钮，并不能将更新后的 PID 参数下载到 CPU 中，正确的做法是：在菜单栏中，选择"在线"→"下载并复位 PLC 程序"。

第4章　西门子 PLC 的通信及应用

本章主要介绍了通信的概念、S7-1200/1500 PLC 的 OUC（开放式用户通信）、S7-200 SMART/1200/1500 PLC 的 S7 通信、S7-300/1200/1500 PLC 的 PROFIBUS-DP 通信、S7-1200/1500 PLC 的 PROFINET IO 通信和 S7-200 SMART/1200/1500 PLC 的串行通信。此外还介绍了网关、耦合器通信，本章是 PLC 学习中的重点和难点内容。

4.1　通信基础知识

PLC 的通信包括 PLC 与 PLC 之间的通信、PLC 与上位计算机之间的通信以及和其他智能设备之间的通信。PLC 与 PLC 之间通信的实质就是计算机的通信，使得众多独立的控制任务构成一个控制工程整体，形成模块控制体系。PLC 与计算机连接组成网络，将 PLC 用于控制工业现场，计算机用于编程、显示和管理等任务，构成"集中管理、分散控制"的分布式控制系统（DCS）。

4.1.1　PLC 网络的术语解释

PLC 网络中的名词、术语很多，现将常用的予以介绍。

1）主站（Master Station）：PLC 网络系统中进行数据连接的系统控制站，主站上设置了控制整个网络的参数，每个网络系统只有一个主站，站号实际就是 PLC 在网络中的地址。

2）从站（Slave Station）：PLC 网络系统中，除主站外，其他的站称为"从站"。

3）网关（Gateway）：又称网间连接器、协议转换器。网关在传输层上以实现网络互联，是最复杂的网络互联设备，仅用于两个高层协议不同的网络互联。如图 4-1 所示，CPU1511-1PN 通过工业以太网，把信息传送到 IE/PB LINK 模块，再传送到 PROFIBUS 网络上的 IM155-5 DP 模块，IE/PB LINK 通信模块用于不同协议的互联，它实际上就是网关。

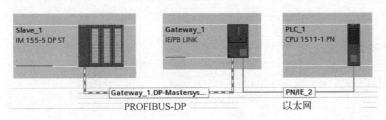

图 4-1　网关应用实例

4）中继器（Repeater）：用于网络信号放大、调整的网络互联设备，能有效延长网络的连接长度。例如，PPI（点对点接口）通信的正常传送距离是不大于 50 m，经过中继器放大后，可传输超过 1 km，应用实例如图 4-2 所示，PLC 通过 MPI（多点接口）通信或者 PPI 通信时，传送距离可达 1100 m。在 PROFIBUS-DP 通信中，一个网络多于 32 个站点也需要使用中继器。

图 4-2　中继器应用实例

5）交换机（Switch）：交换机是为了解决通信阻塞而设计的，它是一种基于 MAC（媒体访问控制）地址识别，能完成封装转发数据包功能的网络设备。交换机可以通过在数据帧的始发者和目标接收者之间建立临时的交换路径，使数据帧直接由源地址到达目的地址。其应用实例如图 4-3 所示，电口交换机模块（ESM）将 HMI（人机交互）、PLC 和 PC（个人计算机）连接在工业以太网的一个网段中。在工业控制中，只要用到以太网通信，交换机几乎不可或缺。

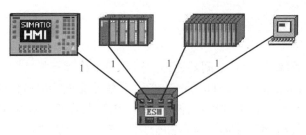

图 4-3　交换机应用实例

4.1.2　OSI 参考模型

通信网络的核心是 OSI（Open System Interconnection，开放式系统互联）参考模型。1984 年，国际标准化组织（ISO）提出了开放式系统互联的 7 层模型，即 OSI 模型。该模型自下而上分为：物理层、数据链路层、网络层、传输层、会话层、表示层和应用层。

OSI 模型的上 3 层通常称为应用层，用来处理用户接口、数据格式和应用程序的访问，下 4 层负责定义数据的物理传输介质和网络设备。OSI 参考模型定义了大多数协议栈共有的基本框架，信息在 OSI 模型中的流动形式如图 4-4 所示。

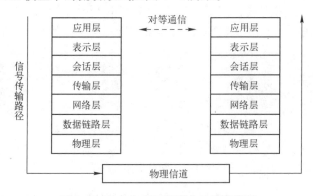

图 4-4　信息在 OSI 模型中的流动形式

1）物理层（Physical Layer）：定义了传输介质、连接器和信号发生器的类型，规定了物理连接的电气、机械功能特性，如电压、传输速率和传输距离等特性，建立、维护和断开物理连接。典型的物理层设备有集线器（HUB）和中继器等。

2）数据链路层（Data Link Layer）：确定传输站点物理地址以及将消息传送到协议栈，提供顺序控制和数据流向控制，具备建立逻辑连接、进行硬件地址寻址和差错校验等功能（由底层网络定义协议）。以太网中的 MAC 地址属于数据链路层，相当于人的身份证，不可修改，MAC 地址一般印刷在网口附近。

典型的数据链路层的设备有交换机和网桥等。

3）网络层（Network Layer）：进行逻辑地址寻址，实现不同网络之间的路径选择。协议有：ICMP（因特网控制消息协议）、IGMP（互联网组管理协议）、IP（互联网协议，IPv4、IPv6）、ARP（地址解析协议）、RARP（反向地址解析协议）。典型的网络层设备是路由器。

IP 地址在这一层，IP 地址分成两个部分，前三个字节代表网络，后一个字节代表主机。如 192.167.0.1 中，192.167.0 代表网络（有的资料称网段），1 代表主机。

4）传输层（Transport Layer）：定义传输数据的协议端口号，以及流控和差错校验。协议有：TCP（传输控制协议）、UDP（用户数据报协议）。网关是互联网设备中最复杂的，它是传输层及以上层的设备。

5）应用层（Application Layer）：网络服务与最终用户的一个接口。协议有：HTTP（超文本传输协议）、FTP（文件传输协议）、TFTP（简易文件传送协议）、SMTP（简单邮件传送协议）、SNMP（简单网络管理协议）和 DNS（域名系统）协议等。

数据经过封装后通过物理介质传输到网络上，接收设备除去附加信息后，将数据上传到上层堆栈层。

【例 4-1】学校有一台计算机，QQ 可以正常登录。可是网页打不开，问故障在物理层还是其他层？是否可以通过插拔交换机上的网线解决问题？

【解】

1）故障不在物理层，如在物理层，则 QQ 也不能登录。

2）不能通过插拔网线解决问题，因为网线是物理连接，属于物理层，故障应在其他层。

4.1.3 现场总线介绍

微课
现场总线介绍

1. 现场总线的概念

国际电工委员会（IEC）对现场总线（FieldBUS）的定义为：一种应用于生产现场，在现场设备之间、现场设备和控制装置之间实行双向、串行和多节点的数字通信网络。

现场总线的概念有广义与狭义之分。狭义的现场总线就是指基于 RS-485 的串行通信网络。广义的现场总线泛指用于工业现场的所有控制网络。广义的现场总线包括狭义现场总线和工业以太网。工业以太网已经成为现场总线的主流。

2. 主流现场总线的简介

1984 年国际电工委员会/国际标准协会（IEC/ISA）就开始制定现场总线的标准，然而统一的标准至今仍未完成。很多公司推出其各自的现场总线技术，但彼此的开放性和互操作性难以统一。

IEC 61158 现场总线标准的第一版容纳了 8 种互不兼容的总线协议。现在的标准是 2007 年 7 月通过的第四版，其现场总线增加到 20 种，见表 4-1。

表 4-1　IEC 61158 的现场总线

类型编号	名　称	发起的公司
Type 1	TS61158 现场总线	
Type 2	ControlNet 和 Ethernet/IP 现场总线	罗克韦尔（Rockwell）
Type 3	PROFIBUS 现场总线	西门子（Siemens）
Type 4	P-NET 现场总线	Proces-Data A/S
Type 5	FF HSE 现场总线	罗斯蒙特（Rosemount）
Type 6	Swift Net 现场总线	波音（Boeing）
Type 7	World FIP 现场总线	阿尔斯通（Alstom）
Type 8	INTERBUS 现场总线	菲尼克斯（Phoenix Contact）
Type 9	FF H1 现场总线	现场总线基金会（FF）
Type 10	PROFINET 现场总线	西门子（Siemens）
Type 11	TCnet 实时以太网	东芝（Toshiba）
Type 12	EtherCAT 实时以太网	倍福（Beckhoff）
Type 13	POWERLINK 实时以太网	ABB，曾经的贝加莱（B&R）
Type 14	EPA 实时以太网	浙江大学等
Type 15	Modbus RTPS 实时以太网	施耐德（Schneider）
Type 16	SERCOS Ⅰ、Ⅱ 现场总线	德国机床协会及德国电器工业协会
Type 17	Vnet/IP 实时以太网	横河（Yokogawa）
Type 18	CC-Link 现场总线	三菱电机（Mitsubishi）
Type 19	SERCOS Ⅲ 现场总线	德国机床协会及德国电器工业协会
Type 20	HART 现场总线	罗斯蒙特（Rosemount）

4.2　PROFIBUS 通信及其应用

4.2.1　PROFIBUS 通信概述

PROFIBUS 是 PI（PROFIBUS & PROFINET International）的现场总线通信协议，也是 IEC61158 国际标准中的现场总线标准之一。现场总线 PROFIBUS 满足了生产过程现场级数据可存取性的重要要求，一方面它覆盖了传感器/执行器领域的通信要求，另一方面又具有单元级领域所有网络级通信功能。特别在"分散 I/O"领域，由于有大量、种类齐全和可连接的现场总线可供选用，目前 PROFIBUS 的节点使用数目超过 1 亿个。

1. PROFIBUS 的结构和类型

从用户的角度看，PROFIBUS 提供三种通信协议类型：PROFIBUS-FMS、PROFIBUS-DP 和 PROFIBUS-PA。

1）PROFIBUS-FMS（FieldBUS Message Specification，现场总线报文规范），使用了第一层、第二层和第七层。第七层（应用层）包含 FMS 和 LLI（底层接口），主要用于系统级和车间级的不同供应商的自动化系统之间传输数据，处理单元级（PLC 和 PC）的多主站数据通信。目前 PROFIBUS-FMS 已经很少使用，S7-1200/1500 PLC 已经不支持它。

2）PROFIBUS-DP（Decentralized Periphery，分布式外部设备），使用第一层和第二层，这种精简的结构特别适合数据的高速传送，PROFIBUS-DP 用于自动化系统中单元级控制设备与分布式 I/O（例如 ET200）的通信。主站之间的通信为令牌方式（多主站时，确保只有一个起作用），主站与从站之间为主从（MS）方式以及这两种方式的混合。三种方式中，PROFIBUS-DP 应用最为广泛，全球有超过 3000 万的 PROFIBUS-DP 节点。

3）PROFIBUS-PA（Process Automation，过程自动化）用于过程自动化的现场传感器和执行器的低速数据传输，使用扩展的 PROFIBUS-DP 协议。

2. PROFIBUS 总线和总线终端器

（1）总线终端器

PROFIBUS 总线符合 EIA RS-485 标准，PROFIBUS RS-485 的传输以半双工、异步和无间隙同步为基础。传输介质可以是光缆或者屏蔽双绞线，电气传输每个 RS-485 网段最多 32 个站点，多于 32 个站点也需要使用中继器。在总线的两端为终端电阻。

（2）PROFIBUS-DP 电缆

PROFIBUS-DP 电缆是专用的屏蔽双绞线，外层为紫色。PROFIBUS-DP 电缆的结构和功能如图 4-5 所示。外层是紫色绝缘层，编织网防护层主要防止低频干扰，金属箔片层为防止高频干扰，最里面是 2 根信号线，红色为信号"正"，接总线连接器的第 8 引脚，绿色为信号"负"，接总线连接器的第 3 引脚。PROFIBUS-DP 电缆的屏蔽层"双端接地"。

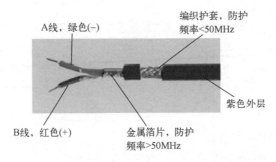

图 4-5　PROFIBUS-DP 电缆的结构和功能

4. 2. 2　S7-1200/1500 PLC 与分布式模块的 PROFIBUS-DP 通信

用 CPU1516-3PN/DP 作为主站（只能作主站，不能作从站），分布式模块作为从站，通过 PROFIBUS 现场总线，建立与这些模块（如 ET200MP、ET200SP、EM200M 和 EM200B 等）的通信是非常方便的，这样的解决方案多用于分布式控制系统。这种 PROFIBUS 通信在工程中最容易实现，同时应用也最广泛。

【例 4-2】有一台设备，控制系统由 CPU1516-3PN/DP（或者 CPU1211C+CM1243-5）、IM155-5DP、SM521 和 SM522 组成，编写程序实现由主站发出一个起停信号控制从站一个中间继电器的通断。

【解】

将 CPU1516-3PN/DP（或者 CPU1211C+CM1243-5）作为主站，将分布式模块作为从站。当如 S7-1500 PLC CPU 模块没有 PROFIBUS-DP 接口时，则要配置 CP1542-5 或者 CM1542-5 模块。

微课
S7-1500 PLC
与 ET200MP
的 PROFIBUS-DP 通信

1. 主要软硬件配置

① 1 套 TIA Portal V18。

② 1 台 CPU1516-3PN/DP 或 CPU1211C+CM1243-5。

③ 1 台 IM155-5DP。

④ 1 块 SM522 和 1 块 SM521。

⑤ 1 根 PROFIBUS 网络电缆（含两个网络总线连接器）。

⑥ 1 根以太网网线。

S7-1500 PLC 和分布式模块进行 PROFIBUS-DP 通信原理图如图 4-6 所示。S7-1200 PLC 和分布式模块进行 PROFIBUS-DP 通信原理图如图 4-7 所示，必须配置 CM1243-5 主站模块。

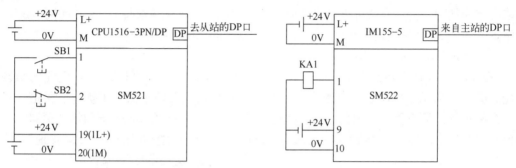

图 4-6　S7-1500 PLC 和分布式模块进行 PROFIBUS-DP 通信原理图

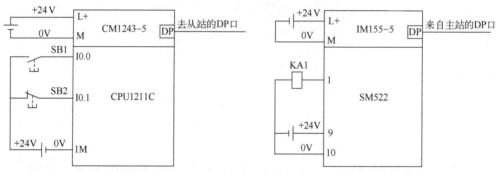

图 4-7　S7-1200 PLC 和分布式模块进行 PROFIBUS-DP 通信原理图

2. 硬件组态

本例的硬件组态采用离线组态方法，也可以采用在线组态方法。

1）新建项目。先打开 TIA Portal 软件，再新建项目，本例命名为"ET200MP"，接着单击"项目视图"按钮，切换到项目视图，如图 4-8 所示。

2）主站硬件配置。如图 4-9 所示，在 TIA Portal 软件项目视图的项目树中，双击"添加新设备"按钮，先添加 CPU 模块 CPU1516-3PN/DP，配置 CPU 后，再把"硬件目录"→"DI"→"DI 16×24VDC BA"→"6ES7 521-1BH10-0AA0"模块拖拽到 CPU 模块右侧的 2 号槽位中。

3）配置主站 PROFIBUS-DP 参数如图 4-10 所示。先选中"设备视图"选项卡，再选中 DP 接口（标号 1 处，实操中为紫色），选中"属性"（标号 2 处）选项卡，选中"PROFIBUS 地址"（标号 3 处）选项，单击"添加新子网"（标号 4 处），弹出"PROFIBUS 地址"参数，保存主站的硬件和网络配置。

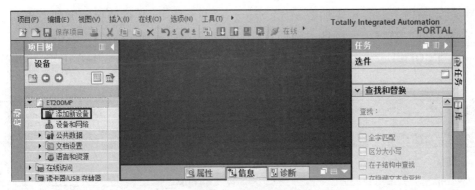

图 4-8 新建项目

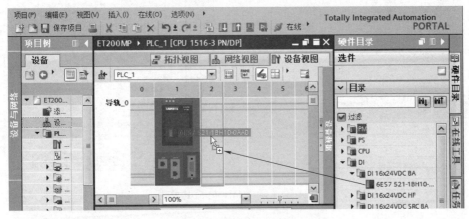

图 4-9 主站硬件配置

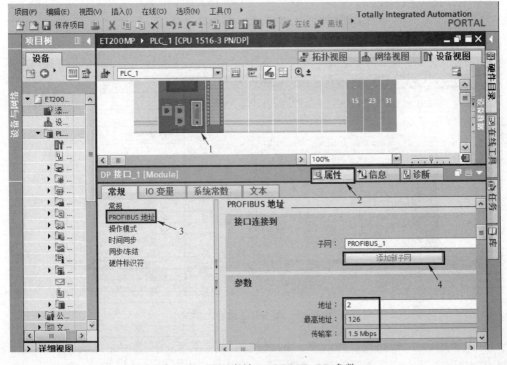

图 4-10 配置主站 PROFIBUS-DP 参数

4）插入 IM155-5DP 模块如图 4-11 所示。在 TIA Portal 软件项目视图的项目树中，先选中"网络视图"选项卡，再将"硬件目录"→"分布式 I/O"→"ET 200MP"→"接口模块"→"PROFIBUS"→"IM 155-5 DP ST"→"6ES7 155-5BA00-0AB0"模块拖拽到空白处。

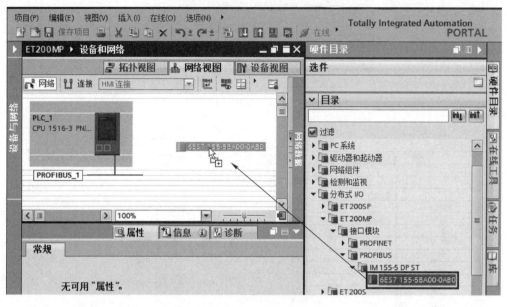

图 4-11 插入 IM155-5DP 模块

5）插入数字量输出模块如图 4-12 所示。先选中 IM155-5DP 模块，再选中"设备视图"选项卡，把"硬件目录"→"DQ"→"DQ 16×24VDC/0.5A BA"→"6ES7 522-1BH10-0AA0"模块拖拽到 IM155-5DP 模块右侧的 3 号槽位中。

图 4-12 插入数字量输出模块

6）PROFIBUS 网络配置。先选中"网络视图"选项卡，再选中主站的 PROFIBUS 线，用鼠标按住不放，一直拖拽到 IM155-5DP 模块的 PROFIBUS 接口处松开，如图 4-13 所示。

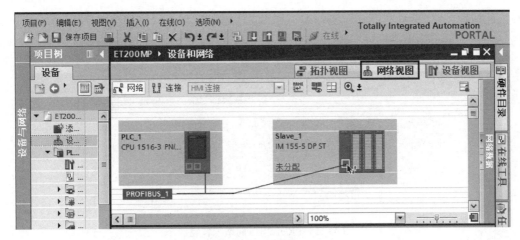

图 4-13　配置 PROFIBUS 网络（1）

如图 4-14 所示，选中 IM155-5DP 模块，右击弹出快捷菜单，单击"分配到新主站"命令，再选中"PLC_1. DP 接口_1"，单击"确定"按钮，如图 4-15 所示。PROFIBUS 网络配置完成如图 4-16 所示。

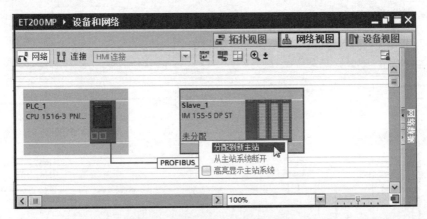

图 4-14　配置 PROFIBUS 网络（2）

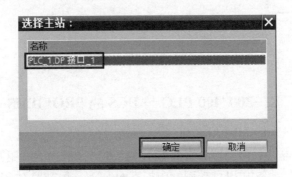

图 4-15　配置 PROFIBUS 网络（3）

3. 编写程序

如图 4-17 所示，在项目视图中查看数字量输入模块的地址（IB0 和 IB1，此地址可修改），这个地址必须与程序中的地址匹配，用同样的方法查看输出模块的地址（QB2 和

QB3，此地址可修改）。只需要对主站编写程序，主站的梯形图程序如图 4-18 所示。

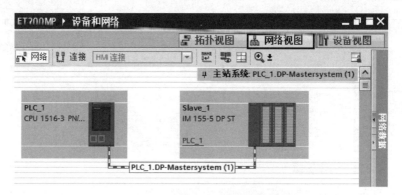

图 4-16　PROFIBUS 网络配置完成

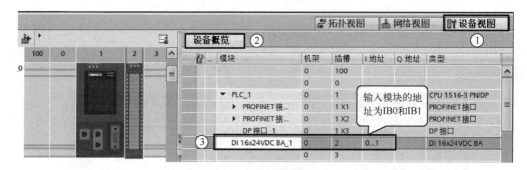

图 4-17　输入模块的地址

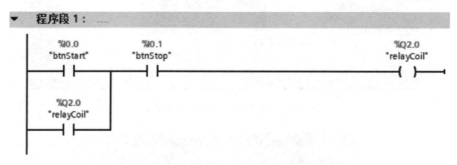

图 4-18　主站的梯形图程序

微课
S7-300/400
PLC 与分布式
模块的 PROFI-
BUS-DP 通信

4.2.3　S7-300/400 PLC 与 DCS 的 PROFIBUS-DP 通信

DCS（Distributed Control System，分布式控制系统）在过程控制中十分常用，如电厂、化工厂和石油炼制等行业。一般而言，这些工厂的主要设备通常由 DCS 控制，而部分设备由 PLC 控制，中控室的 DCS 一般需要对 PLC 进行监控。

【例 4-3】在某垃圾焚烧厂，中控室的 DCS 采用 PROFIBUS-DP 通信，监控 3 台 CPU315-2DP，监视和控制字长都为 10 个字节，要求实现此功能。本任务仅以监控 1 台 CPU315-2DP 为例。

通过完成此任务，掌握 DCS 与 S7-300/400 PLC 的 PROFIBUS-DP 通信实施的全过程。

【解】

1. 设计控制方案

（1）主要软硬件配置

① 1 套 STEP7 V5.6 SP2。

② 3 台 CPU315-2DP。

③ 1 根 PROFIBUS 网络电缆（含两个网络总线连接器）。

④ 1 根以太网网线。

（2）网络拓扑图

用 DCS 作为主站，CPU315-2DP 作为从站，网络拓扑图如图 4-19 所示。

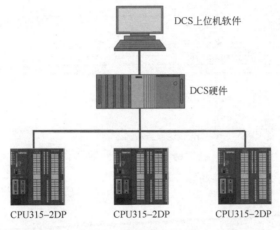

图 4-19　网络拓扑图

2. 硬件配置

本例的硬件为 S7-300 PLC CPU，所以不能采用在线组态方法，只能采用离线组态方法。只组态一台 CPU315-2DP，其余类似。

1）新建项目，插入站点。先打开 STEP7 V5.6 SP2，再新建项目，本例命名为"DCS"，插入站点，如图 4-20 所示，双击"硬件"，打开硬件组态界面。

图 4-20　新建项目

2）添加（插入）硬件。添加新设备如图 4-21 所示，依次添加导轨（机架）、电源模块和 CPU 模块。双击"DP"打开"属性"界面，在此界面中新建网络。

3）新建网络。如图 4-22 所示，先单击"属性"按钮，再单击"新建"按钮，在弹出的界面中，单击"确定"按钮，再单击图 4-22 中的"确定"按钮，网络创建完成，示意图如图 4-11 所示，但此时创建的网络中 CPU315-2DP 模块是主站。

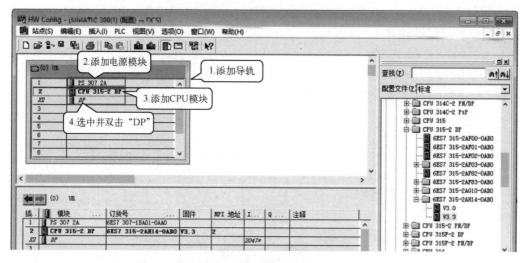

图 4-21　添加新设备

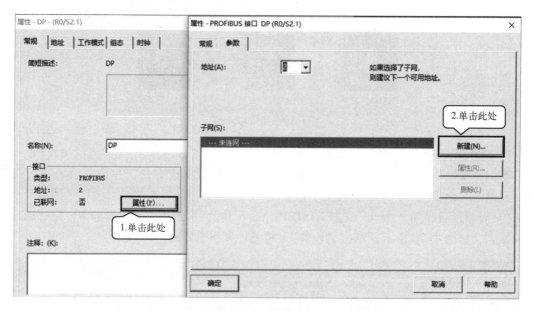

图 4-22　新建网络

4）网络组态。选择从站模式如图 4-23 所示，双击"DP"打开"属性"界面，先选择"工作模式"选项卡，再选择"DP 从站"选项。

选择"组态"，如图 4-24 所示。组态数据输入区中，选中"组态"选项卡，单击"新建"按钮，选择地址类型"输入"，起始地址为"0"，这个起始地址可以根据实际设置，数据长度为"10"，也是根据实际情况设置。最后单击"应用"按钮。

组态数据输出区如图 4-25 所示，选中"组态"选项卡，单击"新建"按钮，选择地址类型"输出"，起始地址为"0"，这个起始地址可以根据实际设置，数据长度为"10"，也是根据实际情况设置。最后单击"确定"按钮。

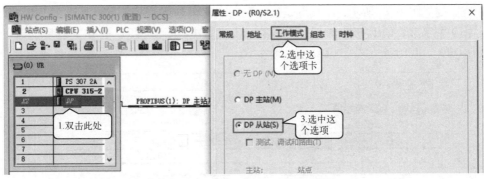

图 4-23　网络组态，选择从站模式

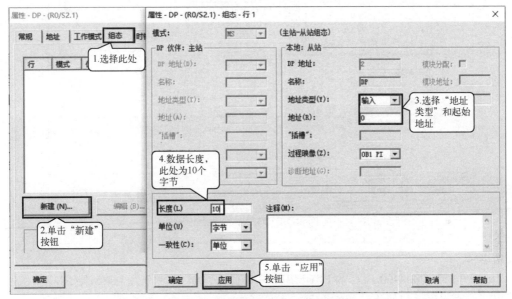

图 4-24　网络组态，数据输入

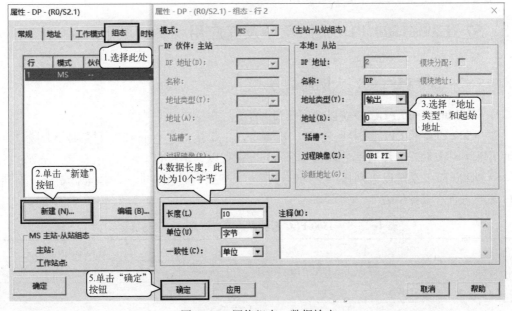

图 4-25　网络组态，数据输出

组态完成如图 4-26 所示，上面的是接收数据区，即 DCS 把控制数据发送到 CPU 的 IB0~IB9，共 10 个字节，CPU 接收数据。下面的是发送数据区，即 CPU 把 DCS 需要的数据保存在 QB0~QB9，共 10 个字节，CPU 发送数据。

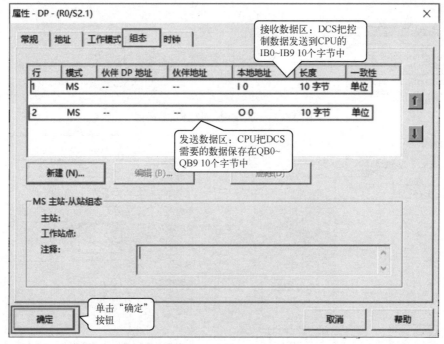

图 4-26　网络组态完成

任务小结

　　DCS 与 S7-300/400 PLC 的 PROFIBUS-DP 通信，如 DCS 作为主站，则 PLC 作从站，可以不编写程序，只要正确组态即可，十分简便，在工程中比较常用。

4.3　S7-1200/1500 PLC 的 OUC 及其应用

4.3.1　S7-1500 PLC 的以太网通信方式

1. S7-1200/1500 PLC 系统以太网接口

S7-1500 PLC 的 CPU 最多集成 X1、X2 和 X3 三个接口，有的 CPU 只集成 X1 接口，此外通信模块 CM1542-1 和通信处理器 CP1543-1 也有以太网接口。

S7-1500 PLC 系统以太网接口支持的通信方式按照实时性和非实时性进行划分，不同的接口支持的通信服务见表 4-2。

表 4-2　S7-1500 PLC 系统以太网接口支持的通信服务

接口类型	实 时 通 信		非实时通信		
	PROFINET IO 控制器	I-Device	OUC	S7 通信	Web 服务器
CPU 集成接口 X1	√	√	√	√	√

（续）

接口类型	实时通信		非实时通信		
	PROFINET IO 控制器	I-Device	OUC	S7 通信	Web 服务器
CPU 集成接口 X2	×	×	√	√	√
CPU 集成接口 X3	×	×	√	√	√
CM1542-1	√	×	√	√	√
CP1543-1	×	×	√	√	√

注：√表示有此功能，×表示没有此功能。

2. 西门子工业以太网通信方式简介

工业以太网的通信主要利用第 2 层（ISO）和第 4 层（TCP）的协议。S7-1200/1500 PLC 系统以太网接口支持的非实时性分为两种：Open User Communication（OUC，开放式用户通信）和 S7 通信，而实时通信只有 PROFINET IO 通信。不支持 PROFINET CBA（Component Basic Automation，基于组件的自动化）。

OUC 包含 TCP、UDP、ISO-on-TCP、SNMP、DCP、LLDP（链路层发现协议）、ICMP 和 ARP 等。常用的是前三种。

4.3.2　S7-1200/1500 PLC 与埃夫特机器人之间的 Modbus-TCP 通信应用

Modbus-TCP 通信是非实时通信。西门子的 PLC、变频器等产品之间的通信一般不采用 Modbus-TCP 通信，Modbus-TCP 通信通常用于西门子 PLC 与第三方支持 Modbus-TCP 通信协议的设备，典型的应用如：西门子 PLC 与施耐德的 PLC 的通信，西门子 PLC 与国产自主品牌机器人、机器视觉等的通信。

1. Modbus-TCP 通信基础

TCP 是简单的、中立厂商的用于管理和控制自动化设备的系列通信协议的派生产品，它覆盖了使用 TCP/IP 的"Intranet"和"Internet"环境中报文的用途。协议的最通用用途是为诸如 PLC、I/O 模块以及连接其他简单域总线或 I/O 模块的网关服务。

（1）TCP 的以太网参考模型

Modbus-TCP 传输过程中使用了 TCP/IP 以太网参考模型的 5 层。

第一层：物理层，提供设备物理接口，与市售介质/网络适配器相兼容。

第二层：数据链路层，格式化信号到源/目硬件址数据帧。

第三层：网络层，实现带有 32 位 IP 址 IP 报文包。

第四层：传输层，实现可靠性连接、传输、查错、重发、端口服务和传输调度。

第五层：应用层，Modbus 协议报文。

（2）Modbus-TCP 数据帧

Modbus 数据在 TCP/IP 以太网上传输，支持 Ethernet Ⅱ 和 802.3 两种帧格式，Modbus-TCP 数据帧包含报文头、功能代码和数据 3 部分，MBAP（Modbus Application Protocol，Modbus 应用协议）报文头分 4 个域，共 7 个字节。

（3）Modbus-TCP 使用的通信资源端口号

在 Modbus 服务器中按默认协议使用 Port 502 通信端口，在 Modbus 客户器程序中设置任意通信端口，为避免与其他通信协议的冲突，一般建议 2000 开始可以使用。

（4）Modbus-TCP 使用的功能代码

按照使用的通途区分，共有 3 种类型，分别为：

1）公共功能代码：已定义好功能码，保证其唯一性，由 Modbus.org 认可。

2）用户自定义功能代码有两组，分别为 65~72 和 100~110，无须认可，但不保证代码使用唯一性，如变为公共代码，需交 RFC（Request for Comments，征求意见稿）认可。

3）保留功能代码，由某些公司使用某些传统设备代码，不可作为公共用途。

按照应用深浅，可分为 3 个类别：

1）类别 0，客户机/服务器最小可用子集：读多个保持寄存器（fc.3）；写多个保持寄存器（fc.16）。

2）类别 1，可实现基本互易操作常用代码：读线圈（fc.1）；读开关量输入（fc.2）；读输入寄存器（fc.4）；写线圈（fc.5）；写单一寄存器（fc.6）。

3）类别 2，用于人机界面、监控系统例行操作和数据传送功能：强制多个线圈（fc.15）；读通用寄存器（fc.20）；写通用寄存器（fc.21）；屏蔽写寄存器（fc.22）；读写寄存器（fc.23）。

微课
S7-1200 PLC
与机器人之间
的 Modbus-
TCP 通信

2. S7-1200/1500 PLC 与埃夫特机器人之间的 Modbus-TCP 通信应用介绍

自主品牌的机器人有埃斯顿、埃夫特、汇川和新时达等，部分品牌的销量已经跻身我国市场前十名，打破了国外品牌的长期垄断。埃夫特机器人是国产机器人的佼佼者，其性能已经在工业应用中得到了验证。自主品牌机器人通常兼容 Modbus-TCP 通信，因此 S7-1200/1500 PLC 与埃夫特机器人的 Modbus-TCP 通信具有代表性。

以下用一个例子介绍 S7-1200/1500 PLC 与埃夫特机器人之间的 Modbus-TCP 通信应用。PLC 作为客户端是主控端，而机器人是服务器，是被控端。

【例 4-4】用一台 CPU1511T-1PN 与埃夫特机器人通信（Modbus-TCP），当机器人收到信号 100 时机器人起动，并按照机器人设定的程序运行。要求设计解决方案。

【解】

1）硬件配置。

① 新建项目如图 4-27 所示。先打开 TIA Portal 软件，再新建项目，本例命名为 Modbus TCP，再添加 CPU1511T-1PN 和 SM521 模块。

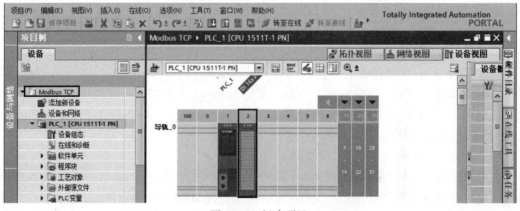

图 4-27　新建项目

注意：S7-1200 PLC 与埃夫特机器人之间的 Modbus-TCP 通信，仅硬件组态时组态成 S7-1200 PLC 即可，其余步骤与 S7-1500 PLC 完全相同。

② 新建数据块。在项目树的 PLC_1 中，单击"添加新块"按钮，出现如图 4-28 所示的界面，新建数据块 DB1 和 DB2。在数据块 DB1 中，创建变量即 DB1. Signal，其数据类型为"Word"，其起始值为 100，并将数据块的属性改为"非优化访问"。在数据块 DB2 中，创建变量即 DB2. Send，其数据类型为"TCON_IP_v4"，其起始值按照如图 4-29 所示进行设置。

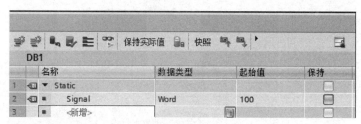

图 4-28　数据块 DB1

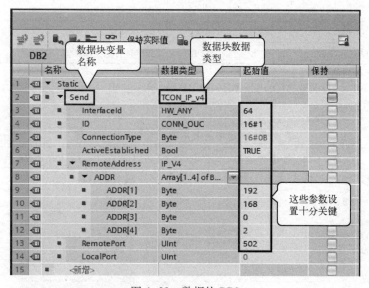

图 4-29　数据块 DB2

注意：数据块创建或修改完成后，需进行编译。

客户端"TCON_IP_v4"的数据类型的各参数设置见表 4-3。

表 4-3　客户端"TCON_IP_v4"的数据类型的各参数设置

序号	TCON_IP_v4 数据类型引脚定义	含　义	本例中的情况
1	InterfaceId	接口，固定为 64	64
2	ID	连接 ID，每个连接必须独立	16#1
3	ConnectionType	连接类型，TCP/IP = 16#0B；UDP = 16#13	16#0B
4	ActiveEstablished	是否主动建立连接，TRUE = 主动	TRUE
5	RemoteAddress	通信伙伴 IP 地址	192. 168. 0. 2
6	RemotePort	通信伙伴端口号	502
7	LocalPort	本地端口号，设置为 0 将由软件自己创建	0

2）编写客户端程序。

① 在编写客户端的程序之前，先要掌握"MB_CLIENT"，其引脚参数含义见表4-4。

表 4-4 "MB_CLIENT" 的引脚参数含义

序号	"MB_CLIENT" 的引脚参数	参数类型	数据类型	含　义
1	REQ	输入	BOOL	与 Modbus-TCP 服务器之间的通信请求 1：有效 0：与通过 CONNECT 参数组态的连接伙伴建立通信连接
2	DISCONNECT	输入	BOOL	1：断开通信连接
3	MB_MODE	输入	USINT	选择 Modbus 请求模式（0=读取、1=写入或诊断）
4	MB_DATA_ADDR	输入	UDINT	由 "MB_CLIENT" 指令所访问数据的起始地址
5	MB_DATA_LEN	输入	UINT	数据长度：数据访问的位数或字数
6	DONE	输出	BOOL	只要最后一个作业成功完成，立即将输出参数 DONE 的位置位为 "1"
7	BUSY	输出	BOOL	0，无 Modbus 请求在进行中；1，正在处理 Modbus 请求
8	ERROR	输出	BOOL	0，无错误；1，出错。出错原因由参数 STATUS 指示
9	STATUS	输出	WORD	指令的详细状态信息

"MB_CLIENT" 中 MB_MODE、MB_DATA_ADDR 的组合可以定义消息中所使用的功能码及操作地址，见表4-5。

表 4-5　消息中所使用的功能码及操作地址

MB_MODE	MB_DATA_ADDR	功　能	功能和数据类型
0	起始地址：1~9999	01	读取输出位
0	起始地址：10001~19999	02	读取输入位
0	起始地址： 40001~49999 400001~465535	03	读取保持存储器
0	起始地址：30001~39999	04	读取输入字
1	起始地址：1~9999	05	写入输出位
1	起始地址： 40001~49999 400001~465535	06	写入保持存储器
1	起始地址：1~9999	15	写入多个输出位
1	起始地址： 40001~49999 400001~465535	16	写入多个保持存储器
2	起始地址：1~9999	15	写入一个或多个输出位
2	起始地址： 40001~49999 400001~465535	16	写入一个或多个保持存储器

② 编写完整梯形图程序。客户端的程序如图 4-30 所示，当 REQ 为 1（即 I0.0=1），MB_MODE=1 和 MB_DATA_ADDR=40001 时，客户端把 DB1. DBW0 的数据向机器人传送。

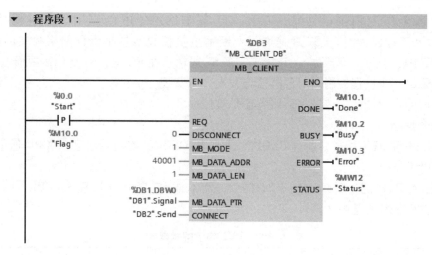

图 4-30　客户端的程序

3）编写埃夫特机器人程序。PLC 与埃夫特机器人地址的对应关系见表 4-6。

表 4-6　PLC 与埃夫特机器人地址的对应关系

序　号	PLC 发送地址	机器人接收地址
1	40001	ER_ModbusGet. IIn[0]
2	40002	ER_ModbusGet. IIn[1]
3	40003	ER_ModbusGet. IIn[2]
4	40004	ER_ModbusGet. IIn[3]

以下是一段简单的程序，当机器人接收到数据 100 后，从点 cp0 运行到 ap0。

```
WHILE TRUE DO
    IF IoIIn[0] = 100 THEN
        Lin(cp0)
        PTP(ap0)
        WaitIsFinished()
        IoIOut[2] := 200
    END_IF
END_WHILE
```

注意：本例中，机器人的 IP 地址要设置为 192.68.0.2，端口号设为 502。通常 Modbus 通信，端口号设为 502。

4.4　S7-1200/1500 PLC 的 S7 通信及其应用

4.4.1　S7 通信基础

1. S7 通信简介

S7 通信（S7 Communication）集成在每一个 SIMATIC S7/M7 和 C7 的系统中，属于 OSI

参考模型第 7 层应用层的协议，它独立于各个网络，可以应用于多种网络（MPI、PROFIBUS 和工业以太网）。S7 通信通过不断地重复接收数据来保证网络报文的正确。在 SIMATIC S7 中，通过组态建立 S7 连接来实现 S7 通信。在 PC 上，S7 通信需要通过 SAPI-S7 接口函数或 OPC（过程控制用对象链接与嵌入）来实现。

S7 通信的客户端是主控端，而服务器是被控端。

2. 指令说明

使用 GET 和 PUT 指令，通过 PROFINET 和 PROFIBUS 连接，创建 S7 CPU 通信。

（1）PUT 指令

控制输入 REQ 的上升沿起动 PUT 指令，使本地 S7 CPU 向远程 S7 CPU 中写入数据。PUT 指令的参数表见表 4-7。

表 4-7　PUT 指令的参数表

LAD	SCL	输入/输出	说　明
		EN	使能
	"PUT_DB"（ req:=_bool_in_, ID:=_word_in_, ndr=>_bool_out_, error=>_bool_out_, STATUS=>_word_out_, addr_1:=_remote_inout_, […addr_4:=_remote_inout_,] sd_1:=_variant_inout_ [,…sd_4:=_variant_inout_]）;	REQ	上升沿起动发送操作
		ID	S7 连接号
		ADDR_1	指向接收方的地址的指针。该指针可指向任何存储区。需要 8 字节的结构
		SD_1	指向本地 CPU 中待发送数据的存储区
		DONE	0：请求尚未起动或仍在运行 1：已成功完成任务
		STATUS	故障代码
		ERROR	是否出错；0 表示无错误，1 表示有错误

（2）GET 指令

使用 GET 指令从远程 S7 CPU 中读取数据。读取数据时，远程 CPU 可处于 RUN 或 STOP 模式下。GET 指令的参数表见表 4-8。

表 4-8　GET 指令的参数表

LAD	SCL	输入/输出	说　明
		EN	使能
	"GET_DB"（ req:=_bool_in_, ID:=_word_in_, ndr=>_bool_out_, error=>_bool_out_, STATUS=>_word_out_, addr_1:=_remote_inout_, […addr_4:=_remote_inout_,] rd_1:=_variant_inout_ [,…rd_4:=_variant_inout_]）;	REQ	通过由低到高的（上升沿）信号起动操作
		ID	S7 连接号
		ADDR_1	指向远程 CPU 中存储待读取数据的存储区
		RD_1	指向本地 CPU 中存储待读取数据的存储区
		DONE	0：请求尚未起动或仍在运行 1：已成功完成任务
		STATUS	故障代码
		NDR	新数据就绪 0：请求尚未起动或仍在运行 1：已成功完成任务
		ERROR	是否出错；0 表示无错误，1 表示有错误

注意：

1）S7 通信是西门子公司产品的专用保密协议，不与第三方产品（如三菱 PLC）通信，是非实时通信。

2）与第三方 PLC 进行以太网通信常用 OUC（即开放式用户通信，包括 TCP、UDP 和 ISO-on-TCP 等），是非实时通信。

4.4.2　S7-1500 PLC 与 S7-1200 PLC 之间的 S7 通信应用

在工程中，西门子 CPU 模块之间的通信，采用 S7 通信比较常见，例如立体仓库中用了多台 S7-1200 PLC CPU 模块，多采用 S7 通信。以下用一个例子介绍 S7-1500 PLC 与 S7-1200 PLC 之间的 S7 通信。

【例 4-5】有两台设备，要求从设备 1 上的 CPU1511T-1PN 的 MB10 发出 1 个字节到设备 2 的 CPU1211C 的 MB10，从设备 2 上的 CPU1211C 的 IB0 发出 1 个字节到设备 1 的 CPU1511T-1PN 的 QB0。

【解】

1. 软硬件配置

本例用到的软硬件如下。

① 1 台 CPU1511T-1PN 和 1 台 CPU1211C。

② 1 台 4 口交换机。

③ 2 根带 RJ-45 接头的屏蔽双绞线（正线）。

④ 1 台个人计算机（含网卡）。

⑤ 1 套 TIA Portal V18。

2. 硬件组态过程

本例的硬件组态采用在线组态方法，也可以采用离线组态方法。

1）新建项目如图 4-31 所示。先打开 TIA Portal，再新建项目，本例命名为 "S7_1500to1200"，接着单击 "项目视图" 按钮，切换到项目视图。

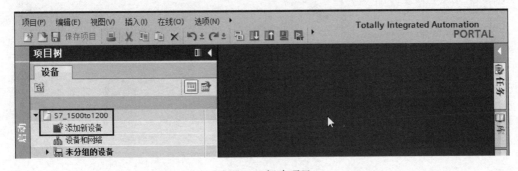

图 4-31　新建项目

2）S7-1500 PLC 硬件配置。如图 4-31 所示，在 TIA Portal 软件项目视图的项目树中，双击 "添加新设备" 按钮，弹出如图 4-32 所示的硬件检测界面，按图 4-32 进行设置，最后单击 "确定" 按钮，弹出如图 4-33 所示的界面，单击 "获取"，弹出如图 4-34 所示的界面，选中网口和有线网卡（标号 1 处），单击 "开始搜索" 按钮，选中搜索到的 "plc_1"，单击"检测"按钮，检测出在线的硬件组态。当有硬件时，在线组态既快捷又准确，当没有硬件时，则只能用离线组态方法。

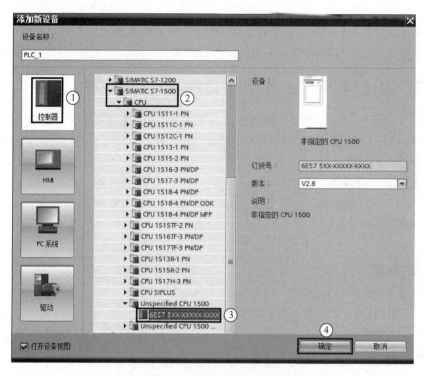

图 4-32 硬件检测（1）

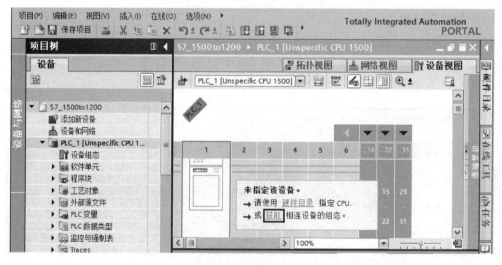

图 4-33 硬件检测（2）

3）启用"系统和时钟存储器"。先选中 PLC_1 的"设备视图"选项卡（标号 1 处），再选中"常规"选项卡中的"系统和时钟存储器"（标号 5 处）选项，勾选"启用时钟存储器字节"，如图 4-35 所示。

4）S7-1200 PLC 硬件配置。如图 4-31 所示，在 TIA Portal 软件项目视图的项目树中，双击"添加新设备"按钮，弹出如图 4-36 所示的硬件检测界面，按图 4-36 进行设置，最后单击"确定"按钮，检测出在线的硬件组态，检测过程不详细介绍，检测完成如图 4-37 所示。

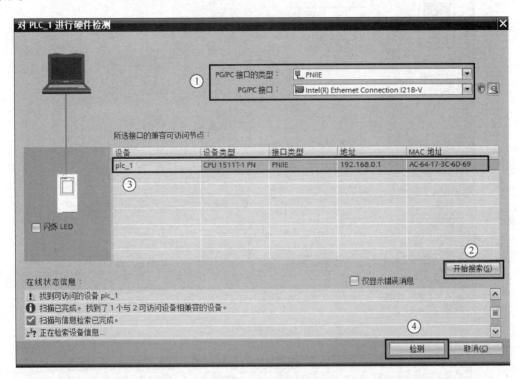

图 4-34　硬件检测（3）

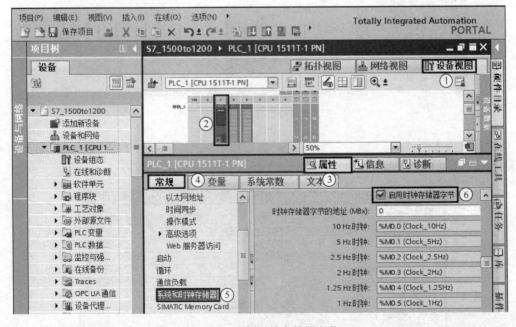

图 4-35　启用时钟存储器字节

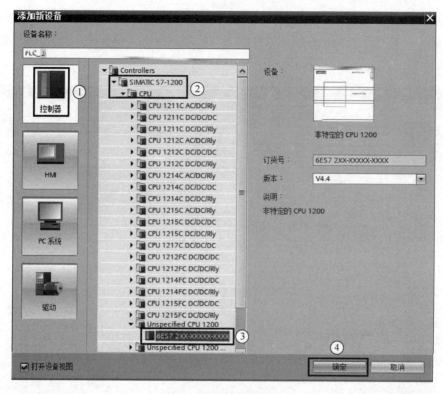

图 4-36　硬件检测

图 4-37　检测完成

5）建立以太网连接。选中"网络视图"，再用鼠标把 PLC_1 的 PN（绿色）选中并按住不放，拖拽到 PLC_2 的 PN 口释放鼠标，如图 4-38 所示。

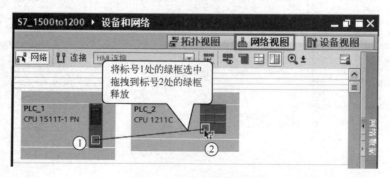

图 4-38　建立以太网连接

6）调用函数块 PUT 和 GET。在 TIA Portal 软件项目视图的项目树中，打开"PLC_1"的主程序块，再选中"指令"→"S7 通信"，再将"PUT"和"GET"拖拽到主程序块，如图 4-39 所示。

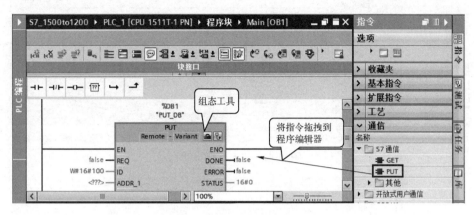

图 4-39　调用函数块 PUT 和 GET

7）配置客户端连接参数。选中"属性"→"连接参数"，如图 4-40 所示。先选择伙伴为"PLC_2"，其余参数选择默认生成的参数。

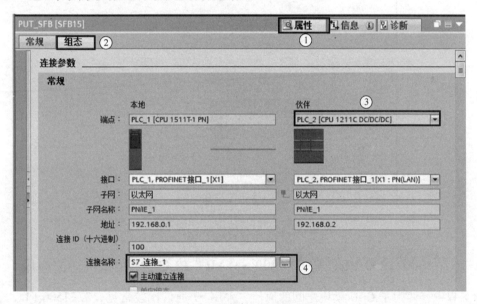

图 4-40　配置客户端连接参数

8）更改连接机制。选中"属性"→"常规"→"防护与安全"→"连接机制"，如图 4-41 所示，勾选"允许来自远程对象的 PUT/GET 通信访问"，服务器和客户端都要进行这样的更改。

注意：这一步很容易遗漏，如遗漏则不能建立有效的通信。顺便指出 MCGS（监视与控制通用系统）的触摸屏与 S7-1200/1500 PLC 的以太网通信、OPC 与 S7-1200/1500 PLC 的以太网通信均需要如图 4-41 所示的设置。

9）编写程序。客户端的梯形图程序如图 4-42 所示，服务器无须编写程序，这种通信方式称为单边通信。

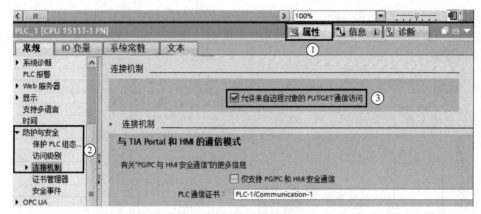

图 4-41　更改连接机制

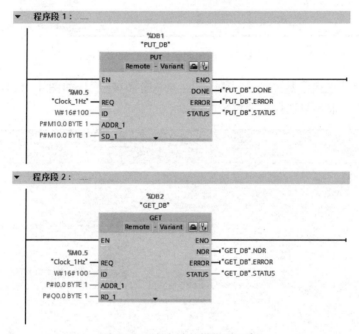

图 4-42　客户端的梯形图程序

4.4.3　S7-1500/1200 PLC 与 S7-200 SMART PLC 之间的 S7 通信应用

在工程中，西门子 CPU 模块之间的通信，采用 S7 通信比较常见，S7-1500 PLC 与 S7-200 SMART PLC 之间的 S7 通信中，通常 S7-1500 PLC 是客户端，起主控作用，类似于主站，S7-200 SMART PLC 是服务器，处于被控地位，类似于从站。

【例 4-6】有两台设备，要求从设备 1 上的 CPU1511T-1PN 的 MW10 发出 1 个字到设备 2 的 CPU ST20 的 MW10，要求编写控制程序。

【解】

1. 软硬件配置

本例用到的软硬件如下。

① 1 台 CPU1511T-1PN 和 1 台 CPU ST20。

② 1 台 4 口交换机。

③ 2 根带 RJ-45 接头的屏蔽双绞线（正线）。

④ 1 台个人计算机（含网卡）。

⑤ 1 套 TIA Portal V18。

2. 硬件组态过程

本例的硬件组态采用离线组态方法，也可以采用在线组态方法。

1）新建项目如图 4-43 所示。先打开 TIA Portal，再新建项目，本例命名为"S7_1500to200"，接着单击"项目视图"按钮，切换到项目视图。

图 4-43　新建项目

2）S7-1500 硬件配置。如图 4-43 所示，在 TIA Portal 软件项目视图的项目树中，双击"添加新设备"按钮，弹出如图 4-44 所示的界面，按图 4-44 进行设置，最后单击"确定"按钮，弹出如图 4-45 所示的界面，先单击"添加新子网"按钮，新建一个网络，再设置CPU1511T-1PN 的 IP 地址为"192.168.0.1"。

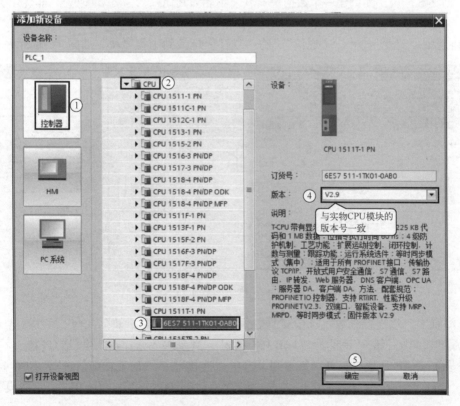

图 4-44　添加新设备

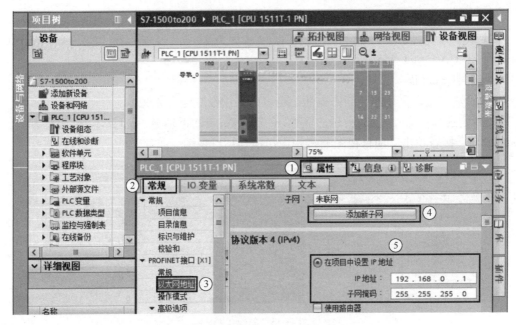

图 4-45　设置 CPU1511T-1PN 的 IP 地址

3）启用"系统和时钟存储器"。先选中 PLC_1 的"设备视图"选项卡（标号 1 处），再选中常规选项卡中的"系统和时钟存储器"（标号 5 处）选项，勾选"启用时钟存储器字节"，如图 4-35 所示。

4）创建数据块。先创建一个数据块 DB1（不能为其他），并将属性改为"非优化访问"。

5）调用函数块 PUT。在 TIA Portal 软件项目视图的项目树中，打开"PLC_1"的主程序块，再选中"指令"→"S7 通信"，将"PUT"拖拽到主程序序块，如图 4-46 所示。

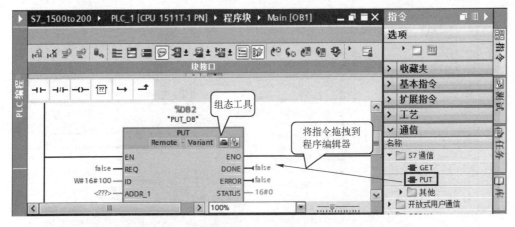

图 4-46　调用函数块 PUT

6）配置客户端连接参数。选中"属性"→"连接参数"，如图 4-47 所示。先选择伙伴端点为"未知"，其 IP 地址为"192.168.0.2"，其余参数选择默认生成的参数。

7）设置 TSAP 地址。打开网络视图，选中"连接"→"地址详细信息"，如图 4-48 所示。将伙伴的"TSAP"（传送服务接入点）设置为"03.00"或者"03.01"，不能设为其他数值。

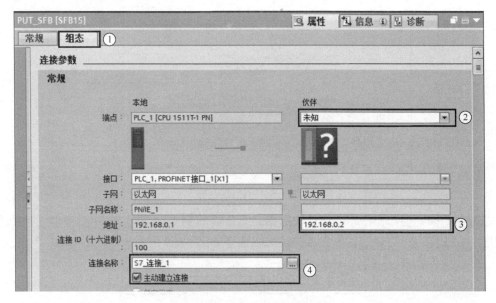

图 4-47　配置客户端连接参数

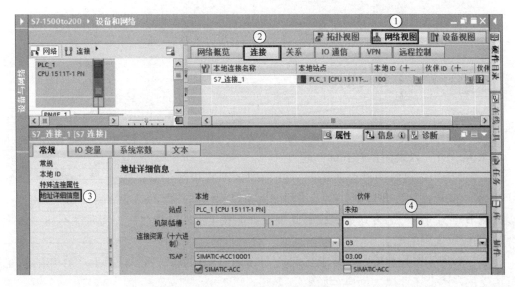

图 4-48　设置 TSAP 地址

8）更改连接机制。选中"属性"→"常规"→"防护与安全"→"连接机制"，如图 4-41 所示，勾选"允许来自远程对象的 PUT/GET 通信访问"，服务器和客户端都要进行这样的更改。

注意：这一步很容易遗漏，如遗漏则不能建立有效的通信。顺便指出 MCGS 的触摸屏与 S7-1200/1500 PLC 的以太网通信、OPC 与 S7-1200/1500 PLC 的以太网通信均需要如图 4-41 所示的设置。

9）编写程序。客户端的梯形图程序如图 4-49 所示，在程序中接收区域的地址是 DB1. DBX0. 0 WORD 1（即 DB1. DBW0），而 S7-200 SMART PLC 并无数据块，实际传送到其 VW0 中，这是 PLC 设计时的规定。

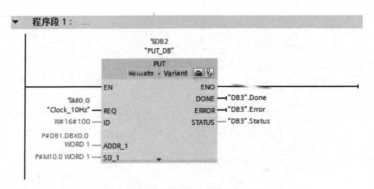

图 4-49　客户端的梯形图程序

服务器不编写通信程序，也能接收数据，只是接收到 VW0 中，这种服务器无须编写通信程序的方式称为单边通信。服务器的梯形图程序如图 4-50 所示。

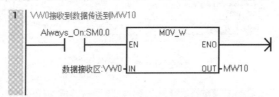

图 4-50　服务器的梯形图程序

4.5　PROFINET IO 通信

4.5.1　工业以太网介绍

1. Ethernet（以太网）存在的问题

Ethernet 采用随机争用型介质访问方法，即带冲突检测的载波监听多路访问（CSMA/CD）技术，如果网络负载过高，则无法预测网络延迟时间，即不确定性。只要有通信需求，各以太网节点均可向网络发送数据，因此报文可能在主干网中被缓冲，实时性不佳。

2. 工业以太网的概念

显然，对于实时性和确定性要求高的场合（如运动控制），商用 Ethernet 存在的问题是不可接受的。因此工业以太网应运而生。

所谓工业以太网是指应用于工业控制领域的以太网技术，在技术上与普通以太网技术相兼容。由于产品要在工业现场使用，对产品的材料、强度、适用性、可互操作性、可靠性和抗干扰性等有较高要求；而且工业以太网是面向工业生产控制的，对数据的实时性、确定性和可靠性等有很高的要求。

常见的工业以太网标准有 PROFINET、Modbus-TCP、Ethernet/IP 和我国的 EPA 等。

4.5.2　PROFINET IO 通信基础

1. PROFINET IO 简介

PROFINET IO 通信主要用于模块化、分布式控制，通过以太网直接连接现场设备（IO-Device）。PROFINET IO 通信是全双工点到点方式通信。一个 IO 控制器（IO-Controller）最多可以和 512 个 IO 设备进行点到点通信，按照设定的更新时间双方对等发送数据。一个 IO

设备的被控对象只能被一个控制器控制。在共享 IO 控制设备模式下，一个 IO 站点上不同的 IO 模块、同一个 IO 模块中的通道都可以最多被 4 个 IO 控制器共享，但输出模块只能被一个 IO 控制器控制，其他控制器可以共享信号状态信息。

由于访问机制是点到点的方式，S7-1200/1500 PLC 的以太网接口可以作为 IO 控制器连接 IO 设备，又可以作为 IO 设备连接到上一级控制器。

2. PROFINET IO 的特点

1）现场设备（IO-Devices）通过 GSD（通用站点描述）文件的方式集成在 TIA Portal 软件中，其 GSD 文件以 XML 格式形式保存。

2）PROFINET IO 控制器可以通过 IE/PB LINK（网关）连接到 PROFIBUS-DP 从站。

3. PROFINET IO 三种执行水平

（1）非实时（NRT）通信

PROFINET 是工业以太网，采用 TCP/IP 标准通信，响应时间为 100 ms，用于工厂级通信，组态和诊断信息、上位机通信时可以采用。

（2）实时（RT）通信

对于现场传感器和执行设备的数据交换，响应时间约为 5 ~ 10 ms（DP 满足）。PROFINET 提供了一个优化的、基于第二层的实时通道，解决了实时性问题。

PROFINET 的实时数据优先级传递，标准的交换机可保证实时性。

（3）等时同步实时（IRT）通信

在通信中，对实时性要求最高的是运动控制。100 个节点以下要求响应时间是 1 ms，抖动误差不大于 1 μs。等时数据传输需要特殊交换机（如 SCALANCE X-200 IRT）。

4.5.3　S7-1200/1500 PLC 与分布式模块 ET200SP 之间的 PROFINET 通信

【例 4-7】用 S7-1500 PLC 与分布式模块 ET200SP，实现 PROFINET 通信。某系统的控制器由 CPU1511T-1PN、IM155-6PN、SM521 和 DQ DC 8× 24 V 组成，要用 CPU1511T-1PN 上的 2 个按钮控制与分布式模块（ET200SP）相连的一台电动机的起停。

微课
S7-1500 PLC
与分布式模块
ET200SP 之间
的 PROFINET
通信

【解】

1. 设计电气原理图

本例用到的软硬件如下：

① 1 台 CPU1511T-1PN。

② IM155-6PN 和 DQ DC 8×24 V 各 1 台。

③ 1 台 SM521。

④ 1 台个人计算机（含网卡）。

⑤ 1 套 TIA Portal V18。

⑥ 1 根带 RJ-45 接头的屏蔽双绞线（正线）。

电气原理图如图 4-51 所示。以太网口 X1P1 由网线连接。控制器采用 S7-1200 PLC 时，仅硬件组态不同。本例的分布式模块 ET200SP 主要包含 IM155-6PN 和 DQ DC 8×24 V。

2. 编写控制程序

1）新建项目。打开 TIA Portal，再新建项目，本例命名为"ET200SP"，单击"项目视图"按钮，切换到项目视图。

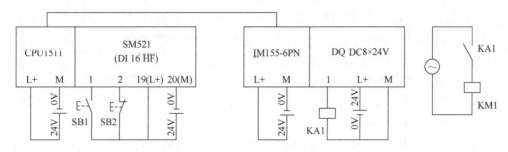

图 4-51　电气原理图

2）硬件配置。在 TIA Portal 软件项目视图的项目树中，双击"添加新设备"按钮，添加 CPU 模块，如图 4-52 所示。

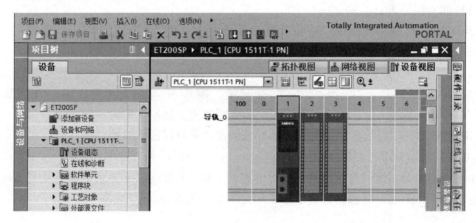

图 4-52　硬件配置

3）在线检测 IM155-6PN 模块。在 TIA Portal 软件项目视图的项目树中，单击"在线"→"硬件检测"→"网络中的 PROFINET 设备"，如图 4-53 所示，弹出如图 4-54 所示的界面，先选中网口和有线网卡，单击"开始搜索"按钮，勾选检测到的需要使用的设备（本例为"io1"），单击"添加设备"按钮，io1 设备被添加到网络视图中。

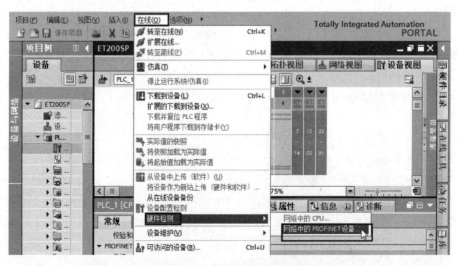

图 4-53　在线检测 IM155-6PN 模块（1）

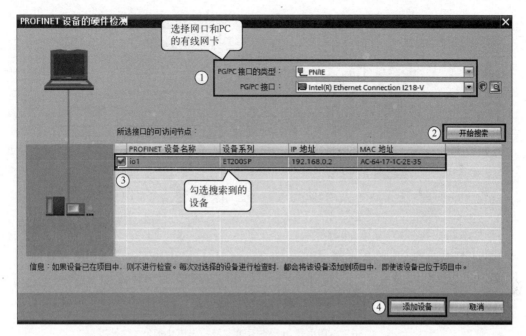

图 4-54　在线检测 IM155-6PN 模块（2）

4）建立 IO 控制器（本例为 CPU 模块）与 IO 设备的连接。选中"网络视图"（标号 1 处）选项卡，再用鼠标把 PLC_1 的 PN 口（标号 2 处）选中并按住不放，拖拽到 IO device_1 的 PN 口（标号 3 处）释放鼠标，如图 4-55 所示。

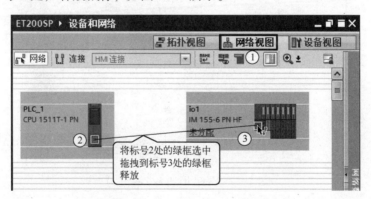

图 4-55　建立 IO 控制器与 IO 设备的连接

5）启用电位组，查看数字量输出模块地址。在"设备视图"中，选中模块（标号 2 处），再选中"电位组"中的"启用新的电位组"。注意所有的浅色底板都要启用电位组。数字量输出模块的地址为 QB2，如图 4-56 所示，编写程序时，要与此处的地址匹配。

6）分配 IO 设备名称。在线组态一般不需要分配 IO 设备名称，通常离线组态需要此项操作。选中"网络视图"选项卡，再用鼠标选中 PROFINET 网络（标号 2 处），右击弹出快捷菜单，如图 4-57 所示，单击"分配设备名称"命令。

如图 4-58 所示。单击"更新列表"按钮，系统自动搜索 IO 设备，当搜索到 IO 设备后，再单击"分配名称"按钮。分配 IO 设备名称的目的是确保组态时的设备名称与实际的设备名称一致，或者用于按照设计要求修改设备名。

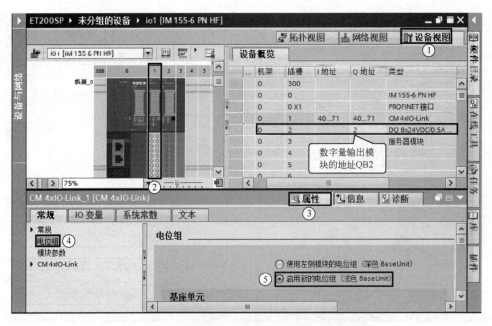

图 4-56 启用电位组，查看数字量输出模块地址

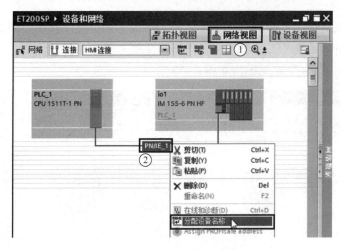

图 4-57 分配 IO 设备名称（1）

7）编写程序。只需要在 IO 控制器（CPU 模块）中编写程序，如图 4-59 所示，而 IO 设备（本项目模块无 CPU，也无法编写程序）中并不需要编写程序。

任务小结

1）用 TIA Portal 软件进行硬件组态时，使用拖拽功能，能大幅提高工程效率，必须学会。

2）在下载程序后，如发现总线故障（BF 灯红色），一般情况是组态时，IO 设备的设备名或 IP 地址与实际设备的 IO 设备的设备名或 IP 地址不一致。此时，需要重新分配 IP 地址或设备名。

3）分配 IO 设备的设备名和 IP 地址，应在线完成，也就是说必须有在线的硬件设备。

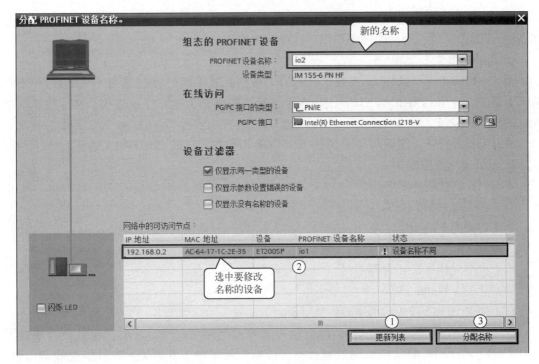

图 4-58　分配 IO 设备名称（2）

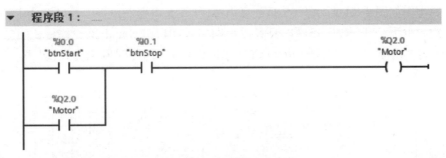

图 4-59　IO 控制器中的程序

微课

S7-1200/1500
PLC 与阀岛的
PROFINET 通信

4.5.4　S7-1200/1500 PLC 与阀岛（第三方模块）之间的 PROFINET 通信

阀岛（Valve Terminal）是由多个电控阀构成的控制元器件，它集成了信号输入/输出及信号的控制。阀岛是新一代气电一体化控制元器件，已从最初带多针接口的阀岛发展为带现场总线的阀岛，继而出现可编程阀岛及模块式阀岛。阀岛技术和现场总线技术相结合，不仅大幅减少了电控阀的布线，简化了电路和气路，而且也大大地简化了复杂系统的调试、性能的检测和诊断及维护工作。

FV-L10 阀岛的外形如图 4-60 所示，一个阀岛包含了 8 个电磁阀，但只需要连接一根专用的电源电缆、一根专用 PROFINET 电缆和一根主气管即可，是工程省配线的典范。

图 4-60　FV-L10 阀岛的外形

本任务使用的阀岛集成了 PROFINET 总线，使用此阀岛，应在 TIA Portal 中安装此型号阀岛的 GSDML 文件，阀岛的使用类似于远程 I/O 模块。

1. 目的与要求

用 S7-1500 PLC 与阀岛，实现 PROFINET 通信。某系统的控制器由 CPU1511T-1PN、SM521 组成，要用 CPU1511T-1PN 上的 3 个按钮控制阀岛上的一个电磁阀，从而控制一个气缸的伸出和缩回。

通过完成此任务，掌握西门子 S7-1200/1500 PLC 与阀岛的 PROFINET 通信。

2. 设计电气原理图

本例用到的软硬件如下：

① 1 台 CPU1511T-1PN。

② 1 台阀岛 FV-L10。

③ 1 台 SM521。

④ 1 台个人计算机（含网卡）。

⑤ 1 套 TIA Portal V18。

⑥ 1 根带 RJ-45 接头的屏蔽双绞线（正线）。

本任务选用国产阀岛 FV-L10，价格仅为国外同类阀岛的三分之一，而且同时集成了 PROFINET、ETHERCAT（以太网控制自动化技术）等多种工业以太网，性能也非常出色，可以替代国外同类产品。

电气原理图如图 4-61 所示，US 是阀岛电源，UA 是电磁阀电源，在工程中 PLC 的电源通常与负载的电源分开。CPU1511T-1PN 以太网口 X1P1（PN）由网线连接，阀岛的 IN 是 PROFINET 的进线接口，OUT 是 PROFINET 的出线接口，连接到另一台 PN 站点。气动原理图如图 4-62 所示。

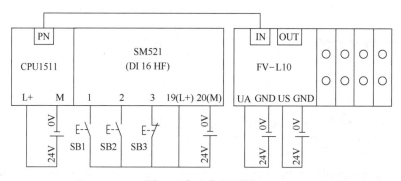

图 4-61　电气原理图

3. 硬件配置

1）新建项目。打开 TIA Portal，再新建项目，本例命名为"FV-L10"，单击"项目视图"按钮，切换到项目视图。

2）硬件配置。在 TIA Portal 软件项目视图的项目树中，双击"添加新设备"按钮，添加 CPU 模块，如图 4-63 所示。

3）网络组态。选中"网络视图"选项卡，将 CTEU-PNT 模块（标号 1 处）拖拽到标号 2 处。将 CPU1511T-1PN 的绿色小窗（标号 3 处）选中，拖拽到 CTEU-PNT 模块的绿色小窗（标号 4 处）释放，如图 4-64 所示。

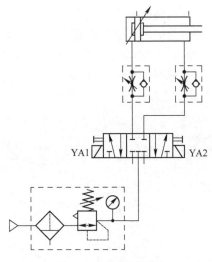

图 4-62　气动原理图

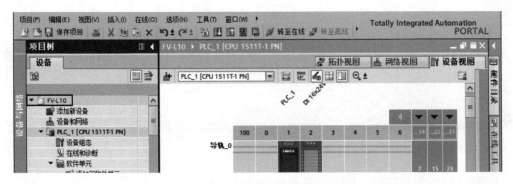

图 4-63　硬件配置

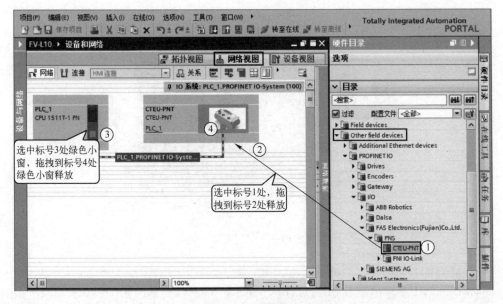

图 4-64　网络组态

4) CTEU-PNT 模块组态。在网络视图中，双击 CTEU-PNT 模块，打开其"设备视图"界面，如图 4-65 所示，把硬件目录中的选项按照箭头的指向拖拽到对应的插槽号中。简要说明如下：①插槽号 1 中是"Output 1 Byte_1"，其地址为 QB2，代表阀岛的输出地址是 QB2，对应阀岛的 8 个线圈；②插槽号 2 中是"Device Status_1"，其地址为 IB10，代表阀岛的输入地址是 IB10，对应阀岛的输入状态。

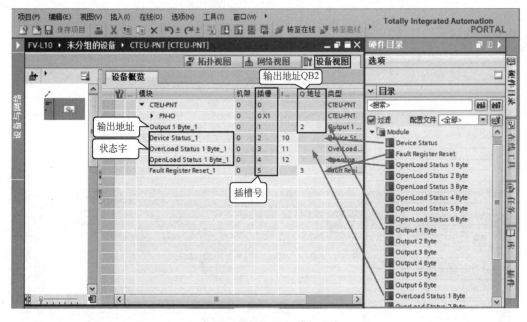

图 4-65　CTEU-PNT 模块组态

阀岛 FV-L10 的线圈定义如图 4-66 所示，阀岛上侧的线圈从左到右依次是 A0、A1、…、A23，下侧线圈的定义是 B0、B1、…、B23。本任务用到阀岛电磁阀的线圈是 A0 和 B0。

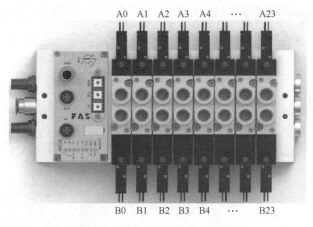

图 4-66　阀岛 FV-L10 的线圈定义

5) 组态地址和阀岛定义线圈的对应关系。图 4-65 中的插槽号 1 中是"Output 1 Byte_1"，即 CPU 的第 1 个输出字节 QB2，对应于如图 4-67 所示阀岛的 PROFINET 输入数据的第 1 个字节。1 个字节包含 8 个位，所以控制 4 个电磁阀（每个电磁阀 2 个线圈）。很明显，Q2.0 对应 A0，Q2.1 对应 B0，明确这个对应关系对于编写程序至关重要。

Byte	Bit								备注
	7	6	5	4	3	2	1	0	
0				US 过电压	UA 过电压	运行温度	US 欠电压	UA 欠电压	
1	B3	A3	B2	A2	B1	A1	B0	A0	
2	B7	A7	B6	A6	B5	A5	B4	A4	短路诊断
3	B11	A11	B10	A10	B9	A9	B8	A8	0正常
4	B15	A15	B14	A14	B13	A13	B12	A12	1短路
5	B19	A19	B18	A18	B17	A17	B16	A16	
6	B23	A23	B22	A22	B21	A21	B20	A20	

图 4-67　阀岛的 PROFINET 输入数据

4. 编写控制程序

只需要在 IO 控制器（CPU 模块）中编写程序，如图 4-68 所示，而 IO 设备（阀岛）中并不需要编写程序。

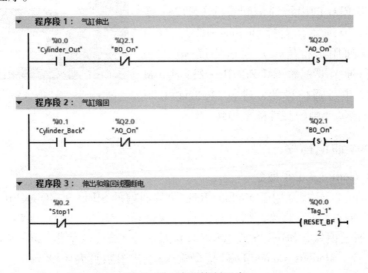

图 4-68　编写控制程序

4.6　Modbus 通信及其应用

4.6.1　Modbus 通信介绍

1. Modbus 通信协议简介

Modbus 是 Modicon 公司（莫迪康公司，现已经并入施耐德公司）于 1979 年开发的一种通信协议，是一种工业现场总线协议标准。1996 年施耐德公司推出了基于以太网 TCP/IP 的 Modbus 协议，即 Modbus-TCP。

Modbus 协议是一项应用层报文传输协议，包括 Modbus-ASCII、Modbus-RTU（远程终端）和 Modbus-TCP 三种报文类型，协议本身并没有定义物理层，只是定义了控制器能够认识和使用的消息结构，而不管它们是经过何种网络进行通信的。

标准的 Modbus 协议物理层接口有 RS-232、RS-422、RS-485 和以太网口。采用 Master/Slave（主/从）方式通信。

Modbus 在 2004 年成为我国国家标准。

Modbus-RTU 的协议的帧规格如图 4-69 所示。

地址字段	功能代码	数据	出错检查(CRC)
1个字节	1个字节	0~252个字节	2个字节

图 4-69 Modbus-RTU 的协议的帧规格

2. S7-1200/1500 PLC 支持的协议

1) S7-1200/1500 PLC CPU 模块的 PN/IE 接口（以太网口，如图 4-70 所示）支持用户开放通信（含 Modbus-TCP、TCP、UDP、ISO、ISO-on-TCP 等）、PROFINET 和 S7 通信协议等。

2) S7-1200 PLC 的串行通信配置的 CM1241 模块的串口如图 4-70 所示，支持 Modbus-RTU、自由口通信和 USS（通用串行接口）通信协议等。S7-1500 PLC 的串行通信要配置 CM PtP RS-232 或 CM PtP RS-485/422 串行通信模块，进行 Modbus-RTU 通信需要串行通信模块中的高性能型模块。

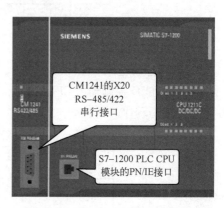

图 4-70 S7-1200 PLC 的通信接口

4.6.2 Modbus 通信指令

1. Modbus_Comm_Load 指令

Modbus_Comm_Load 指令用于 Modbus RTU 协议通信的 SIPLUS I/O 或 PtP 端口的通信参数的初始化，如通信参数不修改，则只需运行一次即可。Modbus RTU 端口硬件选项：最多安装三个 CM（通信模块，RS-485 或 RS-232）及一个 CB（通信板，RS-485）。主站和从站都要调用此指令，Modbus_Comm_Load 指令输入/输出参数见表 4-9。

表 4-9 Modbus_Comm_Load 指令输入/输出参数

LAD	输入/输出	说　明
	EN	使能
	REQ	上升沿时信号起动操作
	PORT	硬件标识符
	PARITY	奇偶校验选择： 0—无 1—奇校验 2—偶校验
	MB_DB	对 Modbus_Master 或 Modbus_Slave 指令所使用的背景数据块的引用
	DONE	上一请求已完成且没有出错后，DONE 位将保持为 TRUE 一个扫描周期时间
	STATUS	故障代码
	ERROR	是否出错；0 表示无错误，1 表示有错误

（LAD 图中：MB_COMM_LOAD，EN、REQ、PORT、BAUD、PARITY、FLOW_CTRL、RTS_ON_DLY、RTS_OFF_DLY、RESP_TO、MB_DB，ENO、DONE、ERROR、STATUS）

2. Modbus_Master 指令

Modbus_Master 指令是 Modbus 主站指令，在执行此指令之前，要执行 Modbus_Comm_

Load 指令组态端口。将 Modbus_Master 指令放入程序时，自动分配背景数据块。指定 Modbus_Comm_Load 指令的 MB_DB 参数时将使用该 Modbus_Master 背景数据块。Modbus_Master 指令输入/输出参数见表 4-10。

表 4-10　Modbus_Master 指令输入/输出参数

LAD	输入/输出	说　明
	EN	使能
	REQ	上升沿触发接收或发送操作
	MB_ADDR	从站地址，有效值为 0~247
	MODE	模式选择：0—读，1—写
MB_MASTER EN　ENO REQ　DONE MB_ADDR　BUSY MODE　ERROR DATA_ADDR　STATUS DATA_LEN DATA_PTR	DATA_ADDR	从站中的起始地址
	DATA_LEN	数据长度
	DATA_PTR	数据指针：指向要写入或读取的数据的 M 或 DB 地址（未经优化的 DB 类型），详见表 4-11
	DONE	上一请求已完成且没有出错后，DONE 位将保持为 TRUE 一个扫描周期时间
	BUSY	0—无 Modbus_Master 操作正在进行 1—Modbus_Master 操作正在进行
	STATUS	故障代码
	ERROR	是否出错；0 表示无错误，1 表示有错误

前述的 Modbus_Master 指令用到了参数 DATA_PTR 与 DATA_ADDR，DATA_PTR 参数在 Modbus 通信中，对应的功能码及地址见表 4-11。

表 4-11　DATA_PTR 参数与 Modbus 保持寄存器地址的对应关系举例

Modbus 地址	DATA_PTR 参数对应的地址	
40001	MW100	DB1DW0
40002	MW102	DB1DW2
40003	MW104	DB1DW4
40004	MW106	DB1DW6
…	…	…

学习小结

1）得益于免费和开放的优势，Modbus 通信协议在我国比较常用，尤其在仪表中，Modbus-RTU 很常用，此外多数国产的 PLC 支持 Modbus-RTU 通信协议。

2）在工业以太网通信中，Modbus-TCP 的市场份额也名列前茅。

4.6.3　S7-200 SMART PLC 与编码器之间的 Modbus-RTU 通信

微课
S7-200 SMART
PLC 与编码器
之间的 Modbus-
RTU 通信

Modbus-RTU 通信在我国很常用，国产的仪表和小型 PLC 通常支持此协议。Modbus-RTU 通信的典型应用如：三菱、西门子 PLC 与第三方的仪表通信。

【例 4-8】某设备的主站为 S7-200 SMART PLC，从站为 KCMR-91W 温度仪表，温度仪表支持 Modbus-RTU 通信协议，且可以连接热电阻和热电偶，要求实时显示主站接收来自温度仪表的温度数据。

通过完成此任务，掌握西门子 S7-200 SMART PLC 与第三方仪表的 Modbus-RTU 通信实施的全过程。

【解】

1. 设计电气原理图

（1）KCMR-91W 温度仪表

温度仪表在工程中极为常用，用于测量实时温度、报警、PID 运算和通信（以太网通信、自由口通信和 Modbus-RTU 通信等）等功能。在国产仪表中，支持自由口通信和 Modbus-RTU 通信的仪表很常用。

KCMR-91W 温度仪表是典型国产仪表，有测量实时温度、报警、PID 运算和 Modbus-RTU 通信等功能，本例只使用仪表的温度测量功能，并将温度实时测量值传送到 PLC 中。

KCMR-91W 温度仪表默认的 Modbus 地址是 1；默认的传输速率是 9600 bit/s；默认 8 位传送、1 位停止位、无奇偶校验；当然这些通信参数是可以重新设置的，本例不修改。

KCMR-91W 温度仪表的测量值寄存器的绝对地址是 16#1001（16 进制数），对应西门子 PLC 的保持寄存器地址是 44098（十进制），这个地址在编程时要用到。这个地址由仪表厂定义，不同厂家有不同地址。

KCMR-91W 温度仪表发送给 PLC 的测量值是乘 10 的数值，因此 PLC 接收到的数值必须除以 10，编写程序时应注意这一点。关于仪表的详细信息，可参考该型号仪表的说明书。

（2）系统的软硬件配置

① 1 套 STEP7-Micro/WIN SMART V2.7。

② 1 台绝对值编码器（兼容 Modbus-RTU 通信）。

③ 1 台 CPU ST40。

④ 1 根以太网电缆。

⑤ 1 根 PROFIBUS 网络电缆（含 1 个网络总线连接器）。

KCMR-91W 温度仪表的接线如图 4-71 所示。注意此仪表的供电电压是交流 220 V。CPU ST40 的串行通信接口 X20 支持 RS-485（半双工），X20 接口的第 3 引脚与 KCMR-91W 温度仪表的 A 相连，X20 接口的第 8 引脚与 KCMR-91W 温度仪表的 B 相连，X20 接口处最好使用 PROFIBUS 总线连接器。

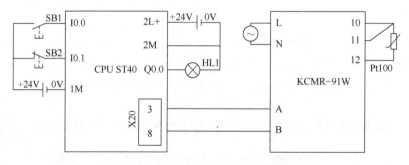

图 4-71　KCMR-91W 温度仪表的接线

2. 编写程序

主站的梯形图程序如图 4-72 所示。程序解读如下。

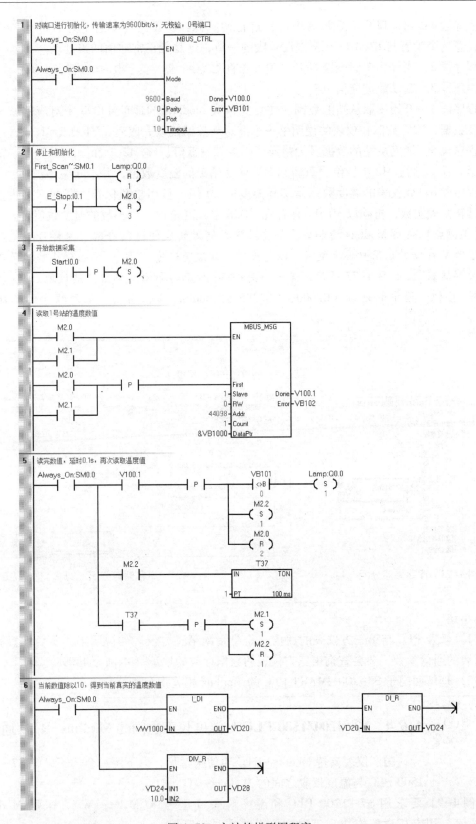

图 4-72　主站的梯形图程序

程序段 1：对端口 0（即 X20 串口）进行初始化，设置其传输速率为 9600 bit/s，无校验。注意这个设置与 KCMR-91W 温度仪表的一致，这是能正常通信的关键点。

程序段 2：当停止按钮 SB2 断开（I0.1 常闭触点断开）或上电时，进行初始化。

程序段 3：起动数据通信。

程序段 4：开始读取从站的数据，注意此仪表 Modbus 的地址 44098 中对应的就是仪表的温度数据，这个数值在仪表的说明书中查询。当数据读取完成后，V100.1=1。

程序段 5：读完从站的数据且无错误，则点亮一盏灯。将 M2.2 置位，M2.0 和 M2.1 复位。延时 0.1 s 后，M2.1 置位，重新起动读取从站 1 的温度数据，并不断循环。

程序段 6：此仪表的温度数据是实际温度的 10 倍，且用整数保存。因此，接收数据后先将其转换成实数，再除以 10.0，保存在 VD28 中，就是带一位小数的温度数值了。

【关键点】使用 Modbus 指令库，都要对库存储器的空间进行分配，这样可避免库存储器用了的 V 存储器让用户再次使用，以免出错。方法是选中"库"，右击弹出快捷菜单，单击"库存储器"，如图 4-73 所示，弹出如图 4-74 所示的界面，单击"建议地址"，再单击"确定"按钮。图中的地址 VB2000 ～ VB2285 被 Modbus 通信占用，编写程序时不能与之冲突。

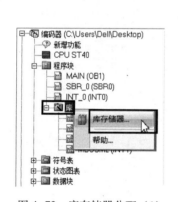

图 4-73　库存储器分配（1）

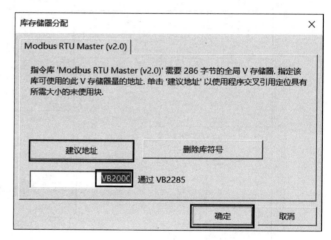

图 4-74　库存储器分配（2）

任务小结

1）涉及 PLC 与第三方仪表的通信，需要阅读第三方仪表的说明书。要会设置第三方仪表的通信参数，要会查询第三方仪表的数据存放的地址（本例为 44098）。

2）理解西门子 S7-200 SMART PLC 的 Modbus 相关指令。

微课
S7-1200 PLC
与温度仪表之
间的 Modbus-
RTU 通信

4.6.4　S7-1200/1500 PLC 与温度仪表之间的 Modbus-RTU 通信

国产仪表支持 Modbus-RTU 通信很常见，以下用一个例子讲解 S7-1200/1500 PLC 与温度仪表之间的 Modbus-RTU 通信。

【例 4-9】要求用 S7-1200 PLC 和温度仪表（型号 KCMR-91W），采用 Modbus-RTU 通信，用串行通信模块采集温度仪表的实时温度值。

【解】

1. 设计电气原理图

本任务用到的软硬件如下：

① 1 台 CPU1211C。

② 1 台 CM1241（RS-485/422 端口）。

③ 1 台 KCMR-91W 温度仪表（配 RS-485 端口，支持 Modbus-RTU 协议）。

④ 1 根带 PROFIBUS 接头的屏蔽双绞线。

⑤ 1 套 TIA Portal V18。

电气原理图如图 4-75 所示，采用 RS-485 的接线方式，通信电缆需要两根屏蔽线缆，CM1241 模块侧需配置 PROFIBUS 接头，CM1241 模块无须接电源。本例的温度仪表需要接交流 220 V 电源。

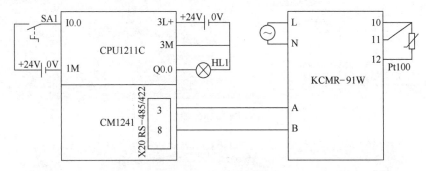

图 4-75　电气原理图

2. 温度仪表介绍

KCMR-91W 温度仪表有测量实时温度、报警、PID 运算和 Modbus-RTU 通信等功能，本例只使用仪表的温度测量功能，并将温度实时测量值传送到 PLC 中。

KCMR-91W 温度仪表默认的 Modbus 地址是 1；默认的传输速率是 9600 bit/s；默认 8 位传送、1 位停止位、无奇偶校验；当然这些通信参数是可以重新设置的，本例不修改。参数的设置参考其手册。

KCMR-91W 温度仪表的测量值寄存器的绝对地址是 16#1001（16 进制数），对应西门子 PLC 的保持寄存器地址是 44098（十进制），这个地址在编程时要用到。这个地址由仪表厂定义，不同厂家有不同地址。

KCMR-91W 温度仪表发送给 PLC 的测量值是乘 10 的数值，因此 PLC 接收到的数值必须除以 10，编写程序时应注意这一点。

3. 编写控制程序

1）新建项目。先打开 TIA Portal 软件，再新建项目，本例命名为"Modbus_RTU"，接着单击"项目视图"按钮，切换到项目视图。

2）硬件配置。在 TIA Portal 软件项目视图的项目树中，双击"添加新设备"按钮，先添加 CPU 模块 CPU1211C，并启用时钟存储器字节和系统存储器字节，如图 4-76 所示。

3）在主站 Master 中，创建数据块 DB1。在项目树中，选择"Modbus_RTU"→"程序块"→"添加新块"，选中"DB"，单击"确定"按钮，新建连接数据块 DB1。如图 4-77 所示，再在 DB 中创建 ReceiveData 和 RealValue。

图 4-76　硬件配置

DB1					
	名称	数据类型	偏移量	起始值	保持
1	▼ Static				☐
2	ReceiveData	Word	0.0	16#0	☐
3	RealValue	Real	2.0	0.0	☐

图 4-77　在主站 Master 中，创建数据块 DB1

在项目树中，打开 DB1 的属性如图 4-78 所示，选择 "Modbus_RTU" → "程序块" → "DB"，右击弹出快捷菜单，单击 "属性" 选项，打开 "属性" 界面，修改 DB1 的属性如图 4-79 所示，选择 "属性" 选项，去掉 "优化的块访问" 前面的 "√"，也就是把块变成非优化访问。

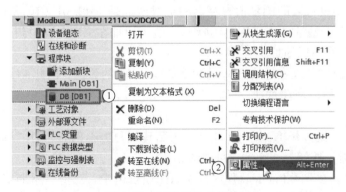

图 4-78　打开 DB1 的属性

4）编写主站的程序。编写主站的 OB1 中的梯形图程序如图 4-80 所示。

编写 FB1 中的梯形图程序如图 4-81 所示，程序段 1 的主要作用是初始化，只要温度仪表的通信参数不修改，则此程序只需要运行一次，此外要注意，传输速率和奇偶校验与

CM1241 模块的硬件组态和条形码扫码器的一致,否则通信不能建立。程序段 2 主要是读取数据,按下按钮即可读入到数组 ReceiveData 中,温度仪表的站地址必须与程序中一致,默认为 1,可以用仪表按键修改。

图 4-79 修改 DB1 的属性

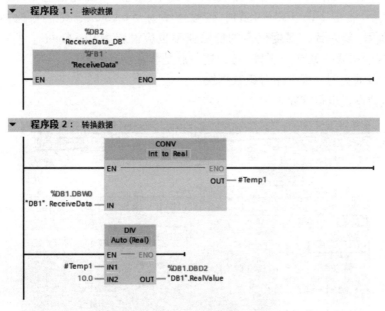

图 4-80 OB1 中的梯形图程序

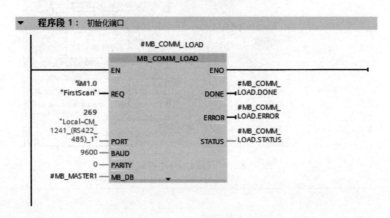

图 4-81 FB1 中的梯形图程序

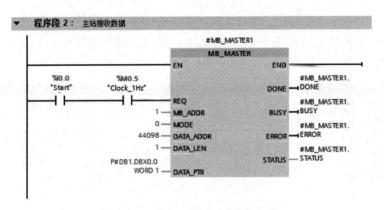

图 4-81　FB1 中的梯形图程序（续）

任务小结

1）特别注意：如图 4-82 所示的 CM1241 的硬件组态中要组态为"半双工"，因为温度仪表的信号线是 2 根（RS-485）；传输速率为 9.6 kbit/s，奇偶校验为"无"，与图 4-81 中的程序要一致，温度仪表的传输速率也应设置为 9.6 kbit/s。所以硬件组态、程序和温度仪表都要一致（三者统一），这一点是非常重要的。

2）采用多重实例，可少用背景数据块。

3）仪表的设置也很重要。

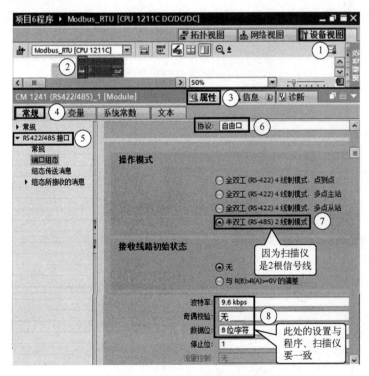

图 4-82　CM1241 的硬件组态

4.7 自由口通信

4.7.1 自由口通信简介

1. 自由口通信协议的概念

自由口通信协议就是通信对象之间采用的不是如 PROFIBUS 和 Modbus 等标准的通信协议，而是根据产品需求自定义的协议，任何对象要与之通信，则必须遵循该通信协议。有的文献也称自由口通信为无协议通信。自由口通信不属于现场总线范畴。

常见的自由口协议的物理层是 RS-232C 或者 RS-485/422。

2. 自由口通信协议的应用场合

一般而言，在 PLC 的通信中，自由口通信常用于 PLC 与第三方设备的通信。例如 PLC 与一维和二维码扫描器、打印机、仪表、第三方的变频器和第三方 PLC 等。通常编程者让 PLC 遵循第三方的设备的协议，编写控制程序。例如 PLC 与二维码扫描器进行自由口通信时，PLC 遵循二维码扫描器的自定义的协议。

3. S7-1200/1500 PLC 自由口通信

（1）自由口通信指令简介

S7-1200 PLC 进行自由口通信需要配置通信模块（如 CM1241 RS-485、CM1241 RS-485/422 和 CM1241 RS-232 等）。S7-1200 PLC 的通信模块价格相对比较低，因此用 S7-1200 PLC 进行自由口通信是合适的。

S7-1500 PLC 进行自由口通信需要配置通信模块（如 CM PtP RS-485/422、CM PtP RS-232 等）。S7-1500 PLC 的通信模块价格相对昂贵。

（2）自由口通信指令

S7-1200/1500 PLC 自由口通信指令是相同的。

SEND_PTP 是自由口通信的发送指令，当 REQ 端为上升沿时，通信模块发送消息，数据传送到数据存储区 BUFFER 中，PORT 中规定使用的通信模块的槽位，即此模块安装在 CPU 左侧的第几槽。SEND_PTP 指令的参数含义见表 4-12。

表 4-12 SEND_PTP 指令的参数含义

LAD	输入/输出	说　　明	数据类型
	EN	使能	BOOL
	REQ	发送请求信号，每次上升沿发送一个消息帧	BOOL
SEND_PTP EN ENO REQ DONE PORT ERROR BUFFER STATUS LENGTH PTRCL	PORT	通信模块的标识符，有 RS232_1[CM] 和 RS485_1[CM]	PORT
	BUFFER	指向发送缓冲区的起始地址	VARIANT
	PTRCL	FALSE 表示用户定义协议	BOOL
	ERROR	是否有错	BOOL
	STATUS	错误代码	WORD
	LENGTH	发送的消息中包含字节数	UINT

RCV_PTP 指令用于自由口通信，可启用已发送消息的接收。RCV_PTP 指令的参数含义见表 4-13。

表 4-13　RCV_PTP 指令的参数含义

LAD	输入/输出	说　明	数据类型
	EN	使能	BOOL
	EN_R	在上升沿启用接收	BOOL
	PORT	通信模块的标识符，有 RS232_1[CM] 和 RS485_1[CM]	PORT
	BUFFER	指向接收缓冲区的起始地址	VARIANT
	ERROR	是否有错	BOOL
	STATUS	错误代码	WORD
	LENGTH	接收的消息中包含字节数	UINT

4.7.2　S7-1200/1500 PLC 与二维码扫码器的自由口通信

【例 4-10】有一台设备，控制器是 CPU1211C，扫码器是 NLS-NVF200（很多扫码器都支持自由口通信），自带 RS-232C 接口，CPU1211C 和扫码器之间进行自由口通信，实现扫码器向 CPU1211C 发送条形码字符，当扫描到条形码字符为"9787040496659"（一本书的二维码）时，指示灯亮。设计解决方案。

通过完成此任务，掌握西门子 S7-1200/1500 PLC 与二维码扫码器的自由口通信实施的全过程。

【解】

1. 设计电气原理图

（1）S7-1200 PLC 的自由口通信

S7-1200 PLC 的自由口通信是基于 RS-485/RS-422/RS-232C 通信基础的通信，西门子 S7-1200 PLC 拥有自由口通信功能。利用 S7-1200 PLC 进行自由口通信，需要配置 CM1241（RS-485/RS-422）或者 CM1241（RS-232）通信模块。每个 CPU 模块最多可以配置 3 块通信模块。当采用 CM1241（RS-232）通信模块时，其接头的引脚定义见表 4-14，这个引脚定义对接线非常重要，一般使用引脚 2、3 和 5。

表 4-14　CM1241（RS-232）通信模块接头的引脚定义

引脚	说　明	连接器（插头式）	引脚	说　明
1 DCD	数据载波检测：输入		6 DSR	数据设备就绪：输入
2 RxD	从 DCE（数据电路终端设备）接收数据：输入		7 RTS	请求发送：输出
3 TxD	传送数据到 DCE：输出		8 CTS	允许发送：输入
4 DTR	数据终端就绪：输出		9 RI	振铃指示器（未用）
5 GND	逻辑地		SHELL	机壳接地

（2）S7-1500 PLC 的自由口通信

利用 S7-1500 PLC 进行自由口通信，需要配置如 CM PtP RS-422/485 或 CM PtP RS-232 通信模块。当模块为 CM PtP RS-232 时，其引脚定义见表 4-14。当模块为 CM PtP RS-422/485 时，其引脚定义见表 4-15。通常使用引脚 2、4、9 和 11。

表 4-15　CM PtP RS-422/485 通信模块的引脚定义

RS-422/485 母头连接器	引脚	标识	输入/输出	含　义
	1	—	—	—
	2	T（A）-	输出	发送数据（四线制模式）
	3	—	—	—
	4	R（A）/T（A）-	输入 输入/输出	接收数据（四线制模式） 接收/发送数据（两线制模式）
	8	GND	—	功能性接地（隔离）
	9	T（B）+	输出	发送数据（四线制模式）
	10	—	—	—
	11	R（B）/T（B）+	输入 输入/输出	接收数据（四线制模式） 接收/发送数据（两线制模式）

（3）设计电气原理图

电气控制系统的软硬件配置如下：

① 1 套 TIA Portal V18。

② 1 台 CPU1211C 和 1 台 NLS-NVF200 扫码器（含专用接口电缆）。

③ 1 台 CM1241（RS-232）。

④ 1 根网线。

原理图如图 4-83 所示，注意 CM1241（RS-232）模块和扫码器连接时，应采用交叉线接线，即串行模块的发送端接扫码器的接收端，反之亦然。此外，串行模块的 5 号端子 GND 与扫码器的 0V 短接。

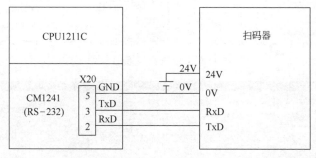

图 4-83　原理图

注意： 一般而言扫码器配有专用接口电缆，订货时不能遗漏。

2. 硬件组态

1）新建项目。新建项目 "Scanner"，如图 4-84 所示，添加一台 CPU1211C 和一台 CM1241（RS-232）通信模块。

2）启用系统时钟。选中 PLC_1 中的 CPU1211C，再选中 "系统和时钟存储器"，勾选 "启用系统存储器字节" 和 "启用时钟存储器字节"，步骤可参考图 4-76。

3）设置串口通信参数。设置串口通信参数如图 4-85 所示，注意这里设置的参数必须与扫码器中设置的参数一致。

4）添加数据块。在 PLC_1 的项目树中，展开程序块，单击 "添加新块" 按钮，弹出界面如图 4-86 所示。选中数据块，命名为 "DB2"，再单击 "确定" 按钮。

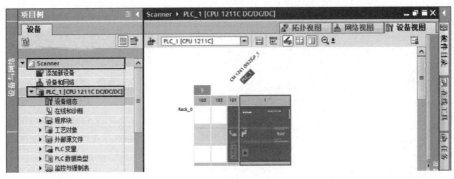

图 4-84 新建项目

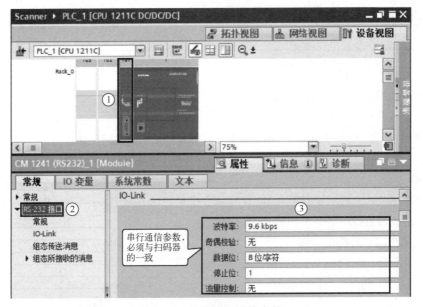

图 4-85 设置串口通信参数

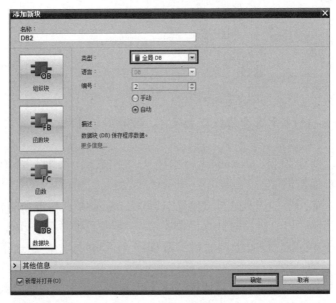

图 4-86 添加数据块

5）创建数组。打开 PLC_1 中的数据块，创建数组 a[0..40]，数组中有 41 个字节 a[0]~a[40]，如图 4-87 所示。同时要取消其属性中的"优化访问"。

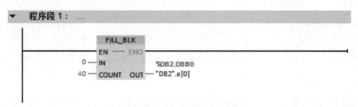

图 4-87　创建数组

3. 编写 S7-1200 PLC 的程序

OB100 中的程序如图 4-88 所示。

图 4-88　OB100 中的程序

OB1 中的程序如图 4-89 所示。程序说明如下。

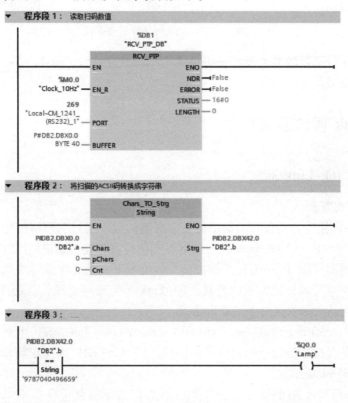

图 4-89　OB1 中的程序

程序段 1：扫码数值是 ASCII 码，接收到数组 DB2. a，是字符形式保存。

程序段 2：将单个的字符转换成字符串。

程序段 3：进行字符串比较，当字符串等于"9787040496659"时，指示灯亮。

4. 设置条形码扫码器的通信参数

本例使用的条形码扫码器为 NLS-NVF200，它传承了国货精品"性价比"高和适合国人使用等优点。

S7-1200/1500 PLC 与二维码扫码器的自由口通信，S7-1200/1500 PLC 与二维码扫码器的通信参数必须一致。

NLS-NVF200 扫码器的参数设置有两种方法，简易的设置方法只要用扫码仪扫设置参数用的条形码即可，这些用于设置的条形码，在说明书可以找到。以下介绍最常用的条形码二维码，如图 4-90 所示，分别是恢复出厂值（加载出厂默认设置）、设置传输速率为9600 bit/s、无校验、7 个数据位、一个停止位和退出设置。

图 4-90　条形码二维码（设置参数用）

NLS-NVF200 扫码器的参数设置还可以采用专门的软件设置即 EasySet 软件，可以在商家的网站上免费下载。

4.8　IO-Link 通信及其应用

4.8.1　什么是 IO-Link 通信

1. IO-Link 的概念

IO-Link 是一种用于自动化技术的串行数字通信协议。通过它可将传感器或执行器连接到 PLC 上。在某种程度上，IO-Link 使与传感器和执行器相连的通信链路的完全数字化成为可能。仅发送二进制状态（开/关）或模拟信号的情况下，可从传感器或执行器读取状态信息，并将参数化信息写入传感器或执行器。IO-Link 不是现场总线，而是一种连接 IO-Link 设备和 IO-Link 主站之间的点对点的通信协议。

IO-Link 又叫作 SDCI（Single-drop Digital Communication Interface，单点数字通信接口），是主要针对传感器及执行器设计的数字通信协议。IO-Link 的应用在现场总线的下层，工厂自动化架构如图 4-91 所示。

IO-Link 是全球首个用于与传感器和执行器通信的标准化 I/O 技术（IEC 61131—9），无须对电缆材料提出额外要求（无须使用屏蔽线缆），常规 3 线制接法即可实现强大的点对点通信。IO-Link 虽然不是现场总线，却是对传统传感器与执行器连接技术的进一步发展。

IO-Link 于 2008 年诞生于西门子公司，其发展势头十分迅猛，至 2019 年，全球有 1600个 IO-Link 节点，当年的节点增长率高达 40%。目前 IO-Link 由 PI（PROFIBUS &

PROFINET International）下属的 IO-Link 委员会管理。

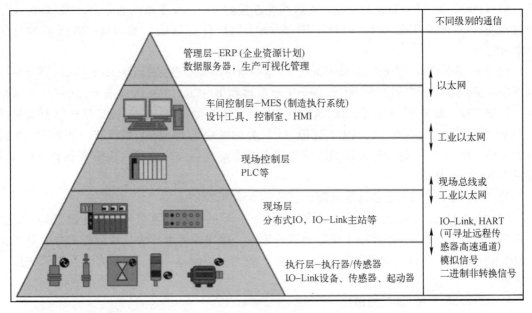

图 4-91　工厂自动化架构

2. IO-Link 的系统架构

IO-Link 的系统由如下四部分组成：

1）IO-Link 主站（IO-Link Master），也有文献翻译为 IO-Link 主管，主要在 IO-Link 设备和 PLC 之间传递（映射）数据。IO-Link 主站可以是 PLC 上的扩展模块，如图 4-92 所示的标记"A"处，典型的如 S7-1200 PLC 系列中的 SM 1278 4×IO-Link 主站模块。

总线式分布式 IO 上的扩展模块，如图 4-92 所示的标记"B"处，典型的如 ET200SP系列中的 CM 4×IO-Link 主站模块。

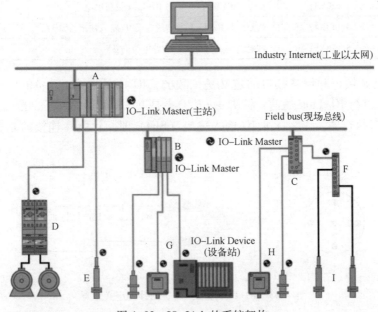

图 4-92　IO-Link 的系统架构

更常见的是 IO-Link 主站模块本身是一种分布式 IO 模块，模块上有 IO-Link 的连接通道。IO-Link 设备（IO-Link Device）通过线缆连接到 IO-Link 主站的通道上，IO-Link 主站通过总线（如 PROFINET、CC-LINK IE 等）与 PLC 传递数据，如图 4-92 所示的标记"C"处。

2）IO-Link 设备（IO-Link Device），典型的 IO-Link 设备是带 IO-Link 接口的传感器、执行器和集线器。所有的 IO-Link 设备必须要连接到 IO-Link 主站的通道上。如图 4-92 所示，标记"D"处带 IO-Link 接口的执行器和标记"E"处带 IO-Link 接口的传感器直接接入到 IO-Link 主站上不同的通道中。标记"F"处的模块是 IO-Link 集线器，是 IO-Link 设备的一种，标记"I"处的开关量的传感器或者继电器均可与之连接。也有资料称 IO-Link 设备为 IO-Link 从站。

3）非屏蔽三芯或者五芯标准电缆，三芯的电缆更加常用。

4）用于 IO-Link 的设置工具。通常生产 IO-Link 的设备厂商都会提供设置工具，典型的如西门子的 S7-PCT，主要用于设置通道的输入、输出或者 IO-Link 通信等参数，对于比较复杂的 IO-Link 的设备如 RFID（射频识别）和光电编码器，IO-Link 的设置工具的作用尤为重要。

3. IO-Link 主站/设备的接线

（1）针脚的定义

IO-Link 设备常见的是传感器和执行器，传感器通常是 M12（也有 M5 和 M8）螺纹的四针接口，执行器通常是五针接口，根据 IEC 60974—2 标准，IO-Link 接口针脚的定义见表 4-16。

表 4-16　IO-Link 接口针脚的定义

序　　号	针　脚　号	含　　义
1	1（PIN1）	L+，即电源的+24 V，向 IO-Link 设备供电
2	2（PIN2）	四针时空；五针时，额外电源的+24 V
3	3（PIN3）	L-，即电源的 0 V，向 IO-Link 设备供电
4	4（PIN4）	C/Q，即 IO-Link 通信或标准 IO 输入输出（SIO）
5	5（PIN5）	四针时空；五针时，额外电源的 0 V

IO-Link 主站接口和设备接口的定义是一致的，IO-Link 主站/设备的针脚定义示意如图 4-93 所示。进行 IO-Link 通信，针脚 4（C/Q）是 IO-Link 通信端子，接入的设备是 IO-Link 传感器或者执行器。作为标准 IO 输入输出（SIO）时，针脚 4 连接的是普通开关或者继电器线圈等。

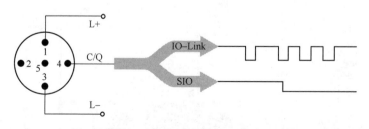

图 4-93　IO-Link 主站/设备的针脚定义示意

（2）接线

IO-Link 主站的针脚定义有两种：类型 A（Port Class A）和类型 B（Port Class B），IO-Link 主站和设备的接线是一致的。在类型 A 中，针脚 1、针脚 3 和针脚 4 与 IO-Link 设备对应针脚相连，针脚 2 和针脚 5 未定义，厂家可以自行定义。类型 A 接口的接线图如图 4-94 所示。

在类型 B 中，针脚 1、针脚 2、针脚 3、针脚 4 和针脚 5 与 IO-Link 设备对应针脚相连，针脚 2 和针脚 5 是额外电源。类型 B 接口的接线图如图 4-95 所示。

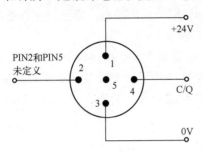

图 4-94　类型 A 接口的接线图

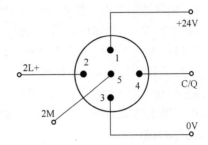

图 4-95　类型 B 接口的接线图

4.8.2　IO-Link 通信的应用场合与特点

1. IO-Link 通信的应用场合

IO-Link 通信应用于连接传感器和执行器的场合。具体如下：

1）传感器包含所有带 IO-Link 通信接口的数字量传感器（如 RFID、编码器）、模拟量传感器（如温度和压力传感器）。普通按钮通过集线器也能接入到 IO-Link 主站。

2）执行器包含所有带 IO-Link 通信接口的执行器，普通的线圈和信号灯通过集线器也可以接入到 IO-Link 主站。

2. IO-Link 通信的特点

（1）通用

1）IO-Link 适配性强，它独立于现场总线，可集成到全球所有现场总线系统中。

2）IO-Link 使用 M12、M8 或 M5 连接器和 3 芯电缆标准（也有 5 芯电缆）。

3）IO-Link 符合 IEC 61131—9 国际标准。

（2）智能

1）IO-Link 功能强大，可以简单快速地对传感器和执行器进行扩展诊断，例如过载和短路信息的诊断特别容易。

2）IO-Link 速度很快，有 4.8 kbit/s、38.4 kbit/s 和 230.4 kbit/s 3 种传输速率。

3）IO-Link 体积很小，能够实现"智能"传感器和执行器的小型化。

（3）简便

1）IO-Link 布线简单，采用非屏蔽 3 芯电缆即可布线，实现双向数字通信，标准的连接器既快捷，又能防止接线错误。三根线中，有两根是主站与 IO-Link 设备通信的数据线，可见 IO-Link 通信非常省线缆。

2）IO-Link 自动化程度高，服务器上的参数数据能在最短时间内实现设备的离散参数设置。

3）IO-Link 使用是简易的，双向通信使设备的远程维护变得很简单。而且更换传感器和执行器后，无须重新设置参数。

正是由于以上特点，IO-Link 通信得到了迅猛发展，而且获得了"工业 USB"的称号。

4.8.3 IODD 及其导入

1. 什么是 IODD

IODD（IO-Link Device Description）即 IO-Link 设备描述，该文件储存用于系统集成的众多信息，包含通信属性、设备参数、识别、过程和诊断数据等信息。它还包含设备的外形图和制造商的标识。制造商的所有设备的 IODD 结构是相同的。

IODD 是作为一个包提供给用户的，它包括一个或者多个 xml 描述设备文件和 png 格式的图像文件。"IODD-Standard Definitionsl. O. xml"文件描述了所有设备的通用和强制属性，这个文件必须在 IODD 目录下，在每种支持的语言中存储一次。简而言之，TIA Portal 如不安装 IODD，则不能识别和组态 IO-Link 设备。

2. 导入 IODD

通常一类 IO-Link 设备就有一个 IODD 文件，这些文件由设备商提供。在组态 IO-Link 设备之前，应导入 IODD，否则 IO-Link 设备不能正常组态。以下介绍用 S7-PCT 设置工具导入 IODD 的方法。

1）导入 IODD。打开 S7-PCT 设置工具，在菜单栏中，单击"Options"→"Import IO-DD"，如图 4-96 所示，弹出如图 4-97 所示的界面，单击"Browse"按钮，选中要安装的 IODD 文件（此文件由设备商提供，提前下载到本计算机），单击"Import"按钮，IODD 文件导入到系统中。它可以在硬件目录中查看到。

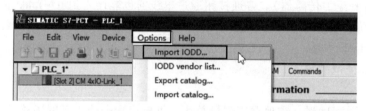

图 4-96　导入 IODD（1）

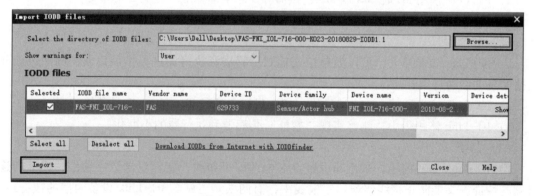

图 4-97　导入 IODD（2）

2）下载 IODD。下载到 PLC 如图 4-98 所示，该传感器连接到主站的第一通道，所以将传感器的 IODD 文件拖拽到第一通道，然后单击"Load" ⬇按钮，将配置下载到 PLC 中。

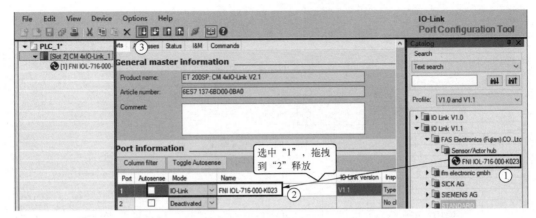

图 4-98　下载到 PLC

【例 4-11】有人说自动化工厂中，由于阀岛和 IO-Link 设备的使用，大幅减少了接线工作量，也减少了 PLC 的输入/输出点数，这种说法对吗？

【解】

1）关于省配线。使用总线型阀岛后，一般只需要连接一根标准通信电缆和电源电缆即可，即插即用，省配线效果明显，安装调试都非常便利。IO-Link 设备，使用三芯或者五芯标准电缆（信号线和电源线都包含在电缆里），即插即用，省配线效果也很明显。

2）关于节省 PLC 的点数，用一个例子说明。假设 PLC 的输入和输出点各为 160 点，使用了一台 16 点的总线型阀岛，那么 PLC 可以减少 16 点输出点，输出点 144 点即可；使用了一台 16 点的 IO-Link 设备输入，那么 PLC 可以减少 16 点输入点，输入点 144 点即可。但整个系统的总点数仍然不会减少，还是 160 个输入和 160 个输出点。可以把总线型阀岛和 IO-Link 设备理解为分布式模块。

4.8.4　S7-1200/1500 PLC 与温度传感器的 IO-Link 通信

【例 4-12】有一台设备，控制器是西门子的 S7-1200/1500 PLC，温度传感器是 Pt100，适配器是 0AC041，Pt100 连接到 0AC041，0AC041 将温度信号自动转换成 IO-Link 通信的信号，传送给 CM 4×IO-Link 模块，PLC 中实时显示温度数值。设计原理图并编写程序。

通过完成此任务，掌握西门子 S7-1200/1500 PLC 与温度传感器的 IO-Link 通信实施的全过程。

【解】

1. 设计电气原理图

S7-1200/1500 PLC 与温度传感器的 IO-Link 通信有两种常用的方案，方案 1：采用 S7-1200/1500 PLC 的扩展模块作主站，适配器是 0AC041（国产优秀的工控产品，性能稳定可靠），作为 IO-Link 设备。原理图如图 4-99 所示。适配器 0AC041 的 IO-Link 通信接口的针脚定义为：1 为电源+24 V，3 为电源 0 V，即 CM 4×IO-Link 模块向适配器模块供电，4 是信号线。适配器 0AC041 的传感器接口是四线式接法，如传感器是三线式的，则需要在 4 号针脚上增加一根短接线。

方案 2：S7-1200/1500 PLC 与 IO-Link 主站模块 FNI PNT-509 进行 PROFINET 通信，主站模块与适配器 0AC041 进行 IO-Link 通信，原理图如图 4-100 所示。方案 1 适合集中控制场合，方案 2 适合分布式控制场合。

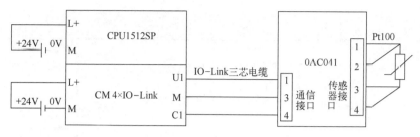

图 4-99　原理图-方案 1

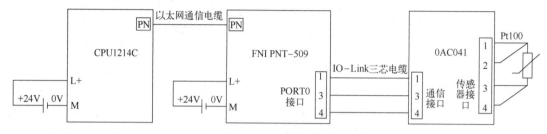

图 4-100　原理图-方案 2

2. 硬件组态

（1）方案 1

1）新建项目。新建项目"IO-LINK"，添加 CPU1512SP-1PN 和 CM 4×IO-Link 模块，如图 4-101 所示，在设备概览中可以查看通道数据地址，第一通道的地址为 IW0，第二通道的地址为 IW2，以此类推。

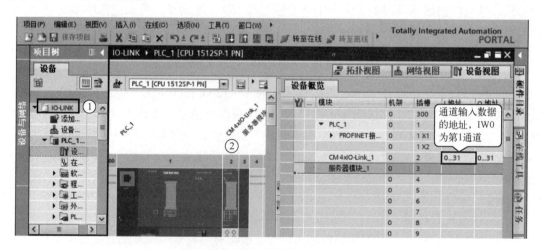

图 4-101　新建项目（1）

2）导入 IODD。如图 4-101 所示，选中标记"2"处的 CM 4×IO-Link 模块，右击，在弹出的快捷菜单中，单击"起动设备工具"菜单，弹出 S7-PCT 工具界面，下载到 PLC 如图 4-98 所示。由于传感器与通道 1 相连，因此将"1"处的 IODD 拖拽到"2"处，然后单击"Load"🔽按钮，将配置下载到 PLC 中。

（2）方案 2

1）新建项目。新建项目"IO-LINK-1"，添加 CPU1214C 模块，如图 4-102 所示。

图 4-102　新建项目 (2)

2) 网络组态。如图 4-103 所示，在网络视图中，将标记"2"处的 FNI PNT-509-105-M 拖拽到标记"3"处释放；将标记"4"处的绿色窗口拖拽到标记"5"处绿色窗口释放，实际就是 PROFINET 网络连接。双击"2"处的 FNI PNT-509-105-M 模块，弹出如图 4-104 所示的界面。

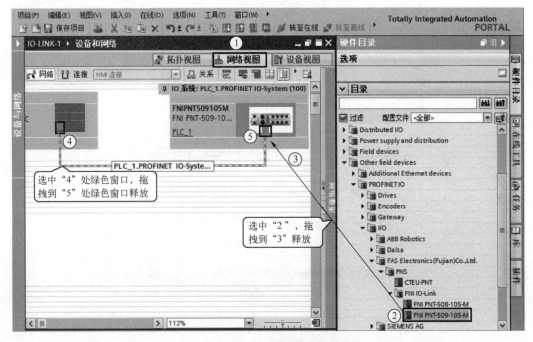

图 4-103　网络组态

3) 主站模块组态。如图 4-104 所示，将标记"1"处的 2 个输入字节拖拽到标记"2"处释放，这个地址 IW68 实际就是温度数据的存储地址；将标记"3"处的传感器短路状态字拖拽到标记"4"处释放，通过监控这个字节 IB2，即可监控 8 个通道是否短路；将标记"5"处的传感器诊断状态字拖拽到标记"6"处释放，通过监控这个字节 IB3，即可监控 8 个通道是否有故障。这里的地址在编程时都要用到。

3. 编写程序

(1) 方案 1 的程序

先创建数据块 DB1，如图 4-105 所示。

由于通道 1 的地址是 IW0，IW0 中采集到的数据是整数，是实际温度数值乘 100，取整数。所以要得到实际温度数值，先将 IW0 转换成浮点数，再除以 100.0，得到温度的真实数值。程序如图 4-106 所示。

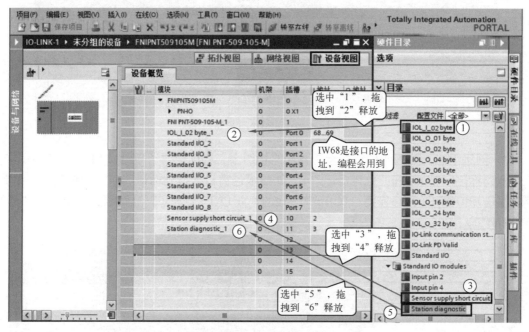

图 4-104　主站模块组态

图 4-105　数据块 DB1

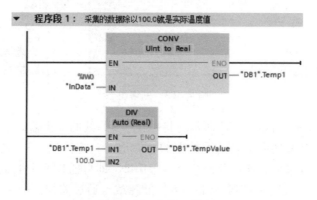

图 4-106　方案 1 程序

（2）方案 2 的程序

IB2 的 8 位，对应 8 个通道的短路，所以只要有 1 个通道短路，IB2 大于或等于 1，PLC 上指示灯 Q0.0 报警，主站模块上对应的指示灯变为红色。IB3 的 8 位，对应 8 个通道的故障，所以只要有 1 个通道有故障，IB3 大于或等于 1，PLC 上指示灯 Q0.1 报警，主站模块上对应的指示灯变为红色。程序如图 4-107 所示。

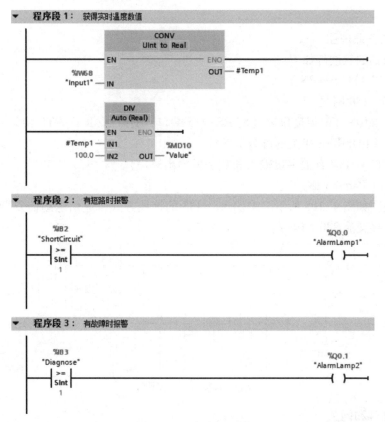

图 4-107　方案 2 程序

4.9　网关在通信中的应用

4.9.1　网关介绍

网关（Gateway）又称网间连接器、协议转换器。网关在网络层以上实现网络互连，是复杂的网络互连设备，仅用于两个高层协议不同的网络互连。网关既可以用于广域网互连，也可以用于局域网互连。网关是一种充当转换重任的计算机系统或设备，使用在不同的通信协议、数据格式或语言，甚至体系结构完全不同的两种系统之间，网关是一个翻译器。

在工程实践中，当控制器（如兼容 PROFINET）和被控设备（如兼容 Modbus）兼容的通信协议不同时，又需要进行通信，通常要使用网关。

4.9.2　用 S7-1200/1500 PLC、Modbus 转 PROFINET 网关和温度仪表测量温度

以下用一个例子介绍用 S7-1500 PLC、Modbus 转 PROFINET 网关和温度仪表测量温度。

【例 4-13】某设备控制系统由 S7-1500 PLC（没有配置串行通信模块）、ET200SP、网关和温度仪表（型号 KCMR-91W）组成，温度仪表兼容 Modbus-RTU 通信协议，要求压下启动按钮，开始实时采集温度仪表的实时温度值，压下停止按钮则停止采集信息，正常采集温度时，指示灯亮。

【解】

1. 设计电气原理图

本任务用到的软硬件如下：

① 1 台 CPU1511T-1PN。

② 1 台 TS-180 网关。

③ 1 台 KCMR-91W 温度仪表（配 RS-485 端口，支持 Modbus-RTU 协议）。

④ 1 根带 PROFIBUS 接头的屏蔽双绞线。

⑤ 1 套 ET200SP（含数字量输入和数字量输出模块）。

⑥ 1 套 TIA Portal V18。

电气原理图如图 4-108 所示，采用 RS-485 的接线方式，通信电缆需要两根屏蔽线缆。温度仪表需要接交流 220 V 电源。

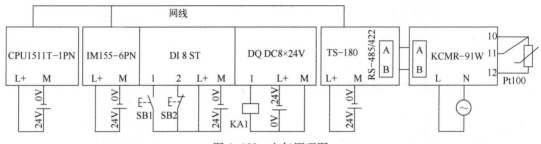

图 4-108　电气原理图

2. 组态硬件和网关

1）新建项目。先打开 TIA Portal V18 软件，再新建项目，本例命名为"GateWay"，接着单击"项目视图"按钮，切换到项目视图。

2）组态硬件。在 TIA Portal 软件项目视图的项目树中，双击"添加新设备"按钮，先添加 CPU 模块 CPU1511T-1PN，再添加 IM155-6PN、DI×8 和 DQ×8 模块。之后将 CPU1511T-1PN 和 IM155-6PN 连成网络，如图 4-109 所示。

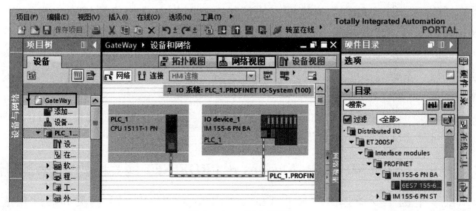

图 4-109　组态硬件

3）组态网关。组态网关的前提是 TIA Portal 中已经安装 TS-180 的 GSDML 文件，GSDML 文件可以理解为该硬件的驱动，此文件可以在该生产厂家的官网上免费下载。如图 4-110 所示，在"网络视图"中，先选中标记"2"的设备，用鼠标左键按住拖拽到标记"3"处。之后选中 PLC_1 的绿色小窗，即标记"4"，用鼠标左键按住拖拽到网关的绿色小窗，即标记"5"处释放。

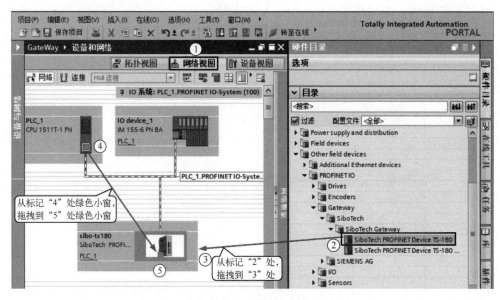

图 4-110　组态网关（1）

在图 4-110 中，双击标记"3"处的网关，弹出如图 4-111 所示的界面，先选中标记"2"的"Input/Output 002 bytes"，用鼠标左键按住拖拽到标记"3"处。I 地址下的"1…2"的含义是 PLC 从 IB1~IB2 存储区接收信息，Q 地址下的"1…2"的含义是 PLC 向 QB1~QB2 存储区发送信息。标记"5"处的 IP 地址是网关的 IP 地址，必须与真实网关的一致，标记"6"处的设备名称也必须与真实网关的一致。在工程实践中，如两者不一致，通常的做法是，用软件把真实网关的 IP 地址和设备名称，修改成与硬件组态中相同。

图 4-111　组态网关（2）

3. 编写主站的程序

编写主站的 OB1 中的梯形图程序如图 4-112 所示。

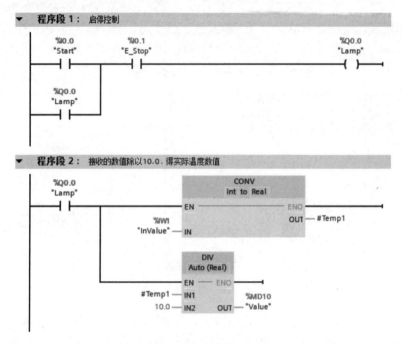

图 4-112　OB1 中的梯形图程序

4. 设置网关

对网关的设置特别关键。TS-180 网关的设置需要用专用的软件 TS-123，此软件在生产厂家的官网上可以免费下载。设置网关的主要目的有两个：一是把网关的 IP 地址和网络名称设置成与组态的一致，本例组态的名称和 IP 地址如图 4-111 所示；二是在网关中设置 Modbus 地址、波特率和奇偶校验等。

1）设置网关的 IP 地址及设备名称。单击菜单栏的"工具"→"分配以太网参数"，弹出"设置 IP 地址及设备名"界面，如图 4-113 所示，单击"浏览"按钮，输入需要设置的 IP 地址和设备名称，注意要与图 4-111 中的组态一致。

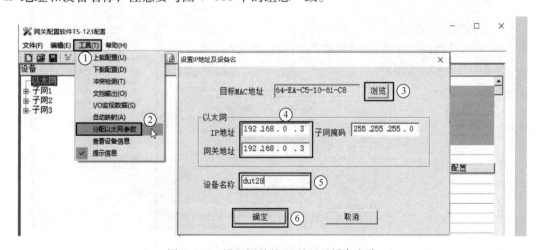

图 4-113　设置网关的 IP 地址及设备名称

2）网关的 PROFINET 配置。将"2byte"从标记"1"处拖拽到"2"处，如图 4-114 所示。

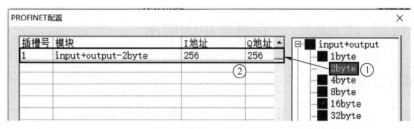

图 4-114　网关的 PROFINET 配置

3）配置 Modbus 子网。按照图 4-115 所示进行设置，注意此处的参数要与仪表的一致，这一点至关重要。

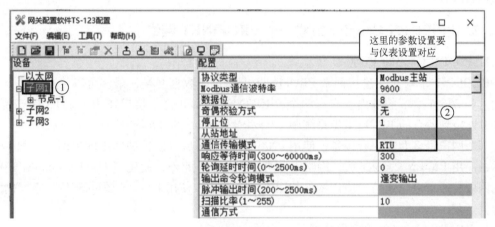

图 4-115　配置 Modbus 子网

4）设置仪表的地址。一个子网可以有多个仪表或者其他的设备，如图 4-116 所示。

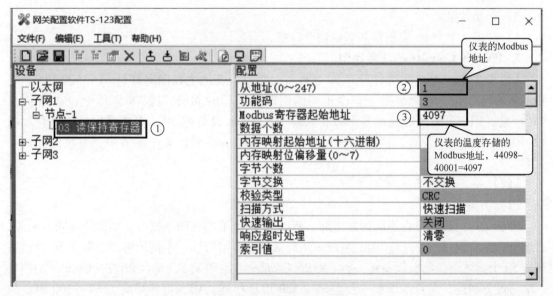

图 4-116　设置仪表的地址

注意： 本例控制器采用的是 S7-1500 PLC，也可以使用 S7-1200 PLC 作为控制，两个方案的程序是一样的，组态方法也类似。

4.10　耦合器（Coupler）在通信中的应用

4.10.1　耦合器介绍

这里讲解的西门子的耦合器指 PN/PN Coupler 和 DP/DP Coupler，这两种耦合器实际上也是网关。

在工程实践中，DP/DP Coupler 主要用于主站和主站的通信，而 PN/PN Coupler 主要用于不同网段的控制器之间的通信。实际上 DP/DP Coupler 和 PN/PN Coupler 的使用，都可以扩展网络的规模。

4.10.2　用 PN/PN Coupler 组建一个 PROFINET 网络

1. PN/PN Coupler 概述

PN/PN Coupler 用于连接两个 PROFINET 网络进行数据交换，最多可以传送 256 个字节的输入和 256 个字节的输出。它有两个 PROFINET 接口，每个接口作为一个 IO Device（IO 设备）连接到各自的 PROFINET 系统中。PN/PN Coupler 的外形如图 4-117 所示。

一个网段最多有 255 台设备，使用 PN/PN Coupler 后可以扩展网络的规模，如图 4-118 所示，使用 PN/PN Coupler 后，网络设备可达 510 台。此外，使用了 PN/PN Coupler 还能使不同网段的设备进行通信，应用案例如图 4-118 所示，使用 PN/PN Coupler 后，不同网段可以通信了。

2. PN/PN Coupler 的应用领域

1）使用系统冗余 S2 互连两个 PROFINET 子网。

2）互连两个以太网子网。

3）交换数据。

4）与多达 4 个 IO 控制器共享或耦合数据。

3. PN/PN Coupler 的应用举例

【例 4-14】某汽车零部件厂有 50 套设备，每台设备的主控制器都是 S7-1500 PLC，来自不同的制造商，IP 地址处于多个不同的网段，工厂的 MES 需要采集每个设备的信息（如产量、用于可追溯的流水号和设备状态等），每台设备把 MES 需要采集的信息存放在 12 个字节中，用于发送，同时接收来自 MES 的信息，存放在 6 个字节中，要求设计解决方案。

【解】

（1）方案设计

由于工厂的设备来自不同的制造商，所以 IP 地址不都在同一网段，而即使在同一网段，有的 IP 地址也有可能冲突，因此组成一个局域网没有可行性。本例的解决方案是 50 台设备组成 50 个局域网，每台设备配一台 PN/PN Coupler（共 50 台），每台 PN/PN Coupler 的端口一端与设备相连，而另一端和一台主 S7-1500 PLC 相连，MES 直接采集主 S7-1500 PLC 的信息即可，其拓扑图如图 4-119 所示（图中只示意了 2 台设备）。

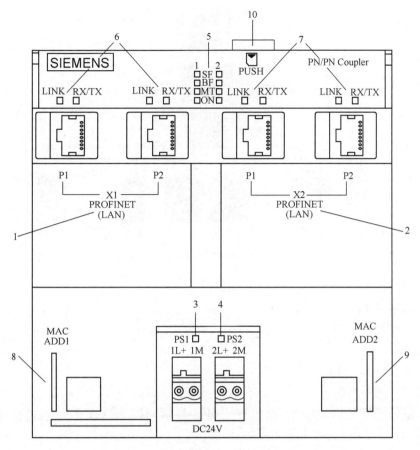

图 4-117 PN/PN Coupler 的外形

1—PROFINET IO 网络 1 2—PROFINET IO 网络 2 3—电源连接 1 及指示灯 4—电源连接 2 及指示灯
5—PROFINET IO 网络 1 和 2 的诊断指示灯 6—PROFINET IO 网络 1 的状态灯 7—PROFINET IO 网络 2 的状态灯
8—PROFINET IO 网络 1 的 MAC 地址 9—PROFINET IO 网络 2 的 MAC 地址 10—MMC（多媒体卡）插槽

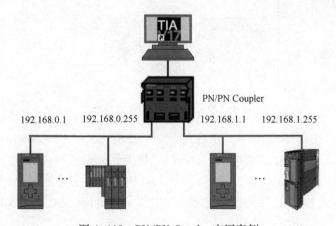

图 4-118 PN/PN Coupler 应用案例

　　每台数据的流向都是从设备的 S7-1500 PLC 流向 PN/PN Coupler，再流向主 PLC（IP 地址为 192.168.2.1），最后由 MES 采集。因此，本例仅仅讲解一台设备将数据送到主 PLC，其余设备类似，不一一介绍。这是一个典型的系统集成方案。

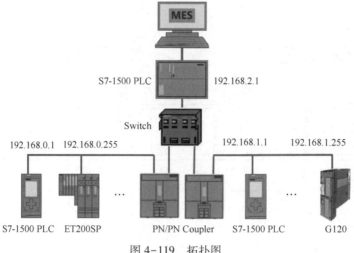

图 4-119　拓扑图

（2）软硬件配置

本任务用到的软硬件如下：

① 2 台 CPU1511T-1PN。

② 1 台 PN/PN Coupler。

③ 1 套 TIA Portal V18。

（3）硬件和网络组态

1）新建项目"PN_Coupler"，添加两台 CPU1511T-1PN 模块，新建项目和硬件组态如图 4-120 所示。

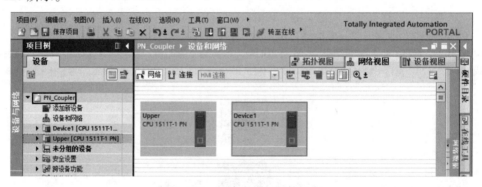

图 4-120　新建项目和硬件组态

2）网络组态。在网络视图中，从标记"1"处将"PN/PN Coupler×1"拖拽到标记"2"处，从标记"3"处将"PN/PN Coupler×2"拖拽到标记"4"处。把标记"5"处的绿色小窗拖拽到标记"6"处的小窗，把标记"7"处的绿色小窗拖拽到标记"8"处的小窗，如图 4-121 所示。这样做的目的实际是通过 PN/PN Coupler 建立两台 CPU1511T-1PN 的连接。

在图 4-121 中，双击"8"处的"PN/PN Coupler×1"，弹出如图 4-122 上面的画面，从标记"1"处将"IN/OUT 12 Bytes/6 Bytes"拖拽到标记"2"处，这样操作的目的是将主 PLC 接收数据的地址定义为 IB0~IB11，将主 PLC 向设备发送数据的地址定义为 QB0~QB5。

在图 4-121 中，双击"6"处的"PN/PN Coupler×2"，弹出如图 4-122 下面的画面，从

标记"3"处将"IN/OUT 6 Bytes/12 Bytes"拖拽到标记"4"处，这样操作的目的是将设备接收数据的地址定义为 IB0~IB5，将设备向主 PLC 发送数据的地址定义为 QB0~QB11。

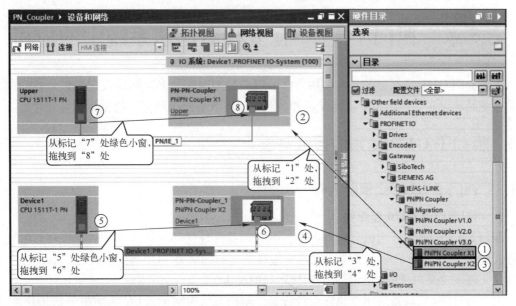

图 4-121　网络组态（1）

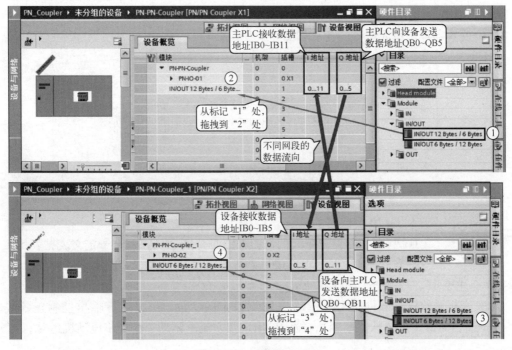

图 4-122　网络组态（2）

（4）关于数据流向的说明

完成以上组态后，并不需要编写程序，设备上的 CPU1511T-1PN 上的信息通过 PN/PN Coupler，自动映射到主 PLC 对应的地址中。MES 只需要在这些地址中读写数据即可，有关 MES 怎样与 PLC 交换数据，不在本书讨论范围。

第5章 西门子 PLC 在变频器调速系统中的应用

本章介绍 G120 变频器的基本使用方法、PLC 控制变频器多段转速设定、PLC 控制变频器模拟量转速设定、USS 通信转速设定和 PROFIBUS 现场总线通信转速设定。

5.1 西门子 G120 变频器接线与宏

5.1.1 西门子 G120 变频器简介

1. 初识西门子 G120 变频器

西门子 G120 变频器由微处理器控制，并采用具有现代先进技术水平的绝缘栅双极型晶体管（IGBT）作为功率输出器件，它具有很高的运行可靠性和功能的多样性。脉冲宽度调制的开关频率也是可选的，降低了电动机运行的噪声。

大多数 G120 变频器采用模块化设计方案，整机分为控制单元 CU 和功率单元 PM，控制单元 CU 和功率单元 PM 有各自的订货号，分开出售，BOP-2 基本操作面板是可选件。G120C 是一体机，其控制单元 CU 和功率单元 PM 做成一体。

G120 变频器控制单元型号的含义如图 5-1 所示。

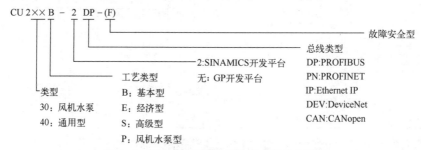

图 5-1 G120 变频器控制单元型号的含义

微课
G120 变频器
的接线

2. G120 变频器的接线

G120 变频器控制单元的框图如图 5-2 所示，控制端子定义表见表 5-1。

注意：不同型号的 G120 变频器控制单元其端子数量不一样，例如 CU240B-2 中无 16、17 端子，但 CU240E-2 则有此端子。

G120 变频器的核心部件是 CPU 单元，根据设定的参数，经过运算输出控制正弦波信号，再经过 SPWM（正弦脉宽调制），放大输出正弦交流电驱动三相异步电动机运转。

5.1.2 预定义接口宏的概念

微课
预定义接口
宏的概念

宏就是预定义接线端子（如数字量、模拟量端子），完成特定功能（如多段速运行、模拟量速度给定运行），与这些特定功能相关的多个参数，都随着宏的修改而大部分被修改，无须操作者逐个修改，大大提高了工作效率。预定义的端子定义可以修改，例如数字量端子 DI2 一般定义为"应答"，但有时数字量端子不够用或者其他端子烧毁时，通过修改 DI2 对应的参数，也可以改变 DI2 端子的定义（功能）。

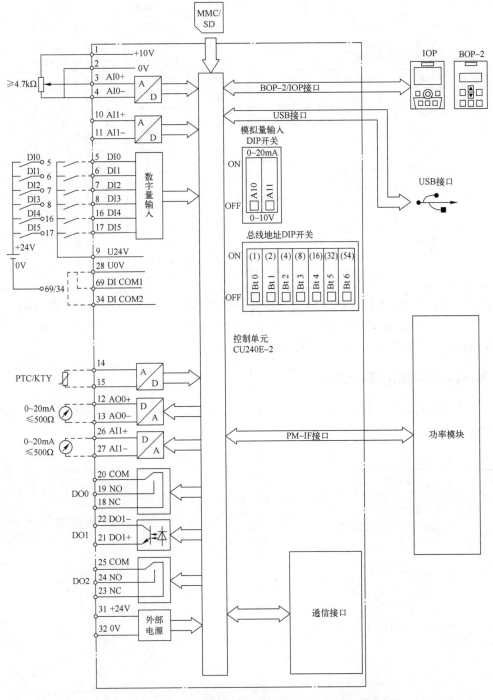

图 5-2　G120 变频器控制单元的框图（以 CU240E-2 为例）

宏编号设置在参数 p0015 中。例如多段速运行时，可以将 p0015 设为 1，这里的 1 就是宏的编号，即 p0015＝1 就代表 G120 变频器可以完成多段速运行。

G120 的宏最多有 18 个，范围是 1～22。根据机型不同，控制单元 CU240B 少，控制单元 CU250S 多。

表 5-1　G120 变频器控制端子定义表

端子序号	端子名称	功　　能	端子序号	端子名称	功　　能
1	+10 V OUT	输出+10 V	18	DO0 NC	数字输出 0/常闭触点
2	GND	输出 0 V/GND	19	DO0 NO	数字输出 0/常开触点
3	AI0+	模拟输入 0（+）	20	DO0 COM	数字输出 0/公共点
4	AI0-	模拟输入 0（-）	21	DO1 POS	数字输出 1（+）
5	DI0	数字输入 0	22	DO1 NEG	数字输出 1（-）
6	DI1	数字输入 1	23	DO2 NC	数字输出 2/常闭触点
7	DI2	数字输入 2	24	DO2 NO	数字输出 2/常开触点
8	DI3	数字输入 3	25	DO2 COM	数字输出 2/公共点
9	+24 V OUT	隔离输出+24 V OUT	26	AI1+	模拟输入 1（+）
12	AO0+	模拟输出 0（+）	27	AI1-	模拟输入 1（-）
13	AO0-	GND/模拟输出 0（-）	28	GND	GND/max. 100 mA
14	T1 MOTOR	连接 PTC/KTY84	31	+24 V IN	外部电源
15	T1 MOTOR	连接 PTC/KTY84	32	GND IN	外部电源
16	DI4	数字输入 4	34	DI COM2	公共端子 2
17	DI5	数字输入 5	69	DI COM1	公共端子 1

注意：修改参数 p0015 之前，必先将参数 p0010 修改为 1，然后再修改参数 p0015，变频器运行时，必须设置参数 p0010 = 0。参数 p0015 和参数 p15 是同一参数，同理，参数 p0010 和参数 p10 也是同一参数，其他参数也是类似。

5.1.3　G120 的预定义接口宏

不同类型的控制单元有相应数量的宏，如 CU240B-2 有 8 种宏，CU240E-2 有 18 种宏，而 G120C 也有 18 种宏，部分宏见表 5-2。

表 5-2　G120 的预定义接口宏（部分）

宏编号	宏功能描述	主要端子定义	主要参数设置值
1	双线制控制，两个固定转速	DI0：ON/OFF1 正转 DI1：ON/OFF1 反转 DI2：应答 DI4：固定转速 3 DI5：固定转速 4	p1003：固定转速 3，如 150 p1004：固定转速 4，如 300
4	现场总线 PROFINET		p0922：352（352 报文）
7	现场总线 PROFINET 和点动之间的切换	现场总线模式时 DI2：应答 DI3：低电平 点动模式时 DI0：JOG1 DI1：JOG2 DI2：应答 DI3：高电平	p0922：1（1 报文）
17	两线制控制 2，模拟量调速	DI0：ON/OFF1 正转 DI1：ON/OFF1 反转 DI2：应答 AI0+和 AI0-：转速设定	
18	两线制控制 3，模拟量调速	DI0：ON/OFF1 正转 DI1：ON/OFF1 反转 DI2：应答 AI0+和 AI0-：转速设定	

(续)

宏编号	宏功能描述	主要端子定义	主要参数设置值
21	现场总线 USS	DI2：应答	p2020：波特率，如 6 p2021：USS 站地址 p2022：PZD 数量 p2023：PKW 数量

微课
G120 变频器的
多段转速设定

5.2 变频器多段转速设定

5.2.1 变频器多段转速设定基础

在基本操作面板进行手动转速设定方法简单，对资源消耗少，但这种转速设定方法对于操作者来说比较麻烦，而且不容易实现自动控制，而通过 PLC 控制的多段转速设定和通信转速设定，就容易实现自动控制。

多段转速设定也称为多段速运行，是指通过多功能输入端子（数字量输入端子 DI）的逻辑组合，可以选择多段频率进行多段速运行。一般运行频率不多于 16 个，这些频率通常是预先设定。

多段转速设定的原理图如图 5-3 所示，图的左侧是宏 1 的定义的数字量输入端子的功能（如 DI0 是正转起动，DI4 是固定转速 3），根据图左侧的宏 1 的定义，设计图右侧的多段转速设定的原理图，当 SA1 和 SA3 闭合，电动机以固定转速 3 正转，当 SA2 和 SA4 闭合，电动机以固定转速 4 反转。当 SA1、SA3 和 SA4 闭合，电动机以固定转速 3+固定转速 4 正转。

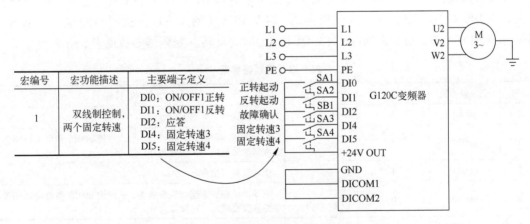

图 5-3　多段转速设定的原理图

5.2.2　S7-200 SMART PLC 对 G120 变频器的多段转速设定

以下用一个例子介绍 S7-200 SMART PLC 对 G120 变频器的多段转速设定。

【例 5-1】用一台继电器输出 CPU SR20（AC/DC/继电器），控制一台 G120 变频器，当按下按钮 SB1 时，三相异步电动机以 180 r/min 正转，当按下按钮 SB2 时，三相异步电动机以 540 r/min 正转，当按下按钮 SB3 时，三相异步电动机以 540 r/min 反转，设计方案，并编写程序。

【解】

1. 主要软硬件配置

① 1 套 STEP7-Micro/WIN SMART V2.7。

② 1 台 G120C 变频器。

③ 1 台 CPU SR20。

④ 1 台电动机。

⑤ 1 根网线。

电气原理图如图 5-4 所示。

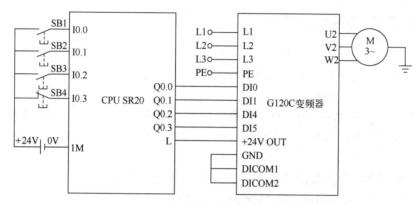

图 5-4 电气原理图（PLC 为继电器输出）

2. 参数的设置

多段转速设定时，当 DI0 和 DI4 端子与变频器的+24 V OUT（端子 9）连接，对应一个转速，当 DI0 和 DI5 端子同时与变频器的+24 V OUT（端子 9）连接时再对应一个转速，DI0、DI4 和 DI5 端子与变频器的+24 V OUT 接通时为反转。变频器参数见表 5-3。

表 5-3 变频器参数

序号	变频器参数	设 定 值	单 位	功 能 说 明
1	p0003	3	—	权限级别
2	p0010	1	—	驱动调试参数筛选。先设置为 1，当把 p0015 和电动机相关参数修改完成后，再设置为 0
3	p0015	1	—	驱动设备宏指令
4	p0010	0	—	驱动调试参数筛选。先设置为 1，当把 p0015 和电动机相关参数修改完成后，再设置为 0
5	p1003	180	r/min	固定转速 3
6	p1004	360	r/min	固定转速 4

当 Q0.0 和 Q0.2 为 1 时，变频器的 9 号端子与 DI0 和 DI4 端子连通，电动机以 180 r/min（固定转速 1）的转速运行，固定转速 1 设定在参数 p1003 中。当 Q0.0 和 Q0.3 同时为 1 时，DI0 和 DI5 端子同时与变频器的+24 V OUT（端子 9）连接，电动机以 360 r/min（固定转速 2）的转速正转运行，固定转速 2 设定在参数 p1004 中。当 Q0.0、Q0.2 和 Q0.3 同时为 1 时，DI0、DI4 和 DI5 端子同时与变频器的+24 V OUT（端子 9）连接，电动机以 540 r/min

（固定转速 1+固定转速 2）的转速反转运行。

3. 编写程序

梯形图程序如图 5-5 所示。

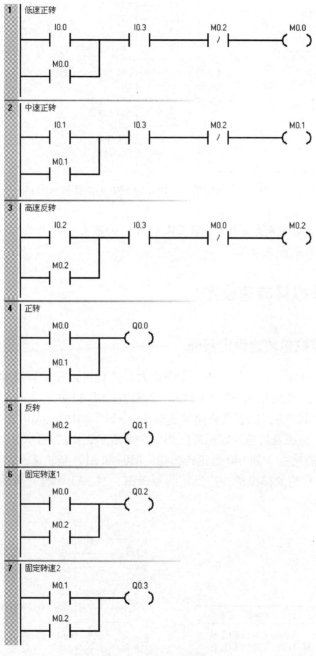

图 5-5　梯形图程序

4. PLC 为晶体管输出（PNP 型输出）时的控制方案

西门子的 S7-200 SMART PLC 为 PNP 型输出，G120 变频器的默认为 PNP 型输入，因此电平是可以兼容的。由于 Q0.0（或者其他输出点输出时）输出 DC 24 V 信号，又因为 PLC 与变频器有共同的 0 V，所以，当 Q0.0（或者其他输出点输出时）输出时，就等同于

DIN1（或者其他数字输入）与变频器的 9 号端子（+24 V OUT）连通，电气原理图如图 5-6 所示，控制程序与图 5-5 中的相同。

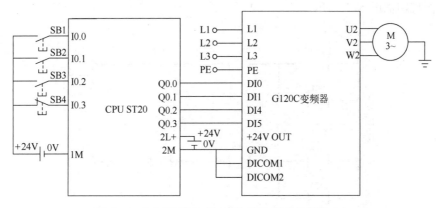

图 5-6　电气原理图（PLC 为 PNP 型晶体管输出）

【关键点】PLC 为晶体管输出时，其 2M（0 V）必须与变频器的 GND（数字地）短接，否则，PLC 的输出不能形成回路。

5.3　变频器模拟量转速设定

5.3.1　变频器模拟量转速设定基础

微课
G120 变频器
的模拟量转
速设定

　　变频器模拟量转速设定的最大好处是可以非常容易地进行无级调速，在工程实践中很常用。CU240B-2 和 G120C 提供了 1 路模拟量输入（AI0），CU240E-2 提供了 2 路模拟量输入（AI0 和 AI1），AI0 和 AI1 在下标中设置。

　　模拟量转速设定原理图如图 5-7 所示，图的左侧是宏 17 的定义的数字量和模拟量输入端子的功能（如 DI0 是正转起动，AI0+ 和 AI0- 是转速设定），根据图左侧的宏 17 的定义，设计图右侧的模拟量转速设定的原理图，当 SA1 闭合，电动机正转，转速由电位计输入的电压给定。

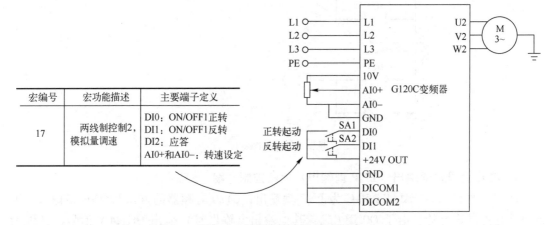

宏编号	宏功能描述	主要端子定义
17	两线制控制2，模拟量调速	DI0：ON/OFF1正转 DI1：ON/OFF1反转 DI2：应答 AI0+和AI0-：转速设定

图 5-7　模拟量转速设定原理图

5.3.2 S7-200 SMART PLC 对 G120 变频器的模拟量转速设定

数字量多段转速设定可以设定的速度段数量是有限的，不能做到无级调速，而外部模拟量输入可以做到无级调速，也容易实现自动控制，而且模拟量可以是电压信号或者电流信号，使用比较灵活，因此应用较广。以下用一个例子介绍模拟量信号转速设定。

【例 5-2】用一台触摸屏、PLC 对变频器进行调速，已知电动机的技术参数：额定功率为 60 W、额定转速为 1440 r/min、额定电压为 380 V、额定电流为 0.35 A、额定频率为 50 Hz。

【解】

1. 软硬件配置

① 1 套 STEP7-Micro/WIN SMART V2.7。

② 1 台 G120C 变频器。

③ 1 台 CPU ST20。

④ 1 台电动机。

⑤ 1 根网线。

⑥ 1 台 EM AQ02。

⑦ 1 台 HMI。

将 PLC、变频器、模拟量输出模块 EM AQ02 和电动机按照图 5-8 所示原理图接线。

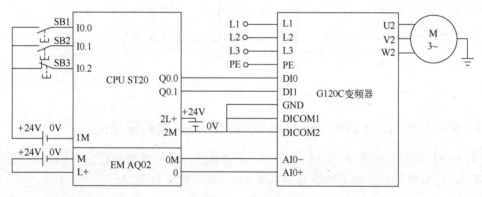

图 5-8 原理图

2. 设定变频器的参数

先查询 G120 变频器的说明书，再依次在变频器中设定表 5-4 中的参数。

表 5-4 变频器参数表

序号	变频器参数	设 定 值	单 位	功 能 说 明
1	p0003	3	—	权限级别
2	p0010	1	—	驱动调试参数筛选。先设置为 1，当把 p0015 和电动机相关参数修改完成后，再设置为 0
3	p0015	17	—	驱动设备宏指令
4	p0010	0	—	驱动调试参数筛选。先设置为 1，当把 p0015 和电动机相关参数修改完成后，再设置为 0
5	p0756	0	—	模拟量输入类型，0 表示电压范围为 0～10 V

【关键点】p0756 设定成 0 表示电压信号对变频器调速，这是容易忽略的；此外还要将 I/O 控制板上的 DIP 开关设定为"ON"。

3. 编写程序，并将程序下载到 PLC 中

梯形图程序如图 5-9 所示。

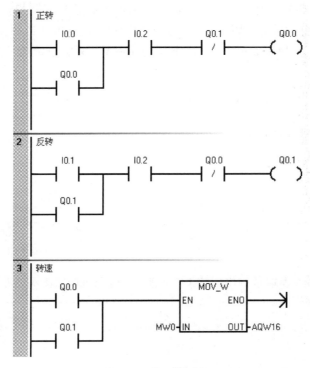

图 5-9　梯形图程序

5.3.3　S7-1200/1500 PLC 对 G120 变频器的模拟量转速设定

【例 5-3】用一台触摸屏、CPU1212C 对变频器进行模拟量转速设定，同时触摸屏显示实时频率，已知电动机的额定转速为 1440 r/min，额定频率为 50 Hz。

【解】

1. 软硬件配置

① 1 套 TIA Portal V18。

② 1 台 G120C 变频器。

③ 1 台 CPU1212C。

④ 1 台电动机。

⑤ 1 根网线。

⑥ 1 台 SM1234。

⑦ 1 台 HMI。

将 CPU1212C、变频器、模拟量输出模块 SM1234 和电动机按照图 5-10 所示原理图接线。

2. 设定变频器的参数

先查询 G120C 变频器的说明书，再依次在变频器中设定表 5-5 中的参数。

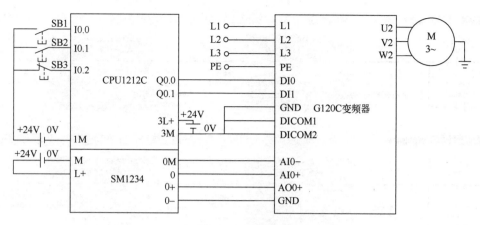

图 5-10　原理图

表 5-5　变频器参数表

序号	变频器参数	设 定 值	单 位	功 能 说 明
1	p0003	3	—	权限级别
2	p0010	1	—	驱动调试参数筛选。先设置为 1，当把 p0015 和电动机相关参数修改完成后，再设置为 0
3	p0015	17	—	驱动设备宏指令
4	p0010	0	—	驱动调试参数筛选。先设置为 1，当把 p0015 和电动机相关参数修改完成后，再设置为 0
5	p0756	0	—	模拟量输入类型，0 表示电压范围为 0~10 V
6	p0771	21	r/min	输出的实际转速
7	p0776	1	—	输出电压信号

【关键点】p0756 设定成 0 表示电压信号对变频器给定，这是容易忽略的；此外还要将 I/O 控制板上的 DIP 开关设定为 "ON"。

3. 编写程序，并将程序下载到 PLC 中

梯形图程序如图 5-11 所示。

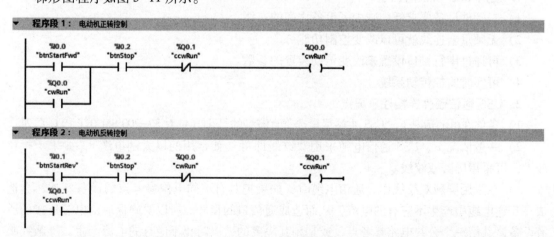

图 5-11　梯形图程序

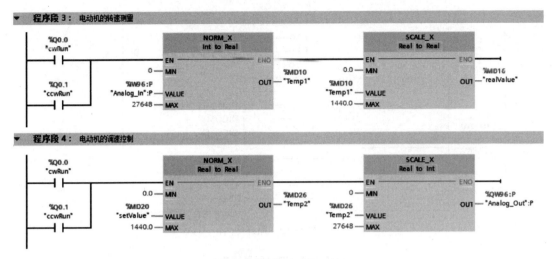

图 5-11　梯形图程序（续）

5.4　变频器的通信转速设定

5.4.1　USS 协议简介

USS 协议（Universal Serial Interface Protocol，通用串行接口协议）是西门子公司所有传动产品的通用通信协议，它是一种基于串行总线进行数据通信的协议。USS 协议是主-从结构的协议，规定了在 USS 总线上可以有 1 个主站和最多 31 个从站；总线上的每个从站都有一个站地址（在从站参数中设定），主站依靠它识别每个从站；每个从站也只对主站发来的报文做出响应并回送报文，从站之间不能直接进行数据通信。另外，还有一种广播通信方式，主站可以同时给所有从站发送报文，从站在接收到报文并做出相应的响应后，可不回送报文。

1. 使用 USS 协议的优点

1）对硬件设备要求低，减少了设备之间的布线。

2）无须重新连线就可以改变控制功能。

3）可通过串行接口设置来改变传动装置的参数。

4）可实时监控传动系统。

2. USS 通信硬件连接注意要点

1）条件许可的情况下，USS 主站尽量选用直流型的 CPU（针对 S7-200 SMART PLC 系列）。

2）一般情况下，USS 通信电缆采用双绞线即可（如常用的以太网电缆），如果干扰比较大，可采用屏蔽双绞线。

3）在采用屏蔽双绞线作为通信电缆时，如果把具有不同电位参考点的设备互连，会造成在互连电缆中产生不应有的电流，从而造成通信口的损坏。所以要确保通信电缆连接的所有设备，共用一个公共电路参考点，或是相互隔离的，以防止不应有的电流产生。屏蔽线必须连接到机箱接地点或 9 针连接插头的插针 1。建议将传动装置上的 0V 端子连接到机箱接地点。

4）尽量采用较高的波特率，通信速率只与通信距离有关，与干扰没有直接关系。

5）终端电阻的作用是用来防止信号反射的，并不用来抗干扰。如果在通信距离很近、波特率较低或点对点的通信的情况下，可不用终端电阻。多点通信的情况下，一般也只需在 USS 主站上加终端电阻就可以取得较好的通信效果。

6）不要带电插拔 USS 通信电缆，尤其是正在通信的过程中，这样极易损坏传动装置和 PLC 的通信端口。如果使用大功率传动装置，即使传动装置掉电后，也要等几分钟，让电容放电后，再去插拔通信电缆。

5.4.2　S7-200 SMART PLC 与 G120 的 USS 通信

西门子的 G120 变频器的 USS 通信是相对便宜的通信方式，但其实时性不佳，读者选用时应注意。以下用一个例子介绍 USS 通信的应用。

【例 5-4】 用一台 CPU SR20 对变频器拖动的电动机进行 USS 无级调速，已知电动机的额定功率为 60 W、额定转速为 1440 r/min、额定频率为 50 Hz。要求设计解决方案。

【解】

1. 软硬件配置

① 1 套 STEP7-Micro/WIN SMART V2.7。

② 1 台 G120C 变频器。

③ 1 台 CPU SR20。

④ 1 台电动机。

⑤ 1 根屏蔽双绞线。

原理图如图 5-12 所示。

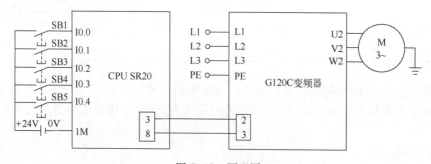

图 5-12　原理图

【关键点】 图 5-12 中，PLC 串口的第 3 脚与变频器串口的 2 脚相连，PLC 串口的第 8 脚与变频器的 3 脚相连，并不需要占用 PLC 的输出点。图 5-12 的 USS 通信连接是要求不严格时的方案，一般的工程中不宜采用，工程中的 PLC 端应使用专用的网络连接器，且终端电阻要接通，如图 5-13 所示。变频器上有终端电阻，要拨到"ON"一侧。还有一点必须指出：如果有多台变频器，则只有最末端的变频器需要接入终端电阻。

2. 相关指令介绍

（1）初始化指令

USS_INIT 指令被用于启用和初始化或禁止驱动器通信。在使用任何其他 USS 协议指令

开关位置为ON 接通终端电阻

图 5-13　网络连接器图

之前，必须执行 USS_INIT 指令，且无错。一旦该指令完成，立即设置"完成"位，才能继续执行下一条指令。

EN 输入打开时，在每次扫描时执行该指令。仅限为通信状态的每次改动执行一次 USS_INIT 指令。使用边缘检测指令，以脉冲方式打开 EN 输入。欲改动初始化参数，执行一条新 USS_INIT 指令。USS 输入数值选择通信协议：输入值 1 将端口 0 分配给 USS 协议，并启用该协议；输入值 0 将端口 0 分配给 PPI，并禁止 USS 协议。Baud 将传输速率设为 1200 bit/s、2400 bit/s、4800 bit/s、9600 bit/s、19200 bit/s、38400 bit/s、57600 bit/s 或 115200 bit/s。

Active（激活）表示激活驱动器。当 USS_INIT 指令完成时，Done（完成）输出打开。"错误"输出字节包含执行指令的结果。USS_INIT 指令格式见表 5-6。

表 5-6　USS_INIT 指令格式

LAD	输入/输出	含　义	数据类型
USS_INIT EN Mode　Done Baud　Error Port Active	EN	使能	BOOL
	Mode	模式	BYTE
	Baud	通信的波特率	DWORD
	Active	激活驱动器	DWORD
	Port	设置物理通信端口（0：CPU 中集成的 RS-485。 1：信号板上的 RS-485 或 RS-232）	BYTE
	Done	完成初始化	BOOL
	Error	错误代码	BYTE

站点号具体计算

D31	D30	D29	D28	…	D19	D18	D17	D16	…	D3	D2	D1	D0
0	0	0	0	…	0	1	0	0	…	0	0	0	0

D0~D31 代表 32 台变频器，要激活某一台变频器，就将该位置 1，表 5-6 将 18 号变频器激活，其十六进制表示为 16#00040000。若要将所有 32 台变频器都激活，则 Active 为 16#FFFFFFFF。

（2）控制指令

USS_CTRL 指令被用于控制 Active（激活）驱动器。USS_CTRL 指令将选择的命令放在通信缓冲区中，然后送至编址的驱动器［Drive（驱动器）参数］，条件是已在 USS_INIT 指令的 Active（激活）参数中选择该驱动器。仅限为每台驱动器指定一条 USS_CTRL 指令。USS_CTRL 指令格式见表 5-7。

USS_CTRL 指令具体描述如下。

EN 位必须打开，才能启用 USS_CTRL 指令。该指令应当始终启用。［RUN/STOP（运行/停止）］表示驱动器是打开（1）还是关闭（0）。当 RUN（运行）位打开时，驱动器收到一条命令，按指定的速度和方向开始运行。为了使驱动器运行，必须符合 3 个条件，分别是 Drive（驱动器）在 USS_INIT 中必须被选为 Active（激活），OFF2 和 OFF3 必须被设为 0，Fault（故障）和 Inhibit（禁止）必须为 0。

表 5-7　USS_CTRL 指令格式

LAD	输入/输出	含　义	数据类型
	EN	使能	BOOL
	RUN	模式	BOOL
	OFF2	允许驱动器滑行至停止	BOOL
	OFF3	命令驱动器迅速停止	BOOL
	F_ACK	故障确认	BOOL
	DIR	驱动器应当移动的方向	BOOL
	Drive	驱动器的地址	BYTE
	Type	选择驱动器的类型	BYTE
	Speed_SP	驱动器速度	DWORD
	Resp_R	收到应答	BOOL
	Error	通信请求结果的错误字节	BYTE
	Status	驱动器返回的状态字原始数值	WORD
	Speed	全速百分比	DWORD
	D_Dir	表示驱动器的旋转方向	BOOL
	Inhibit	驱动器上的禁止位状态	BOOL
	Run_EN	驱动器运动时为 1，停止时为 0	BOOL
	Fault	故障位状态	BOOL

LAD（图中框图）:
USS_CTRL
EN
RUN
OFF2
OFF3
F_ACK　Resp_R
　　　　Error
DIR　　Status
　　　　Speed
Drive　Run_EN
Type　　D_Dir
Speed~　Inhibit
　　　　Fault

当 RUN（运行）关闭时，会向驱动器发出一条命令，将速度降低，直至电动机停止。OFF2 位被用于允许驱动器滑行至停止。OFF3 位被用于命令驱动器迅速停止。Resp_R（收到应答）位确认从驱动器收到应答，对所有的激活驱动器进行轮询，查找最新驱动器状态信息。每次 S7-200 SMART PLC 从驱动器收到应答时，Resp_R 位均会打开，进行一次扫描，所有以下数值均被更新。F_ACK（故障确认）位被用于确认驱动器中的故障。当 F_ACK 从 0 转为 1 时，驱动器清除故障。DIR（方向）位表示驱动器应当移动的方向。"驱动器"（驱动器地址）输入是驱动器的地址，向该地址发送 USS_CTRL 命令，有效地址：0~31。"类型"（驱动器类型）输入选择驱动器的类型，将 3（或更早版本）驱动器的类型设为 0，将 4 驱动器的类型设为 1。

Speed_SP（速度设定值）是作为全速百分比的驱动器速度。Speed_SP 的负值会使驱动器反向旋转，范围：−200.0%~200.0%。假如在变频器中设定电动机的额定频率为 50 Hz，Speed_SP = 20.0，电动机转动的频率为 50 Hz×20% = 10 Hz。

Error 是一个包含对驱动器最新通信请求结果的错误字节。USS 指令执行错误主题定义可能因执行指令而导致的错误条件。

Status 是驱动器返回的状态字原始数值。

Speed 是作为全速百分比的驱动器速度。范围：−200.0%~200.0%。

Run_EN（运行启用）表示驱动器是运行（1）还是停止（0）。

D_Dir 表示驱动器的旋转方向。

Inhibit 表示驱动器上的禁止位状态（0—不禁止，1—禁止）。欲清除禁止位，"故障"位必须关闭，RUN（运行）、OFF2 和 OFF3 输入也必须关闭。

Fault 表示故障位状态（0—无故障，1—故障）。驱动器显示故障代码。欲清除故障位，应纠正引起故障的原因，并打开 F_ACK 位。

3. 设置变频器的参数

先查询 G120 变频器的说明书，再依次在变频器中设定表 5-8 中的参数。

表 5-8　变频器参数表

序号	变频器参数	设 定 值	单 位	功 能 说 明
1	p0003	3	—	权限级别，3 是专家级
2	p0010	1/0	—	驱动调试参数筛选。先设置为 1，当把 p0015 和电动机相关参数修改完成后，再设置为 0
3	p0015	21	—	驱动设备宏指令
4	p2020	6	—	USS 通信传输速率，6 代表 9600 bit/s
5	p2021	18	—	USS 地址
6	p2022	2	—	USS 通信 PZD 长度
7	p2023	127	—	USS 通信 PKW 长度
8	p2040	100	ms	总线监控时间

【关键点】p2021 设定值为 18，与程序中的地址一致，p2020 设定值为 6，与程序中的 9600 bit/s 也是一致的，所以正确设置变频器的参数是 USS 通信成功的前提。

变频器的 USS 通信和 PROFIBUS 通信二者只可选其一，不可同时进行，因此如果进行 USS 通信时，变频器上的 PROFIBUS 模块必须要取下，否则 USS 被封锁，是不能通信成功的。

当有多台变频器时，总线监控时间 100 ms 不够，会造成通信不能建立，可将其设置为 0，表示不监控。这点初学者容易忽略，但十分重要。

一般参数设定完成后，重新上电使参数生效。

此外，要选用 USS 通信的指令，只要双击如图 5-14 所示的库中对应的指令即可。

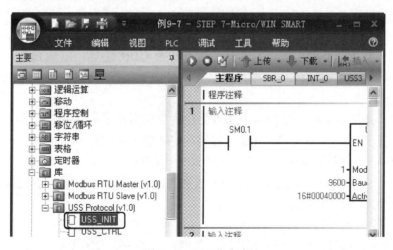

图 5-14　USS 指令库

4. 编写程序

程序如图 5-15 所示。

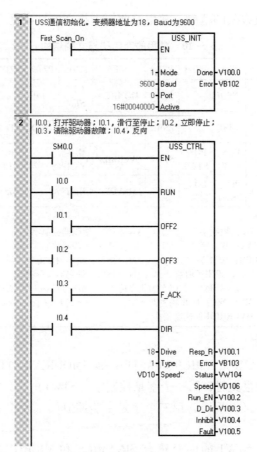

图 5-15　程序

【关键点】读者在运行以上程序时，VD0 中要先赋值，如赋值 10.0。

5.4.3　SINAMICS 通信报文解析

微课
标准报文 1
的解析

1. 报文的结构

常用标准报文的结构见表 5-9。

表 5-9　常用标准报文的结构

	报　　文	PZD1	PZD2	PZD3	PZD4	PZD5	PZD6	PZD7	PZD8	PZD9
1	16 位转速设定值	STW1	NSOLL	→ 把报文发送到总线上						
		ZSW1	NIST	← 接收来自总线上的报文						
2	32 位转速设定值	STW1	NSOLL	STW2						
		ZSW1	NIST	ZSW2						
3	32 位转速设定值，1 个位置编码器	STW1	NSOLL	STW2	G1_STW					
		ZSW1	NIST	ZSW2	G1_ZSW	G1_XIST1		G1_XIST2		
5	32 位转速设定值，1 个位置编码器和 DSC（动态伺服控制）	STW1	NSOLL	STW2	G1_STW	XERR		KPC		
		ZSW1	NIST	ZSW2	G1_ZSW	G1_XIST1		G1_XIST2		

表格中关键字的含义：
STW1：控制字 1　　　　　STW2：控制字 2　　　　　G1_STW：编码器控制字
NSOLL：速度设定值　　　 ZSW2：状态字 2　　　　　G1_ZSW：编码器状态字
ZSW1：状态字 1　　　　　XERR：位置差　　　　　　G1_XIST1：编码器实际值 1
NIST：实际速度　　　　　 KPC：位置闭环增益　　　 G1_XIST2：编码器实际值 2

西门子报文属于企业报文的范畴，常用的西门子报文的结构见表 5-10。

表 5-10　常用的西门子报文的结构

	报文	PZD1	PZD2	PZD3	PZD4	PZD5	PZD6	PZD7	PZD8	PZD9	PZD10	PZD11	PZD12
105	32 位转速设定值，1 个位置编码器、转矩降低和 DSC（动态伺服控制）	STW1	NSOLL		STW2	MOMRED	G1_STW	XERR		KPC			
		ZSW1	NIST		ZSW2	MELDW	G1_ZSW	G1_XIST1		G1_XIST2			
111	MDI 运行方式中的基本定位器	STW1	POS_STW1	POS_STW2	STW2	OVERRIDE	MDI_TARPOS		MDI_VELOCITY		MDI_ACC	MDI_DEC	USER
		ZSW1	POS_ZSW1	POS_ZSW2	ZSW2	MELDW	XIST_A		NIST_B		FAULT_CODE	WARN_CODE	USER

表格中关键字的含义：
STW1：控制字 1　　　　　STW2：控制字 2　　　　G1_STW：编码器控制字　　　POS_STW：位置控制字
NSOLL：速度设定值　　　ZSW2：状态字 2　　　　G1_ZSW：编码器状态字　　　POS_ZSW：位置状态字
ZSW1：状态字 1　　　　　XERR：位置差　　　　　G1_XIST1：编码器实际值 1　　MOMRED：转矩降低
NIST_B：实际速度　　　　KPC：位置闭环增益　　G1_XIST2：编码器实际值 2　　MELDW：消息字
XIST_A：MDI 位置实际值　　MDI_TARPOS：MDI 位置设定值　　MDI_VELOCITY：MDI 速度设定值
MDI_ACC：MDI 加速度倍率　　MDI_DEC：MDI 减速度倍率　　　FAULT_CODE：故障代码
WARN_CODE：报警代码　　　OVERRIDE：速度倍率

2. 标准报文 1 的解析

标准报文适用于 SINAMICS、MICROMASTER 和 SIMODRIVE 611 变频器的速度控制。标准报文 1 只有 2 个字，写报文时，第一个字是控制字（STW1），第二个字是主设定值；读报文时，第一个字是状态字（ZSW1），第二个字是主监控值。

（1）控制字

当 p2038 等于 0 时，STW1 的内容符合 SINAMICS 和 MICROMASTER 系列变频器，当 p2038 等于 1 时，STW1 的内容符合 SIMODRIVE 611 系列变频器的标准。

当 p2038 等于 0 时，标准报文 1 的控制字（STW1）的各位的含义见表 5-11。

表 5-11　标准报文 1 的控制字（STW1）的各位的含义

信　号	含　义	关联参数	说　明
STW1.0	上升沿：ON（使能） 0：OFF1（停机）	p840[0] = r2090.0	设置指令"ON/OFF（OFF1）"的信号
STW1.1	0：OFF2 1：NO OFF2	P844[0] = r2090.1	缓慢停转/无缓慢停转
STW1.2	0：OFF3（快速停止） 1：NO OFF3（无快速停止）	P848[0] = r2090.2	快速停止/无快速停止
STW1.3	0：禁止运行 1：使能运行	P852[0] = r2090.3	使能运行/禁止运行
STW1.4	0：禁止斜坡函数发生器 1：使能斜坡函数发生器	p1140[0] = r2090.4	使能斜坡函数发生器/禁止斜坡函数发生器
STW1.5	0：禁止继续斜坡函数发生器 1：使能继续斜坡函数发生器	p1141[0] = r2090.5	继续斜坡函数发生器/冻结斜坡函数发生器
STW1.6	0：使能设定值 1：禁止设定值	p1142[0] = r2090.6	使能设定值/禁止设定值
STW1.7	上升沿确认故障	p2103[0] = r2090.7	应答故障
STW1.8	保留	—	—
STW1.9	保留	—	—

（续）

信　号	含　义	关联参数	说　明
STW1.10	1：通过 PLC 控制	P854[0]＝r2090.10	通过 PLC 控制/不通 PLC 控制
STW1.11	1：设定值取反	p1113[0]＝r2090.11	设置设定值取反的信号源
STW1.12	保留	—	—
STW1.13	1：设置使能零脉冲	p1035[0]＝r2090.13	设置使能零脉冲的信号源
STW1.14	1：设置持续降低电动电位器设定值	p1036[0]＝r2090.14	设置持续降低电动电位器设定值的信号源
STW1.15	保留	—	—

读懂表 5-11 是非常重要的，控制字的第 0 位 STW1.0 与起停参数 p840 关联，且为上升沿有效，这点要特别注意。当控制字 STW1 由 16#47E 变成 16#47F（第 0 位是上升沿信号）时，向变频器发出正转起动信号；当控制字 STW1 由 16#47E 变成 16#C7F 时，向变频器发出反转起动信号；当控制字 STW1 为 16#47E 时，向变频器发出停止信号；当控制字 STW1 为 16#4FE 时，向变频器发出故障确认信号（也可以在面板上确认）；以上几个特殊的数据读者应该记住。

（2）主设定值

主设定值是一个字，用十六进制格式表示，最大数值是 16#4000，对应变频器的额定频率或者转速。例如 V90 伺服驱动器的同步转速一般是 3000 r/min。以下用一个例题介绍主设定值的计算。

【例 5-5】变频器通信时，需要对转速进行标准化，计算 2400 r/min 对应的标准化数值。

【解】

因为 3000 r/min 对应 16#4000，而 16#4000 对应的十进制是 16384，所以 2400 r/min 对应的十进制是：

$$n = \frac{2400\,r/min}{3000\,r/min} \times 16384 = 13107.2$$

而 13107 对应的 16 进制是 16#3333，所以设置时，应设置数值是 16#3333。初学者容易用 16#4000×0.8＝16#3200，这是不对的。

5.4.4 S7-300/400 PLC 与 G120 的 PROFIBUS-DP 通信

微课

S7-300/400 PLC 与 G120 的 PROFIBUS-DP 通信

西门子的 G120 变频器的 PROFIBUS-DP 通信是应用较广泛的通信方式，其实时性好，需要用通信报文，因此理解前述章节的通信报文十分重要。以下用一个例子介绍 G120 变频器的 PROFIBUS-DP 通信的应用。

【例 5-6】用一台 CPU315-2DP 对变频器拖动的电动机进行 PROFIBUS-DP 无级调速，且能实现起停控制，已知电动机的额定功率为 60 W、额定转速为 1440 r/min、额定电压为 380 V、额定电流为 0.35 A、额定频率为 50 Hz。要求设计解决方案。

【解】

1. 软硬件配置

① 1 套 STEP7 V5.6 SP2。

② 1 台 G120-2DP 变频器。

③ 1 台 CPU315-2DP 和 SM321。

④ 1 台电动机。

⑤ 1 根屏蔽双绞线。

原理图如图 5-16 所示。CPU315-2DP 集成了 PROFIBUS-DP 接口，作为主站，此接口去从站 G120 变频器集成的 PROFIBUS-DP 接口，用 PROFIBUS 电缆将主站和从站连接起来。

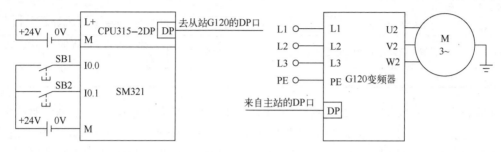

图 5-16　原理图

2. 硬件组态

1）新建项目，插入站点。新建项目"DP_G120"，并插入站点，如图 5-17 所示。

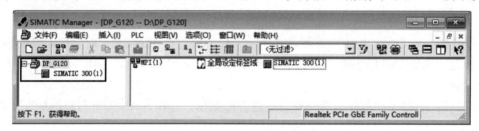

图 5-17　新建项目，插入站点

2）硬件组态。打开硬件组态界面，插入机架、CPU315-2DP 和 SM321 模块，如图 5-18 所示。

图 5-18　硬件组态

3）网络组态如图 5-19 所示。双击"DP"，新建一个 PROFIBUS-DP 网络，主站的地址为 2，再进行拖拽操作，变频器的地址设置为 3，即从站。图中的 2 个字，QW256 是控制字，QW258 是主设定值，编写程序时，要与此组态地址对应。

3. 编写程序

初始化程序如图 5-20 所示，控制字 QW256 中赋值 16#47E，则变频器停机。主程序如图 5-21 所示。当 QW256 中的值为 16#47E 时，压下起动按钮，QW256 中赋值 16#47F，向变频器发出了正转起动命令，16#1000（对应同步转速 375 r/min）送入主设定值，代表同步转速 375 r/min。

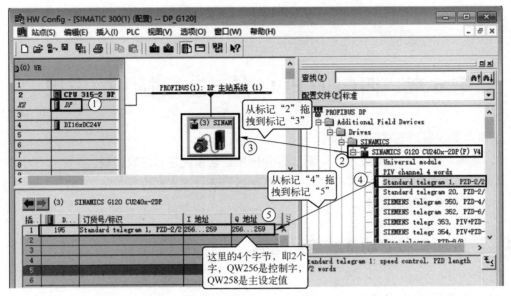

图 5-19　网络组态

□ **程序段 1：初始化**

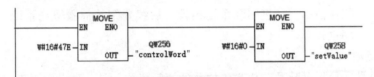

图 5-20　初始化程序

□ **程序段 1：正转起动**

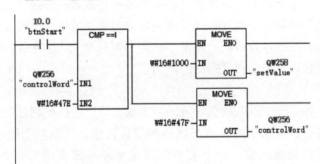

□ **程序段 2：停止**

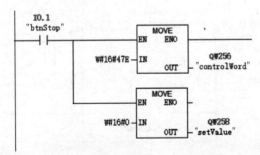

图 5-21　主程序

第6章 西门子 PLC 在运动控制中的应用

学习本章掌握如下知识和技能。

1）掌握利用 PLC 的高速输出点对步进和伺服驱动系统进行位置控制。

2）掌握利用 PLC 通过现场总线对伺服驱动系统进行速度和位置控制。

本章是 PLC 晋级的关键。

6.1 步进和伺服驱动系统控制基础

6.1.1 步进驱动系统简介

步进驱动系统主要包含步进电动机和步进驱动器，它通常用于开环控制系统，也有少量步进驱动系统用于闭环控制。步进驱动系统相较于后续介绍的伺服驱动系统，其价格便宜、控制精度较低、功率也较小。

1. 步进电动机

步进电动机是一种将电脉冲转化为角位移的执行机构，是一种专门用于速度和位置精确控制的特种电动机，其旋转是以固定的角度（称为步距角）一步一步运行的，故称步进电动机。一般电动机是连续旋转的，而步进电动机的转动是一步一步进行的。每输入一个脉冲电信号，步进电动机就转动一个角度。通过改变脉冲频率和数量，即可实现调速和控制转动的角位移大小，具有较高的定位精度，其最小步距角可达 0.75°，转动、停止和反转反应灵敏、可靠，在开环数控系统中得到了广泛的应用。

2. 步进驱动器

步进驱动器是一种能使步进电动机运转的功率放大器，能把控制器发来的脉冲信号转化为步进电动机的角位移，电动机的转速与脉冲频率成正比，所以控制脉冲频率可以精确调速，控制脉冲数就可以精确定位。一个完整的步进驱动系统框图如图 6-1 所示。控制器（通常是 PLC）发出脉冲信号和方向信号，步进驱动器接收这些信号，先进行环形分配和细

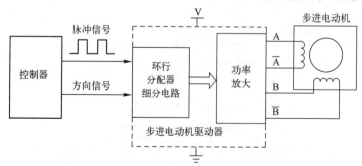

图 6-1 步进驱动系统框图

分，然后进行功率放大，变成安培级的脉冲信号发送到步进电动机，从而控制步进电动机的速度和位移。可见，步进驱动器最重要的功能是环形分配和功率放大。

6.1.2 伺服驱动系统简介

伺服驱动系统通常用于闭环控制系统控制。伺服驱动系统相较于前文介绍的步进驱动系统，其价格较高、控制精度高、常用的功率范围为几十瓦到几千千瓦。

伺服系统的构成通常包括被控对象（plant）、执行器（actuator）和控制器（controller）等几部分，机械手臂、机械平台通常作为被控对象。执行器的功能在于主要提供被控对象的动力，执行器主要包括电动机和伺服放大器，特别设计应用于伺服系统的电动机称为伺服电动机（servo motor）。通常伺服电动机包括反馈装置（检测器），如光电编码器（optical encoder）、旋转变压器（resolver）。目前，伺服电动机主要包括直流伺服电动机、永磁交流伺服电动机和感应交流伺服电动机，其中永磁交流伺服电动机是市场主流。控制器的功能在于提供整个伺服系统的闭路控制，如扭矩控制、速度控制和位置控制等。目前一般工业用伺服驱动器（servo driver）也称为伺服放大器。一般工业用伺服系统的组成框图如图 6-2 所示。

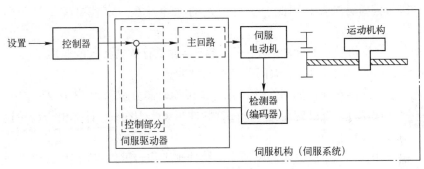

图 6-2 一般工业用伺服系统的组成框图

6.1.3 脉冲当量和电子齿轮比

1. 电子齿轮比有关的概念

（1）编码器分辨率

编码器分辨率即为伺服电动机的编码器的分辨率，也就是伺服电动机旋转 1 圈，编码器所能产生的反馈脉冲数。编码器分辨率是一个固定的常数，伺服电动机选定后，编码器分辨率也就固定了。

（2）丝杠螺距

丝杠即为螺纹式的螺杆，伺服电动机旋转时，带动丝杠旋转，丝杠旋转后，可带动滑块做前进或后退的动作，如图 6-3 所示。

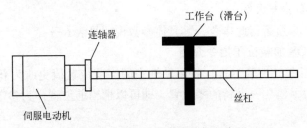

图 6-3 伺服电动机带动丝杠示意图

丝杠的螺距即为相邻的螺纹之间的距离。实际上丝杠的螺距即丝杠旋转 1 周工作台所能移动的距离。螺距是丝杠固有的参数，是一个常量。

（3）脉冲当量

脉冲当量即为上位机（PLC）发出 1 个脉冲，实际工作台所能移动的距离。因此脉冲当量也就是伺服系统的精度。

比如说脉冲当量规定为 1 μm，则表示上位机（PLC）发出 1 个脉冲，实际工作台可以移动 1 μm。因为 PLC 最少只能发 1 个脉冲，因此伺服系统的精度就是脉冲当量的精度，也就是 1 μm。从理论上看，脉冲当量越小精度越高，但脉冲当量又不能太小，因为 PLC 发出的频率有限制（如 200 kHz），脉冲当量太小会造成伺服电动机的转速较小，不能发挥出伺服电动机的最大功效。

2. 电子齿轮比的计算

电子齿轮比（简称齿轮比）实际上是一个脉冲放大倍率（通常 PLC 的脉冲频率一般不高于 200 kHz，而伺服系统编码器的脉冲频率则高得多，如 MR-J4 每秒转 1 圈，其脉冲频率就是 4194304 Hz，明显高于 PLC 的脉冲频率）。实际上，上位机所发的脉冲经电子齿轮比放大后再送入偏差计数器，因此上位机所发的脉冲，不一定就是偏差计数器所接收到的脉冲。

计算公式：上位机发出的脉冲数×电子齿轮比=偏差计数器接收的脉冲

而偏差计数器接收的脉冲数=编码器反馈的脉冲数

微课
计算电子
齿轮比

【例 6-1】 如图 6-3 所示，伺服编码器分辨率为 131072（17 位，即 2^{17} = 131072），丝杠螺距是 10 mm，脉冲当量为 10 μm，计算电子齿轮比。

【解】

脉冲当量为 10 μm，表示 PLC 每发送 1 个脉冲则工作台可以移动 10 μm，那么要让工作台移动 1 个螺距（10 mm），则 PLC 需要发出 1000 个脉冲，相当于 PLC 每发出 1000 个脉冲，则工作台可以移动 1 个螺距。那工作台移动 1 个螺距，丝杠需要转 1 圈，伺服电动机也需要转 1 圈，伺服电动机转 1 圈，编码器能产生 131072 个脉冲。

根据：PLC 发出的脉冲数×电子齿轮比 = 编码器反馈的脉冲数

$$1000 × 电子齿轮比 = 131072$$

$$电子齿轮比 = 131072/1000$$

6.1.4 S7-200 SMART PLC 运动控制指令介绍

微课
S7-200 SMART
PLC 运动控
制指令介绍

在使用运动控制指令之前，必须要启用轴，因此必须使用 AXISx_CTRL，该指令的作用是启用和初始化运动轴，方法是自动命令运动轴每次 CPU 更改为 RUN 模式时加载组态/曲线表，并确保程序会在每次扫描时调用此指令。

1. AXISx_CTRL 指令介绍

轴在运动之前，必须运行此指令，其具体参数说明见表 6-1。

2. AXISx_LDPOS 加载位置指令介绍

AXISx_LDPOS 指令（加载位置）将运动轴中的当前位置值更改为新值。可以使用本指令为任何绝对移动命令建立一个新的零位置，即可以把当前位置作为参考点。加载位置指令具体参数说明见表 6-2。

表 6-1 AXISx_CTRL 指令具体参数说明

LAD	输入/输出	参数的含义
AXIS0_CTRL EN MOD_EN Done Error C_Pos C_Speed C_Dir	EN	使能
	MOD_EN	参数必须开启，才能启用其他运动控制指令向运动轴发送命令
	Done	运动轴完成任何一个指令时，此参数会开启
	Error	产生的错误代码。0—无错误，1—被用户中止，2—组态错误，3—命令非法，等等
	C_Pos	运动轴的当前位置
	C_Speed	运动轴的当前速度
	C_Dir	参数表示电动机的当前方向： 信号状态，0=正向 信号状态，1=反向错误 ID 码

表 6-2 AXISx_LDPOS 加载位置指令具体参数说明

LAD	输入/输出	参数的含义
AXIS0_LDPOS EN START New_Pos Done Error C_Pos	EN	使能
	START	执行的每次扫描，该子例程向运动轴发送 1 个 LDPOS 命令，用上升沿触发
	New_Pos	用于取代运动轴报告和用于绝对移动的当前位置值
	Done	1：任务完成
	Error	产生的错误代码。0—无错误，1—被用户中止，2—组态错误，3—命令非法，等等
	C_Pos	运动轴的当前位置

3. AXISx_RSEEK 搜索参考点位置指令介绍

AXISx_RSEEK 指令（搜索参考点位置）使用组态/曲线表中的搜索方法起动参考点搜索操作。运动轴找到参考点且运动停止后，运动轴将 RP_OFFSET（多数情况该值为 0）参数值作为当前位置。搜索参考点位置指令具体参数说明见表 6-3。

表 6-3 AXISx_RSEEK 搜索参考点位置指令具体参数说明

LAD	输入/输出	参数的含义
AXIS0_RSEEK EN START Done Error	EN	使能
	START	执行的每次扫描，该子例程向运动轴发送一个 RSEEK 命令，用上升沿触发
	Done	1：任务完成
	Error	产生的错误代码。0—无错误，1—被用户中止，2—组态错误，3—命令非法，等等

AXISx_RSEEK 搜索参考点位置指令的参考点寻找模式 Mode 有 1~4 共 4 种模式，具体介绍如下两种：

（1）参考点（RP）寻找模式 1

参考点位于 RPS 输入有效区接近工作区的一边开始有效的位置上。搜索模式 1 示意图如图 6-4 所示。

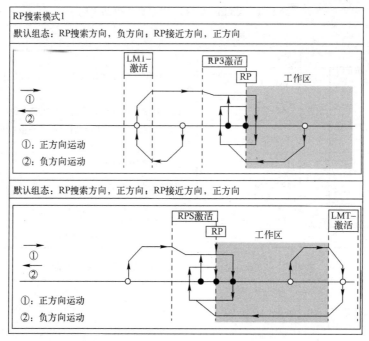

图6-4　搜索模式1示意图

（2）参考点（RP）寻找模式2

参考点位于 RPS 输入有效区的中央。搜索模式2示意图如图6-5所示。

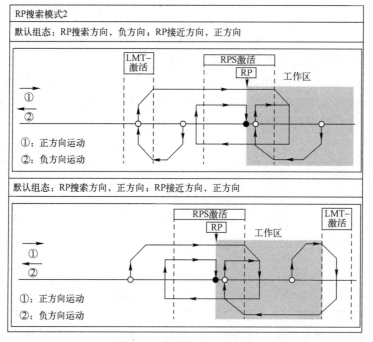

图6-5　搜索模式2示意图

4. AXISx_GOTO 运动轴转到所需位置指令介绍

AXISx_GOTO 运动轴转到所需位置指令有4种模式：绝对位置、相对位置、单速连续正向旋转和单速连续反向旋转，其中绝对位置最常用，后两种模式实际就是速度模式。AXISx_

GOTO 运动轴转到所需位置指令具体参数说明见表 6-4。

表 6-4　AXISx_GOTO 运动轴转到所需位置指令具体参数说明

LAD	输入/输出	参数的含义
	EN	使能
	START	向运动轴发出 GOTO 命令,通常用上升沿触发
AXIS0_GOTO EN START Pos　　Done Speed　　Error Mode　　C_Pos Abort　　C_Speed	Pos	指示要移动的位置(绝对移动)或要移动的距离(相对移动)
	Speed	该移动的最高速度
	Mode	参数选择移动的类型: 0:绝对位置 1:相对位置 2:单速连续正向旋转 3:单速连续反向旋转
	Abort	参数会命令运动轴停止执行此命令并减速,直至电动机停止
	Done	当运动轴完成此子例程时,Done 参数会开启
	Error	产生的错误代码。0—无错误,1—被用户中止,2—组态错误,3—命令非法,等等
	C_Pos	运动轴的当前位置
	C_Speed	运动轴的当前速度

6.1.5　S7-1200/1500 PLC 运动控制指令介绍

微课
S7-1200 PLC
运动控制的
指令解读

S7-1200/1500 PLC 运动控制指令遵循 IEC 标准,掌握了这些指令,学习其他遵循 IEC 标准的 PLC 的运动控制指令就非常容易了。

在使用运动控制指令之前,必须要启用轴,轴的运行期间,此指令必须处于开启状态,因此 MC_Power(有的资料称此指令为励磁指令)是必须使用的指令,该指令的作用是启用或者禁用轴。

1. MC_Power 使能指令介绍

轴在运动之前,必须使用使能指令,其具体参数说明见表 6-5。

表 6-5　MC_Power 使能指令具体参数说明

LAD	SCL	输入/输出	参数的含义
MC_Power EN　　ENO Axis　　Status Enable StopMode　　Busy 　　Error 　　ErrorID 　　ErrorInfo	"MC_Power_DB"(Axis:=_multi_fb_in_, Enable:=_bool_in_, StopMode:=_int_in_, Status=>_bool_out_, Busy=>_bool_out_, Error=>_bool_out_, ErrorID=>_word_out_ ErrorInfo=>_word_out_);	EN	使能
		Axis	已配置好的工艺对象名称
		StopMode	轴停止模式,有 3 种模式
		Enable	为 1 时,轴使能;为 0 时,轴停止(不是上升沿)
		Busy	标记 MC_Power 指令是否处于活动状态
		Error	标记 MC_Power 指令是否产生错误
		ErrorID	错误 ID 码
		ErrorInfo	错误信息

MC_Power 使能指令的 StopMode 含义是轴停止模式。详细说明如下：

1）模式 0：紧急停止，按照轴工艺对象参数中的"急停"速度或时间来停止轴。

2）模式 1：立即停止，PLC 立即停止发脉冲。

3）模式 2：带有加速度变化率控制的紧急停止。如果用户组态了加速度变化率，则轴在减速时会把加速度变化率考虑在内，减速曲线变得平滑。

2. MC_MoveAbsolute 绝对定位轴指令介绍

MC_MoveAbsolute 绝对定位轴指令的执行需要建立参考点，通过定义距离、速度和方向即可。当上升沿使能 Execute 后，轴按照设定的速度和绝对位置运行。绝对定位轴指令具体参数说明见表 6-6。这个指令很常用，是必须要重点掌握的。伺服系统采用增量编码器时，使用此指令前，必须先回参考点。

表 6-6 MC_MoveAbsolute 绝对定位轴指令具体参数说明

LAD	SCL	输入/输出	参数的含义
 MC_MoveAbsolute —EN　　ENO— —Axis　　Done— —Execute　Busy— —Position CommandAborted— —Velocity　Error— 　　　ErrorID— 　　　ErrorInfo—	"MC_MoveAbsolute_DB"（Axis:= _multi_fb_in_, Execute:=_bool_in_, Position:=_real_in_, Velocity:=_real_in_, Done=>_bool_out_, Busy=>_bool_out_, CommandAborted=>_bool_out_, Error=>_bool_out_, ErrorID=>_word_out_, ErrorInfo=>_word_out_）;	EN	使能
		Axis	已配置好的工艺对象名称
		Execute	上升沿使能
		Position	绝对目标位置
		Velocity	定义的速度 限制：起动/停止速度≤ Velocity≤最大速度
		Done	1：已达到目标位置
		Busy	1：正在执行任务
		CommandAborted	1：任务在执行期间被另一任务中止

3. MC_Halt 停止轴指令介绍

MC_Halt 停止轴指令用于停止轴的运动，当上升沿使能 Execute 后，轴会按照已配置的减速曲线停车。停止轴指令具体参数说明见表 6-7。

表 6-7 MC_Halt 停止轴指令具体参数说明

LAD	SCL	输入/输出	参数的含义
 MC_Halt —EN　　ENO— —Axis　　Done— —Execute　Busy— 　CommandAborted— 　　　Error— 　　　ErrorID— 　　　ErrorInfo—	"MC_Halt_DB"（Axis:=_multi_fb_ in_, Execute:=_bool_in_, Done=>_bool_out_, Busy=>_bool_out_, CommandAborted=>_bool_out_, Error=>_bool_out_, ErrorID=>_word_out_, ErrorInfo=>_word_out_）;	EN	使能
		Axis	已配置好的工艺对象名称
		Execute	上升沿使能
		Done	1：速度达到零
		Busy	1：正在执行任务
		Command-Aborted	1：任务在执行期间被另一任务中止

4. MC_Reset 错误确认指令介绍

如果存在一个错误需要确认，必须调用错误确认指令、进行复位，例如轴硬件超程，处理完成后，必须复位。其具体参数说明见表 6-8。

表 6-8　**MC_Reset** 错误确认指令具体参数说明

LAD	SCL	输入/输出	参数的含义
		EN	使能
		Axis	已配置好的工艺对象名称
	"MC_Reset_DB"（Axis：= _multi_fb_in_，	Execute	上升沿使能
	Execute：= _bool_in_， Restart：= _bool_in_，	Restart	0：用来确认错误 1：将轴的组态从装载存储器下载到工作存储器
	Done = > _bool_out_， Busy = > _bool_out_，	Done	轴的错误已确认
	Error = > _bool_out_，	Busy	是否忙
	ErrorID = > _word_out_， ErrorInfo = > _word_out_）;	ErrorID	错误 ID 码
		ErrorInfo	错误信息

5. MC_Home 回参考点指令介绍

参考点在系统中有时作为坐标原点，对于运动控制系统是非常重要的。伺服系统采用增量编码器时，断电后，参考点丢失，上电后必须先回参考点，才能使用绝对定位轴指令（使用相对定位轴指令和速度轴指令前无须回参考点）；绝对值编码器的参考点设置后，不会因断电后丢失。回参考点指令具体参数说明见表 6-9。

微课
MC_Home
回参考点指
令介绍

表 6-9　**MC_Home** 回参考点指令具体参数说明

LAD	SCL	输入/输出	参数的含义
		EN	使能
	"MC_Home_DB"（	Axis	已配置好的工艺对象名称
	Axis：= _multi_fb_in_，	Execute	上升沿使能
	Execute：= _bool_in_， Position：= _real_in_， Mode：= _int_in_，	Position	Mode = 1 时：对当前轴位置的修正值 Mode = 0, 2, 3 时：轴的绝对位置值
	Done = > _bool_out_， Busy = > _bool_out_，	Mode	回原点的模式，共 4 种
	CommandAborted = > _bool_out_，	Done	1：任务完成
	Error = > _bool_out_， ErrorID = > _word_out_，	Busy	1：正在执行任务
	ErrorInfo = > _word_out_）;	ReferenceMarkPosition	显示工艺对象回原点位置

MC_Home 回参考点指令回原点模式 Mode 有 0~3 共 4 种模式，模式 3 将在后续组态时讲解。

6.2　西门子 PLC 的高速脉冲输出控制步进和伺服驱动系统

6.2.1　S7-200 SMART PLC 对步进驱动系统的速度控制（脉冲方式）

【例 6-2】电气原理图如图 6-6 所示，当按下按钮 SB1，步进驱动系统的电动机正向移动 100 mm，再次按下按钮 SB1，步进驱动系统做同样的运动。要求编写控制程序。

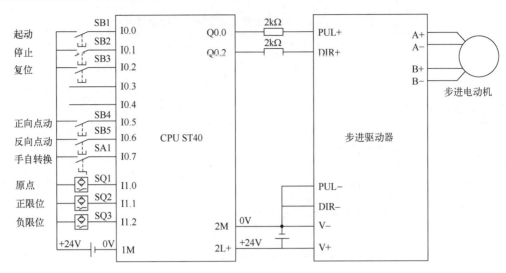

图 6-6 电气原理图

【解】

使用指令向导法进行硬件配置。对于脉冲型版本的伺服驱动器，运行控制硬件和工艺组态都是类似的，因此本节所有指令都使用以下的组态。

已知丝杠的螺距是 10 mm，伺服电动机编码器的分辨率是 2500 Hz，由于是四倍频，所以编码器每转的反馈是 10000 脉冲，要求脉冲当量是 1LU（LU 是西门子的一种长度计量单位），即一个脉冲对应 1 μm，具体步骤如下：

1）新建项目，并打开指令向导。本例为"RSEEK"，选择"向导"→"运动"，如图 6-7 所示。

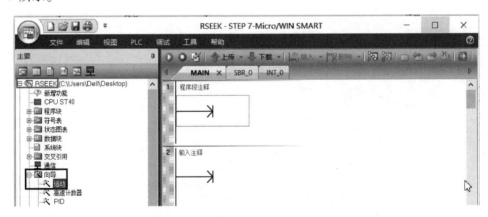

图 6-7 新建项目，并打开指令向导

2）选择要配置的轴。如图 6-8 所示，选择"轴 0"，单击"下一个"按钮。

3）输入测量系统。如图 6-9 所示，"选择测量系统"为"工程单位"，1000 个脉冲，电动机转 1 转，这个数值不能选得太大或者太小，如选得太大，则限制了电动机的转速，选得太小精度又不够。例如 CPU ST40 的最大脉冲频率是 10^5 Hz，如 1000 脉冲电动机转 1 圈，则最大脉冲频率 10^5 Hz 对应的最大转速是 6000 r/min，通常伺服电动机的最大转速是 3000～6000 r/min，所以这里的参数设为 1000～2000 是合适的。测量单位可以根据实际情况选择。最后单击"下一个"按钮。

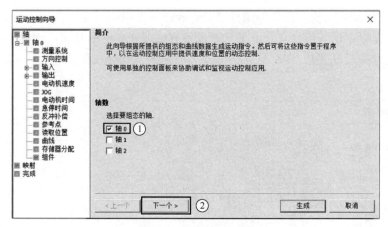

图 6-8　选择要配置的轴

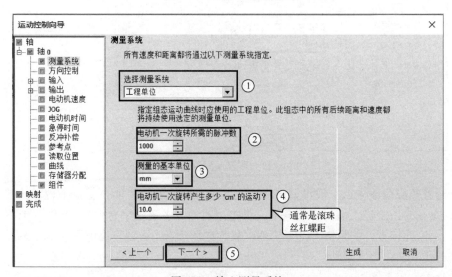

图 6-9　输入测量系统

4）设置脉冲方向输出如图 6-10 所示：①设置有几路脉冲输出（单相，1 路；双向，2路；正交，2 路）；②设置脉冲输出极性和控制方向；③最后单击"下一个"按钮。

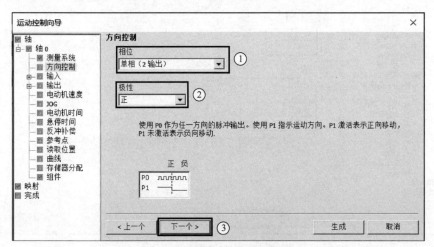

图 6-10　设置脉冲方向输出

5）配置正限位输入点。设置如图 6-11 所示。①正限位使能。②正限位输入点，与原理图要对应。③指定输入信号有效电平（低电平有效或者高电平有效），原理图中 I1.1 是常开触点，无论此接近开关是 NPN 还是 PNP 型，常开触点闭合视作高电平。④最后单击"下一个"按钮。

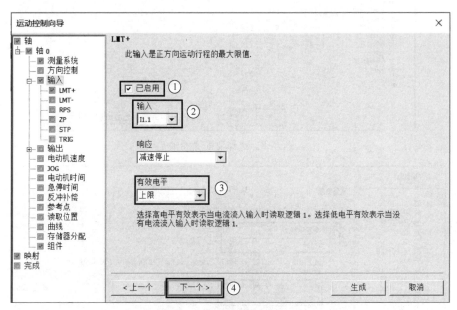

图 6-11　配置正限位输入点

6）配置负限位输入点。设置如图 6-12 所示。①负限位使能。②负限位输入点，与原理图要对应。③指定输入信号有效电平（低电平有效或者高电平有效），原理图中 I1.2 是常开触点，无论此接近开关是 NPN 还是 PNP 型，常开触点闭合视作高电平。④最后单击"下一个"按钮。

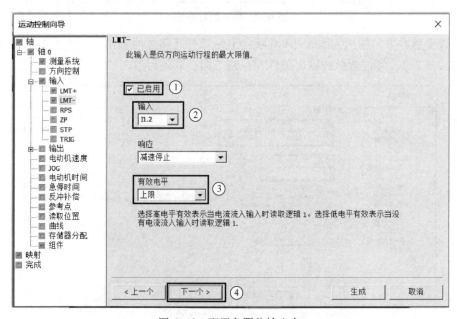

图 6-12　配置负限位输入点

7）配置参考点。设置如图 6-13 所示。①使能参考点。②指定参考点输入点。③指定输入信号有效电平（低电平有效或者高电平有效），原理图中 I1.0 是常开触点，无论此接近开关是 NPN 还是 PNP 型，常开触点闭合视作高电平。④最后单击"下一个"按钮。

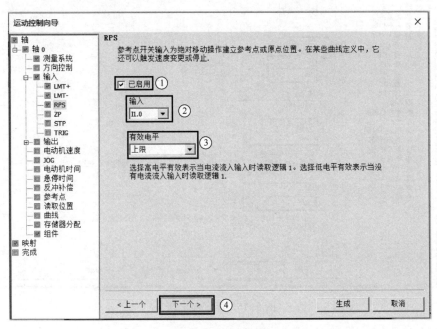

图 6-13 配置参考点

8）配置零脉冲。设置如图 6-14 所示。①使能零脉冲。②零脉冲输入点，由于是高速输入，所以只能是 I0.0~I0.3，回参考点模式 3 和 4 才需要配置零脉冲。③最后单击"下一个"按钮。

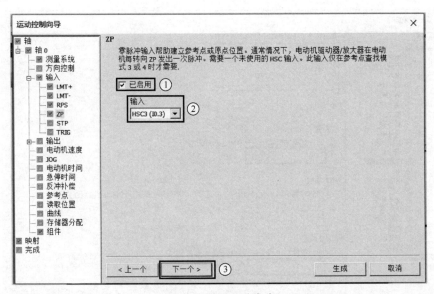

图 6-14 配置零脉冲

9）配置停止点。配置如图 6-15 所示。①使能停止点。②选择停止输入点，必须与原理图一致。③指定输入信号的触发方式，可以选择电平触发或者边沿触发。④指定输入信号有效电平（低电平有效或者高电平有效）。⑤最后单击"下一个"按钮。

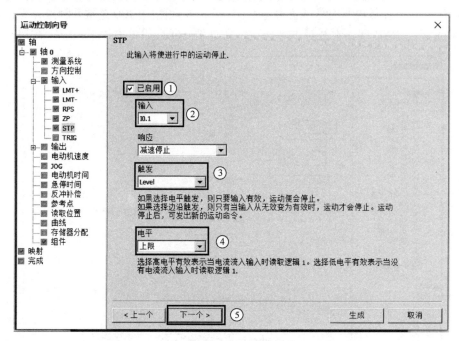

图 6-15　配置停止点

10）定义电动机的速度。配置如图 6-16 所示。①定义电动机运动的最大速度"MAX_SPEED"。本例的最大速度是以电动机的最大转速为 3000 r/min 计算得到。②根据定义的最大速度，定义在运动曲线中可以指定的最小速度。③定义电动机运动的起动/停止速度"SS_SPEED"。④最后单击"下一个"按钮。

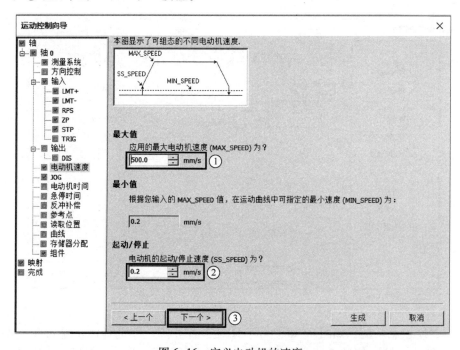

图 6-16　定义电动机的速度

11）定义点动参数。配置如图 6-17 所示。①定义点动速度"JOG_SPEED"（电动机的点动速度是点动命令有效时能够得到的最大速度）。②最后单击"下一个"按钮。如无点动，这一步可以不配置。

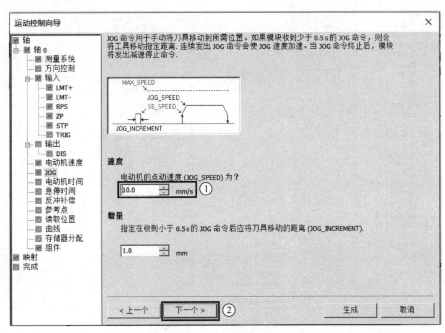

图 6-17　定义点动参数

12）加/减速时间设置。配置如图 6-18 所示。①设置从起动/停止速度"SS_SPEED"到最大速度"MAX_SPEED"的加速度时间"ACCEL_TIME"。②设置从最大速度"MAX_SPEED"到起动/停止速度"SS_SPEED"的减速度时间"DECEL_TIME"。③最后单击"下一个"按钮。

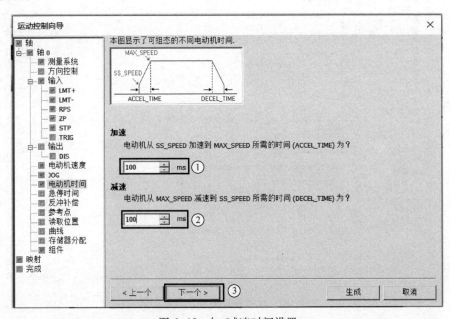

图 6-18　加/减速时间设置

13）使能寻找参考点位置。配置如图 6-19 所示。最后单击"下一个"按钮。

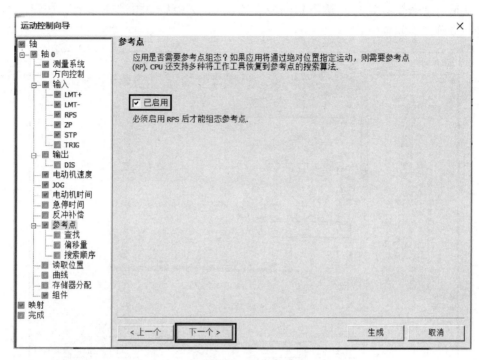

图 6-19　使能寻找参考点位置

14）设置寻找参考点位置参数。配置如图 6-20 所示。

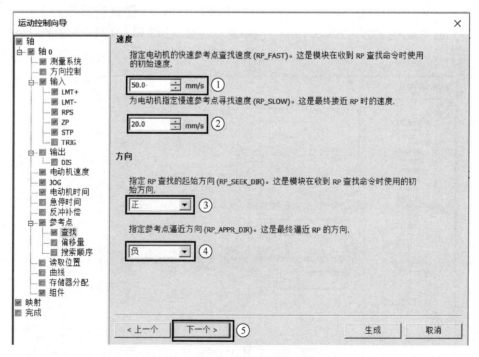

图 6-20　设置寻找参考点位置参数

① 定义快速寻找速度"RP_FAST"（快速寻找速度是模块执行 RP 寻找命令的初始速度，通常 RP_FAST 是 MAX_SPEED 的 2/3 左右）。

② 定义慢速寻找速度"RP_SLOW"（慢速寻找速度是接近 RP 的最终速度，通常使用一个较慢的速度去接近 RP 以免错过，RP_SLOW 的典型值为 SS_SPEED）。

③ 定义初始寻找方向"RP_SEEK_DIR"（初始寻找方向是 RP 寻找操作的初始方向。通常，这个方向是从工作区到 RP 附近。限位开关在确定 RP 的寻找区域时扮演重要角色。当执行 RP 寻找操作时，遇到限位开关会引起方向反转，使寻找能够继续下去，默认方向 = 反向）。

④ 定义最终参考点接近方向"RP_APPR_DIR"（最终参考点接近方向是为了减小反冲和提供更高的精度，应该按照从 RP 移动到工作区所使用的方向来接近参考点，默认方向 = 正向）。使能停止点。

⑤ 最后单击"下一个"按钮。

15）设置参考点偏移量。配置如图 6-21 所示。可以根据实际情况选择，很多情况选为"0.0"。最后单击"下一个"按钮。

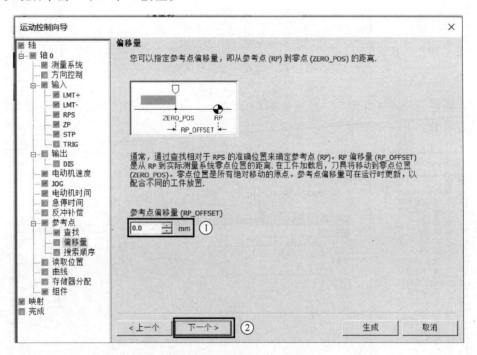

图 6-21　设置参考点偏移量

16）设置寻找参考点顺序。配置如图 6-22 所示。S7-200 SMART PLC 提供 4 种寻找参考点顺序模式，每种模式定义如下。

RP 寻找模式 1：RP 位于 RPS 输入有效区接近工作区的一边开始有效的位置上。

RP 寻找模式 2：RP 位于 RPS 输入有效区的中央。

RP 寻找模式 3：RP 位于 RPS 输入有效区之外，需要指定在 RPS 失效之后应接收多少个 ZP（零脉冲）输入。

RP 寻找模式 4：RP 通常位于 RPS 输入的有效区内，需要指定在 RPS 激活后应接收多少个 ZP（零脉冲）输入。

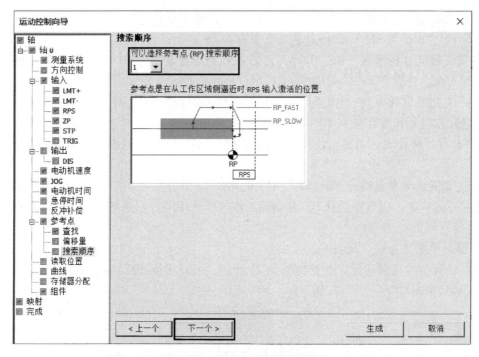

图 6-22　设置寻找参考点顺序

17）新建运动曲线并命名。配置如图 6-23 所示。单击"添加"按钮添加移动曲线并命名。最后单击"下一个"按钮。

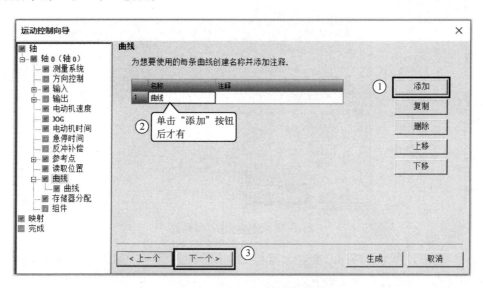

图 6-23　新建运动曲线并命名

18）定义运动曲线。配置如图 6-24 所示。①选择移动曲线的操作模式（支持四种操作模式：绝对位置、相对位置、单速连续正向旋转、单速连续反向旋转）。②单击"添加"按钮。③定义该移动曲线每一段的速度和位置（S7-200 SMART PLC 每组移动曲线最多支持16 步，且速度只能为同一方向）。④最后单击"下一个"按钮。

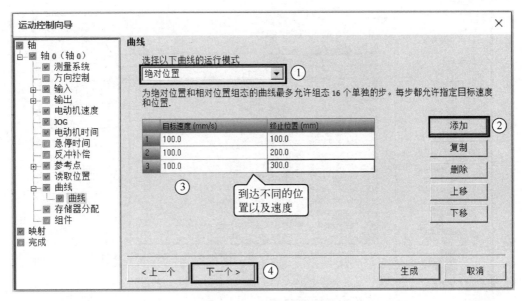

图 6-24　定义运动曲线

19）为配置分配存储区。配置如图 6-25 所示。分配区的 V 地址是系统使用，不可与程序中的地址冲突。最后单击"下一个"按钮。

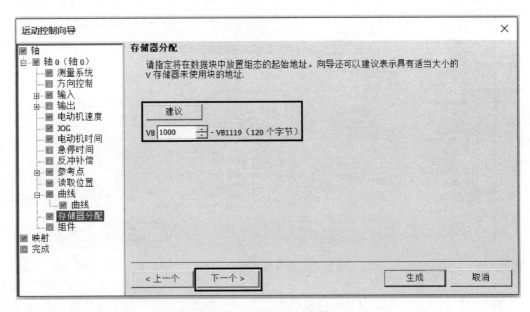

图 6-25　为配置分配存储区

20）完成组态如图 6-26 所示。最后单击"下一个"按钮。

21）查看输入输出点分配如图 6-27 所示。最后单击"生成"按钮，完成指令向导。

很显然，本例采用相对位置模式，即 Mode = 1，此模式运行时，无须回参考点，这种运行模式在工程中使用相对较少，梯形图如图 6-28 所示。

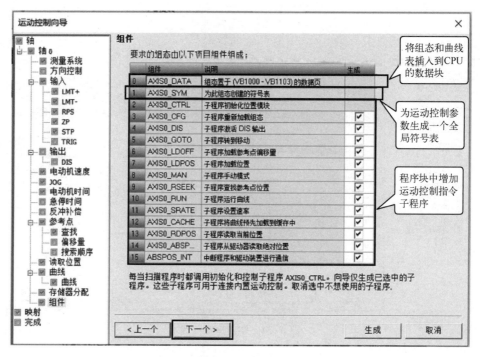

图 6-26　完成组态

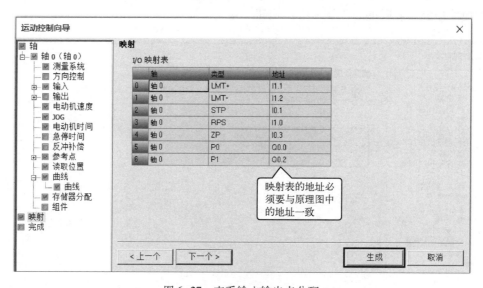

图 6-27　查看输入输出点分配

【例 6-3】电气原理图如图 6-6 所示，当压下 SB3 按钮，步进驱动系统的电动机回参考点，当按下按钮 SB1，步进驱动系统的电动机正向移动 200 mm，到达 200 mm 处时，再次按下按钮 SB1，步进驱动系统不运行。要求编写控制程序。

【解】

很显然，本例采用绝对位置模式，即 Mode=0，绝对位置模式运行，需要回参考点，这种运行模式在工程中应用较为常见，梯形图如图 6-29 所示。

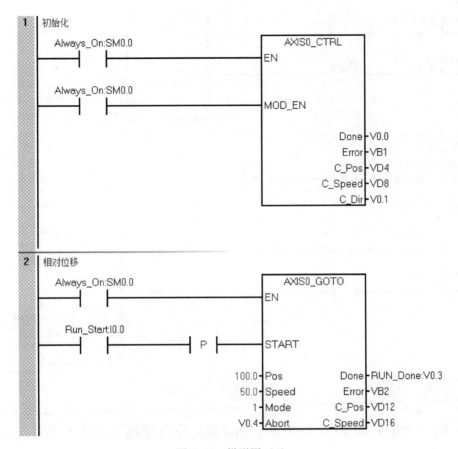

图 6-28　梯形图（1）

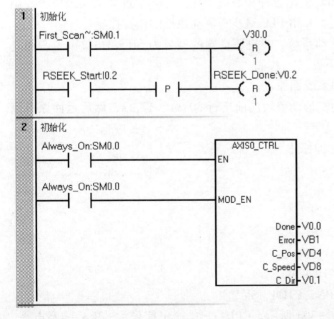

图 6-29　梯形图（2）

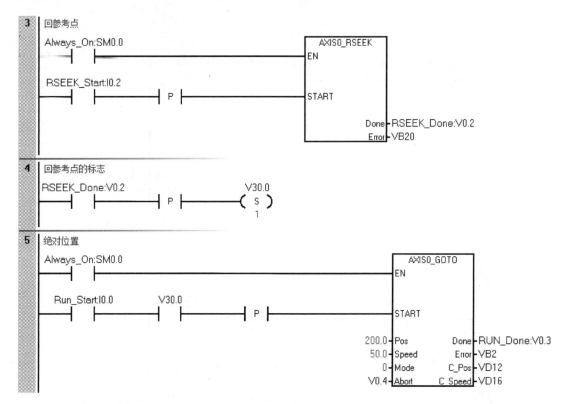

图 6-29　梯形图（2）（续）

6.2.2　S7-1200/1500 PLC 对步进驱动系统的位置控制（脉冲方式）

微课
S7-1200 PLC
对步进驱动系
统的位置控制

步进驱动系统常用于速度控制和位置控制。位置控制更加常用，改变步进驱动系统的位置与 PLC 发出脉冲个数成正比，这是步进驱动系统位置控制的原理，以下用一个例子介绍 PLC 对步进驱动系统的位置控制。

【例 6-4】某设备上有一套步进驱动系统，步进驱动器的型号为 SH-2H042Ma，步进电动机的型号为 17HS111，控制要求如下：

1）按下复位按钮 SB2，步进驱动系统回原点。

2）按下起动按钮 SB1，步进电动机带动滑块向前运行 50 mm，停 2 s，然后返回原点完成 1 个循环过程。

3）按下急停按钮 SB3 时，系统立即停止。

设计原理图，并编写程序。

【解】

1. 主要软硬件配置

① 1 套 TIA Portal V18。

② 1 台步进电动机，型号为 17HS111。

③ 1 台步进驱动器，型号为 SH-2H042Ma。

④ 1 台 CPU1211C 或 CPU1511-1PN、PTO4、SM521。

CPU1211C 控制时，原理图如图 6-30a 所示。CPU1211C 输出信号为 +24 V 的高电平，所以步进驱动器为"共阴"接法，又因为此步进驱动器只能接收 +5 V 信号，所以需要串联

2 个 2 kΩ 的电阻用于分压。设计和接线时要注意 CPU1211C 的电源 3M 要与步进驱动器的电源 V-短接，否则脉冲信号不能形成回路。

CPU1511-1PN 无高速输出点，控制步进驱动系统时需要用 PTO4 工艺模块，原理图如图 6-30b 所示。

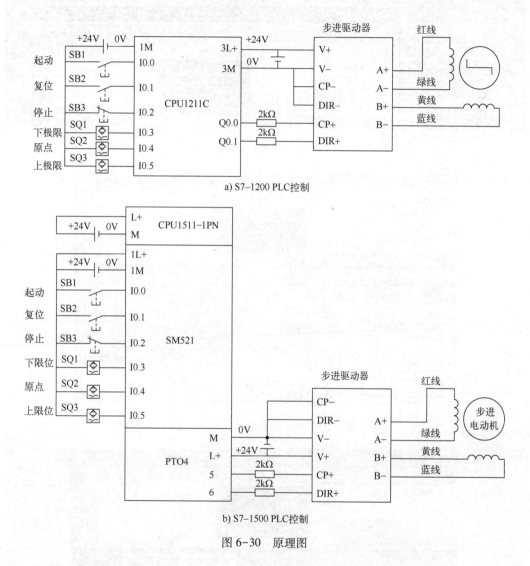

a) S7-1200 PLC控制

b) S7-1500 PLC控制

图 6-30　原理图

2. 硬件组态

组态以 CPU1211C 为例，CPU1511-1PN 的组态类似，在此不做介绍。

1）新建项目，添加 CPU。打开 TIA Portal 软件，新建项目"MotionControl"，单击项目树中的"添加新设备"选项，添加 CPU1211C，如图 6-31 所示。

2）启用脉冲发生器。在设备视图中，选中"属性"→"常规"→"脉冲发生器（PTO/PWM）"→"PTO1/PWM1"，勾选"启用该脉冲发生器"选项，如图 6-32 所示，表示启用了"PTO1/PWM1"脉冲发生器。

3）选择脉冲发生器的类型。在设备视图中，选中"属性"→"常规"→"脉冲发生器（PTO/PWM）"→"PTO1/PWM1"→"参数分配"，选择信号类型为"PTO（脉冲 A 和方向 B)", 如图 6-33 所示。信号类型有 5 个选项, 分别是: PWM、PTO (脉冲 A 和方向 B)、PTO (正数 A 和倒数 B)、PTO (A/B 移相) 和 PTO (A/B 移相-四倍频)。

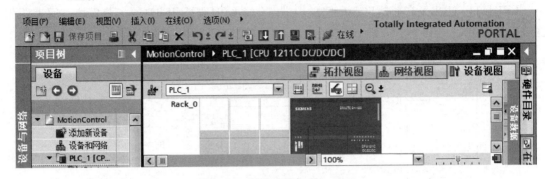

图 6-31　新建项目, 添加 CPU

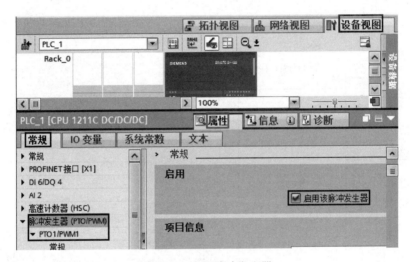

图 6-32　启用脉冲发生器

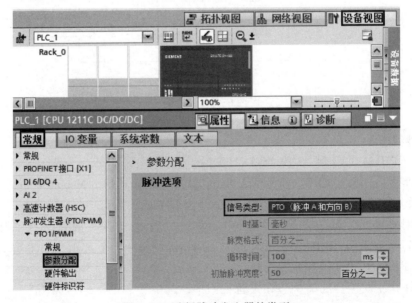

图 6-33　选择脉冲发生器的类型

4）配置硬件输出。在设备视图中，选中"属性"→"常规"→"脉冲发生器（PTO/PWM）"→"PTO1/PWM1"→"硬件输出"，选择脉冲输出点为 Q0.0，勾选"启用方向输出"，选择方向输出为 Q0.1，如图 6-34 所示。

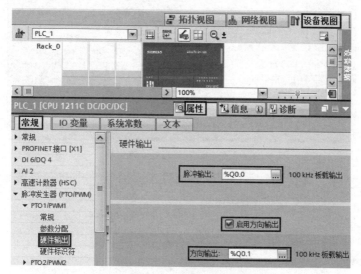

图 6-34　配置硬件输出

3. 工艺对象"轴"配置

工艺对象"轴"配置是硬件配置的一部分，由于这部分内容非常重要，因此单独进行讲解。

"轴"表示驱动的工艺对象，"轴"工艺对象是用户程序与驱动的接口。工艺对象从用户程序收到运动控制命令，在运行时执行并监视执行状态。"驱动"表示步进电动机加电源部分或者伺服驱动加脉冲接口的机电单元。运动控制中，必须要对工艺对象进行配置才能应用控制指令块。

工艺对象组态后生成一个数据块（即轴），此数据块中保存了很多参数，工艺组态大幅减少了编程工作量。工艺配置包括 3 个部分：工艺参数配置、轴控制面板和诊断面板。

工艺参数配置主要定义了轴的工程单位（如脉冲数/min、r/min）、软硬件限位、起动/停止速度和参考点的定义等。工艺参数的组态步骤如下：

1）插入新对象。在 TIA Portal 软件项目视图的项目树中，选择"MotionControl"→"PLC_1"→"工艺对象"→"插入新对象"，双击"插入新对象"，如图 6-35 所示。在弹出的界面，选择"运动控制"→"TO_PositioningAxis"，单击"确定"按钮。定义工艺对象数据块如图 6-36 所示。

2）组态常规参数。在"功能图"选项卡中，选择"基本参数"→"常规"，"驱动器"项目中有 3 个选项：PTO（表示运动控制由脉冲控制）、模拟驱动装置接口（表示运动控制由模拟量控制）和 PROFIdrive（表示运动控制由通信控制），本例选择"PTO（Pulse Train Output）"选项，测量单位可根据实际情况选择，本例选用默认设置，如图 6-37 所示。

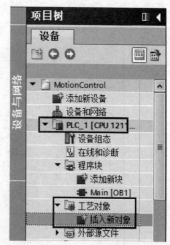

图 6-35　插入新对象

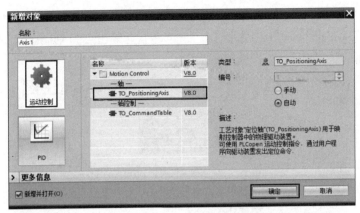

图 6-36　定义工艺对象数据块

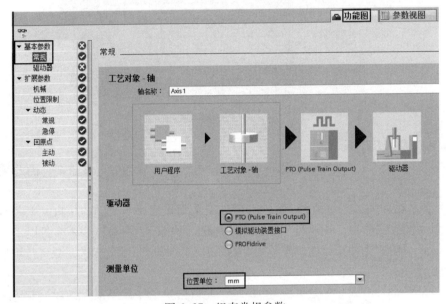

图 6-37　组态常规参数

3）组态驱动器参数。在"功能图"选项卡中，选择"基本参数"→"驱动器"，选择脉冲发生器为"Pulse_1"，其对应的脉冲输出点和信号类型以及方向输出，都已经在硬件配置时定义了，在此不做修改，如图 6-38 所示。

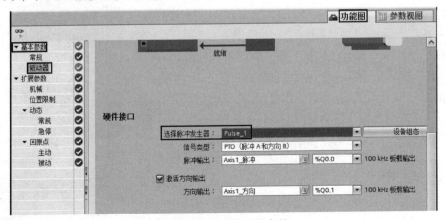

图 6-38　组态驱动器参数

4）组态机械参数。在"功能图"选项卡中，选择"扩展参数"→"机械"，设置"电动机每转的脉冲数"为"200"（即 200 脉冲步进电动机转 1 圈），此参数取决于步进驱动器的参数。"电动机每转的负载位移"取决于机械结构，如步进电动机与丝杠直接连接，则此参数就是丝杠的螺距，本例为"10.0"，如图 6-39 所示。

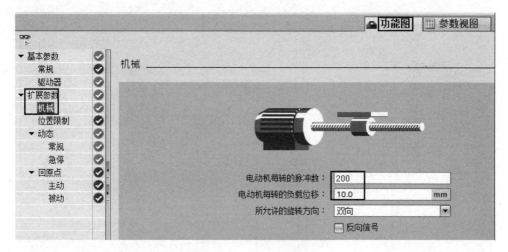

图 6-39　组态机械参数

5）组态位置限制参数。在"功能图"选项卡中，选择"扩展参数"→"位置限制"，勾选"启用硬件限位开关"和"启用软件限位开关"，如图 6-40 所示。在"硬件下限位开关输入"中选择"I0.3"，在"硬件上限位开关输入"中选择"I0.5"，"选择电平"为"高电平"，这些设置必须与原理图匹配。由于本例的限位开关在原理图中接入的是常开触点，因此当限位开关起作用时为"高电平"，所以此处选择"高电平"，如果输入限位开关接入常闭触点，那么此处应选择"低电平"，这一点读者应特别注意。软件限位开关的设置根据实际情况确定，本例设置为"-1000.0"和"1000.0"。

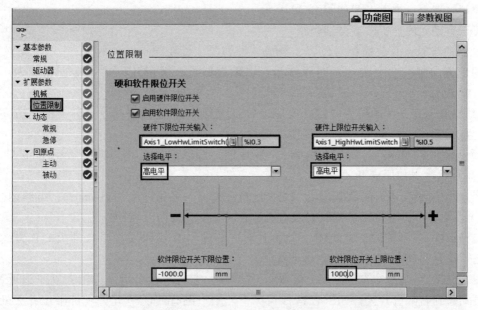

图 6-40　组态位置限制参数

6）组态动态参数。在"功能图"选项卡中，选择"扩展参数"→"动态"→"常规"，根据实际情况修改最大转速、起动/停止速度和加速时间/减速时间等参数（此处的加速时间和减速时间是正常停机时的数值），本例设置如图6-41所示。

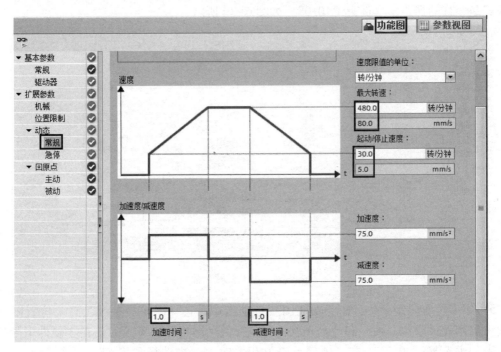

图 6-41　组态动态参数

7）组态回原点参数。在"功能图"选项卡中，选择"扩展参数"→"回原点"→"主动"，根据原理图选择"输入原点开关"为I0.4。由于I0.4对应的接近开关是常开触点，所以"选择电平"选项是"高电平"。"起始位置偏移量"为0，表明原点就在I0.4的硬件物理位置上，本例设置如图6-42所示。

关于主动回原点，以下详细介绍。

根据轴与原点开关的相对位置，分成4种情况：轴在原点开关的负方向侧，轴在原点开关的正方向侧，轴刚执行过回原点指令，轴在原点开关的正下方。接近速度为正方向运行。

1）轴在原点开关的负方向侧。实际上是"上侧"有效和轴在原点开关的负方向侧运行，运行示意图如图6-43所示。说明如下。

① 当程序以 Mode=3 触发 MC_Home 指令时，轴立即以"逼近速度 60.0 mm/s"向右（正方向）运行寻找原点开关。

② 当轴碰到参考点的有效边沿，切换运行速度为"参考速度 40.0 mm/s"继续运行。

③ 当轴的左边沿与原点开关有效边沿重合时，轴完成回原点动作。

2）轴在原点开关的正方向侧。实际上是"上侧"有效和轴在原点开关的正方向侧运行，运行示意图如图6-44所示。说明如下。

① 当轴在原点开关的正方向（右侧）时，触发主动回原点指令，轴会以"逼近速度"运行直到碰到右限位开关，如果在这种情况下，用户没有使能"允许硬件限位开关处自动反转"选项，则轴因错误取消回原点动作并按急停速度使轴制动；如果用户使能了该选项，

则轴将以组态的减速度减速（不是以紧急减速度）运行，然后反向运行，反向继续寻找原点开关。

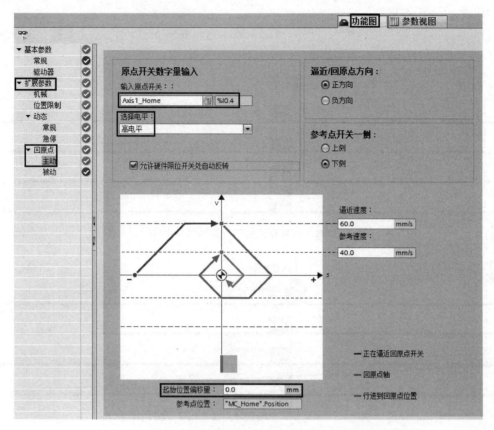

图 6-42　组态回原点参数

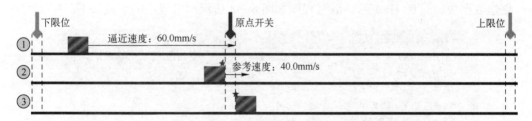

图 6-43　"上侧"有效和轴在原点开关的负方向侧运行示意图

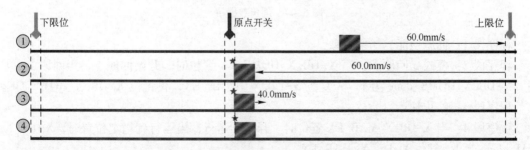

图 6-44　"上侧"有效和轴在原点开关的正方向侧运行示意图

② 当轴掉头后继续以"逼近速度"向负方向寻找原点开关的有效边沿。

③ 原点开关的有效边沿是右侧边沿，当轴碰到原点开关的有效边沿后，将速度切换成"参考速度"最终完成定位。

3）"上侧"有效和轴刚执行过回原点指令的示意图如图 6-45 所示，"上侧"有效和轴在原点开关的正下方的示意图如图 6-46 所示。

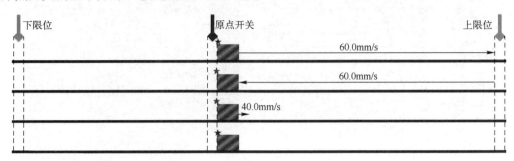

图 6-45 "上侧"有效和轴刚执行过回原点指令的示意图

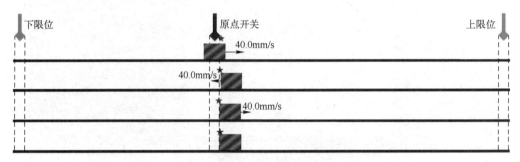

图 6-46 "上侧"有效和轴在原点开关的正下方的示意图

4. 编写控制程序

创建数据块如图 6-47 所示，编写程序如图 6-48 所示。对程序的解读如下。

		名称	数据类型	起始值	保持
		X-DB			
1		▼ Static			☐
2		■ X_HOME_EX	Bool	false	☐
3		■ X_HOME_done	Bool	false	☐
4		■ X_MAB_EX	Bool	false	☐
5		■ X_MAB_done	Bool	false	☐

图 6-47 创建数据块

程序段 1：伺服使能，始终有效。

程序段 2：模式 3 回原点，当 X-DB. X_HOME_EX 置位时，开始回原点，当回原点成功时，X-DB. X_HOME_done 为 1，先复位 X-DB. X_HOME_EX，再置位 X-DB. X_HOME_OK。

程序段 3：停止轴运行。

程序段 4：当 X-DB. X_MAB_EX 置位时，开始轴运行，当运行到指定位置时，X-DB. X_MAB_done 为 1，复位 X-DB. X_MAB_EX。

程序段 5：起动回原点操作。

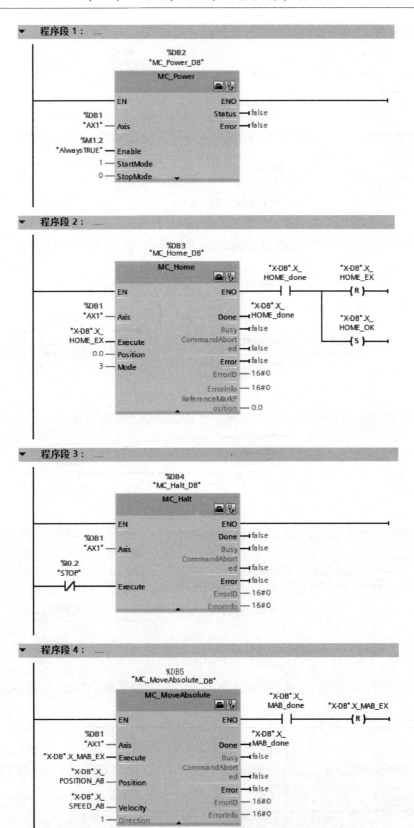

图 6-48　编写程序

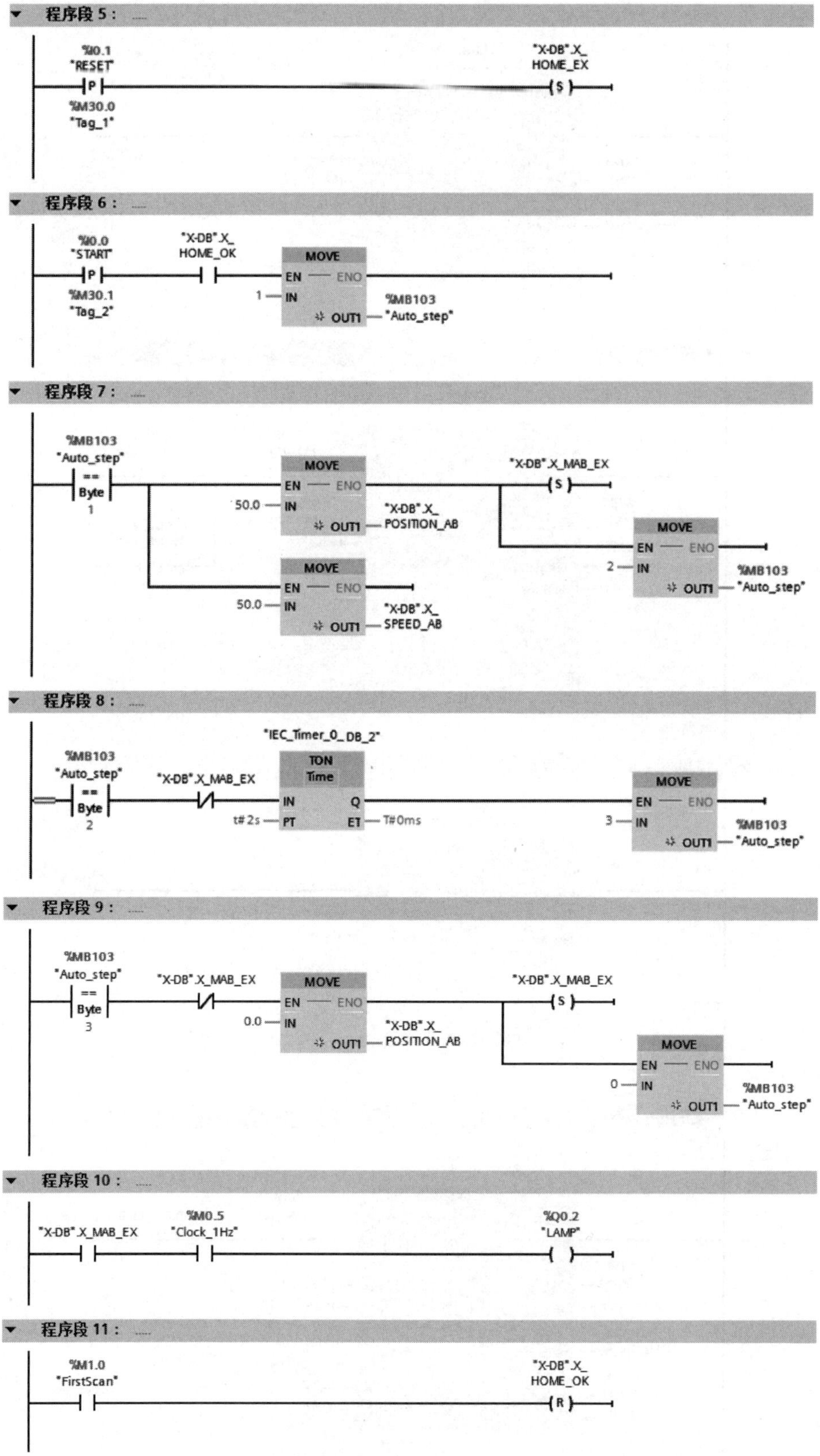
程序段 5： ......
%I0.1
"RESET"
P
%M30.0
"Tag_1"
"X-DB".X_
HOME_EX
S
程序段 6： ......
%I0.0
"START"
P
%M30.1
"Tag_2"
"X-DB".X_
HOME_OK
MOVE
EN ENO
1 IN
OUT1
%MB103
"Auto_step"
程序段 7： ......
%MB103
"Auto_step"
==
Byte
1
MOVE
EN ENO
50.0 IN
OUT1
"X-DB".X_
POSITION_AB
MOVE
EN ENO
50.0 IN
OUT1
"X-DB".X_
SPEED_AB
"X-DB".X_MAB_EX
S
MOVE
EN ENO
2 IN
OUT1
%MB103
"Auto_step"
程序段 8： ......
%MB103
"Auto_step"
==
Byte
2
"X-DB".X_MAB_EX
"IEC_Timer_0_DB_2"
TON
Time
IN Q
t#2s PT ET
T#0ms
MOVE
EN ENO
3 IN
OUT1
%MB103
"Auto_step"
程序段 9： ......
%MB103
"Auto_step"
==
Byte
3
"X-DB".X_MAB_EX
MOVE
EN ENO
0.0 IN
OUT1
"X-DB".X_
POSITION_AB
"X-DB".X_MAB_EX
S
MOVE
EN ENO
0 IN
OUT1
%MB103
"Auto_step"
程序段 10： ......
"X-DB".X_MAB_EX
%M0.5
"Clock_1Hz"
%Q0.2
"LAMP"
程序段 11： ......
%M1.0
"FirstScan"
"X-DB".X_
HOME_OK
R

图 6-48　编写程序（续）

程序段 6~9：当回原点成功后，压下起动按钮，轴按照要求运行。

程序段 10：轴运行时，灯闪亮。

程序段 11：PLC 上电复位。

6.2.3 S7-1200/1500 PLC 对 MR-J4 伺服驱动系统的位置控制（脉冲方式）

控制要求与例 6-4 相同，电气原理图如图 6-49 所示。控制程序与例 6-4 相同。

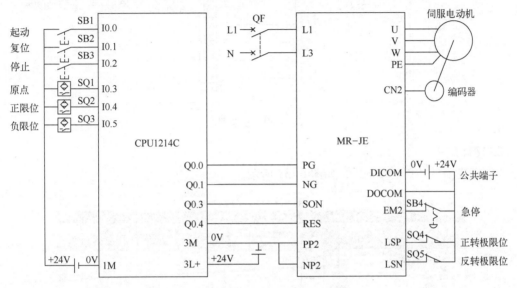

图 6-49 电气原理图

6.3 用 PROFINET 现场总线控制伺服系统

6.3.1 S7-200 SMART PLC 通过 IO 地址控制 SINAMICS V90 实现速度控制

S7-200 SMART PLC 通过 PROFINET 现场总线与 SINAMICS V90 通信实现速度控制有两种方案，分别是：

1）S7-200 SMART PLC 通过 IO 地址控制 SINAMICS V90 实现速度控制。

2）S7-200 SMART PLC 通过函数块控制 SINAMICS V90 实现速度控制。

以下介绍 S7-200 SMART PLC 通过 IO 地址控制 SINAMICS V90 实现速度控制。

【例 6-5】用一台 HMI 和 CPU ST40 对 SINAMICS V90 伺服系统通过 PROFINET 进行无级调速和正反转控制。要求设计解决方案，并编写控制程序。

【解】

1. 软硬件配置

① 1 套 STEP7-Micro/WIN SMART V2.7。

② 1 套 SINAMICS V90 PN 伺服驱动系统。

③ 1 台 CPU ST40 和 TP700。

④ 1 根屏蔽双绞线。

原理图如图 6-50 所示，CPU ST40 的 PN 接口与 SINAMICS V90 伺服驱动器 PN 接口之间用专用的以太网屏蔽电缆连接。

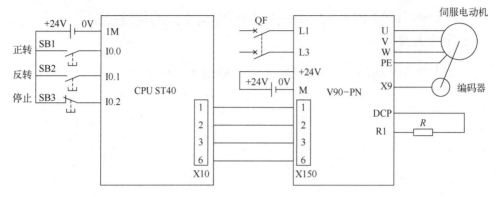

图 6-50　原理图

2. 硬件组态

1）新建项目"PN_Speed"，如图 6-51 所示。

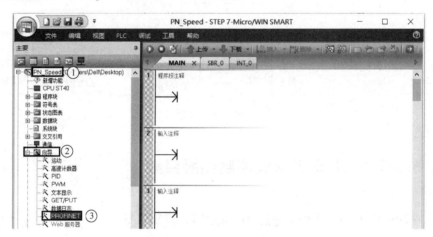

图 6-51　新建项目

2）配置 PROFINET 接口。如图 6-51 所示，选中"向导"→"PROFINET"，弹出如图 6-52 所示的界面，先勾选"控制器"，选择 PLC 的角色；再设置 PLC 的 IP 地址、子网掩码和站名。要注意在同一网段中，站名和 IP 地址是唯一的，而且此处组态的 IP 地址和站名，必须与实际 PLC 的 IP 地址和站名相同，否则运行 PLC 会出现通信报错。单击"下一步"按钮。

3）安装 GSDML 文件。一般 STEP7-Micro/WIN SMART V2.7 软件中没有安装 GSDML 文件时，无法组态 SINAMICS V90 伺服驱动器，因此在组态伺服驱动器之前，需要安装 GSDML 文件（之前安装了 GSDML 文件，则忽略此步骤）。在图 6-53 中，单击菜单栏的"文件"→"GSDML 管理"，弹出安装 GSDML 文件的界面如图 6-54 所示，选择 SINAMICS V90 伺服驱动器的 GSDML 文件（见标记"1"处），单击"确认"按钮即可，安装完成后，软件自动更新硬件目录。

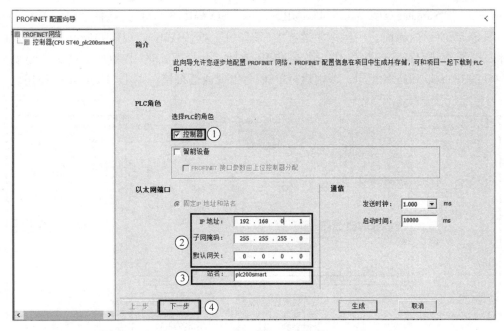

图 6-52　配置 PROFINET 接口

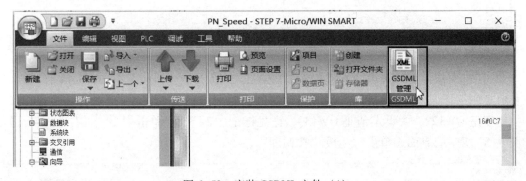

图 6-53　安装 GSDML 文件（1）

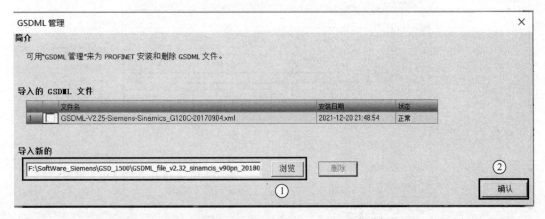

图 6-54　安装 GSDML 文件（2）

4）配置 SINAMICS V90 伺服驱动器。展开右侧的硬件目录，选中"PROFINET-IO"→"Drives"→"Siemens AG"→"SINAMICS"→"SINAMICS V90"，拖拽"SINAMICS V90"到如图 6-55 所示的界面。用鼠标左键选中标记"1"处按住不放，拖拽到标记"2"处松开鼠标。设置"SINAMICS V90"的设备名和 IP 地址，此处组态的 IP 地址和站名，必须与实际 V90 的 IP 地址和站名相同，否则运行 PLC 会出现通信报错。单击"下一步"按钮。

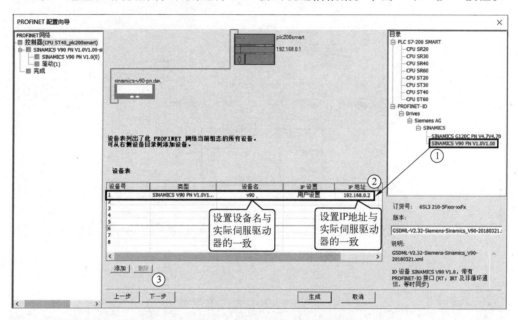

图 6-55　配置 SINAMICS V90 伺服驱动器

5）配置通信报文。选中"标准报文 1 PZD-2/2"，并拖拽到如图 6-56 所示的位置。注意：PLC 侧选择通信报文 1，那么伺服驱动器侧也要选择报文 1，这一点要特别注意。报文的控制字是 QW128，主设定值是 QW130，详见标记"2"处。单击"下一步"按钮，弹出如图 6-57 所示的界面，单击"生成"按钮即可。

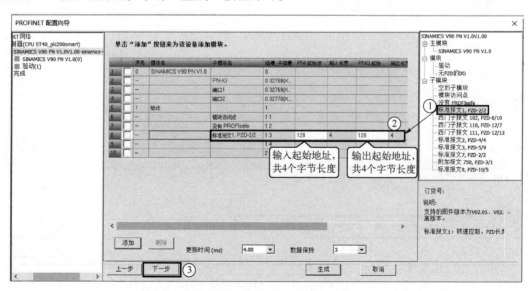

图 6-56　配置通信报文（1）

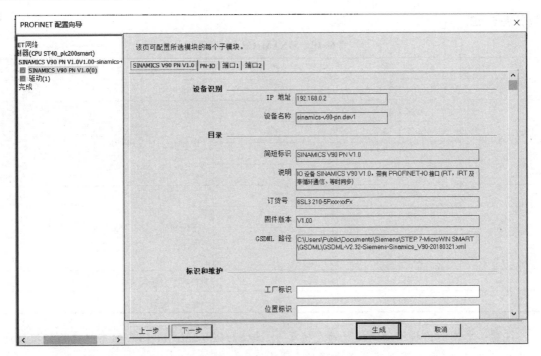

图 6-57 配置通信报文 (2)

3. 分配 SINAMICS V90 的名称和 IP 地址

如果使用 V-ASSISTANT 软件调试，分配 SINAMICS V90 的名称和 IP 地址可以在 V-AS-SISTANT 软件中进行，如图 6-58 所示，确保 STEP7-Micro/WIN SMART V2.7 软件中组态时的 SINAMICS V90 的名称和 IP 地址与实际的一致。当然还可以使用 TIA Portal 软件、PRO-NETA 软件分配。使用 BOP（基本操作面板），可根据表 6-10 设置参数。

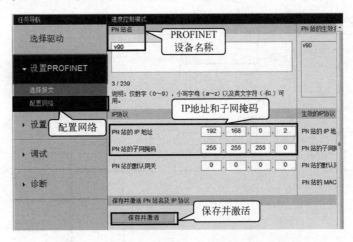

图 6-58 分配 SINAMICS V90 的名称和 IP 地址

分配伺服驱动器的名称和 IP 地址对于成功通信是至关重要的，初学者往往会忽略这一步从而造成通信不成功。

4. 设置 SINAMICS V90 的参数

设置 SINAMICS V90 的参数十分关键，否则通信是不能正确建立的。SINAMICS V90 参数见表 6-10。

表 6-10　SINAMICS V90 参数

序　号	参　数	参　数　值	说　明
1	p922	1	标准报文 1
2	p8921 [0]	192	IP 地址：192.168.0.2
	p8921 [1]	168	
	p8921 [2]	0	
	p8921 [3]	2	
3	p8923 [0]	255	子网掩码：255.255.255.0
	p8923 [1]	255	
	p8923 [2]	255	
	p8923 [3]	0	
4	p1120	1	斜坡上升时间 1 s
5	p1121	1	斜坡下降时间 1 s

注意：本例的伺服驱动器设置的是报文 1，与 S7-200 SMART PLC 组态时选用的报文是一致的（必须一致），否则不能建立通信。

5. 编写程序

编写 OB1 中的程序如图 6-59 所示。由于本例中，伺服电动机运行时状态字的位 I129.1 和 I129.2 为 1，所以无论伺服电动机正转还是反转运行时，常闭触点 I129.2 处于断开状态。I129.2 的常闭触点切断，对设定值 VD10 = 100.0 或者 VD10 = -100.0 的固定赋值，可以用触摸屏等对伺服系统速度赋任意值。

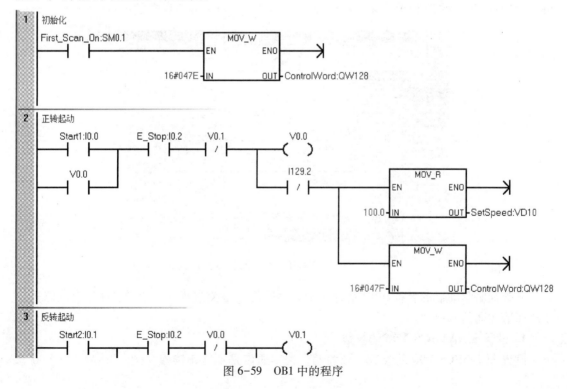

图 6-59　OB1 中的程序

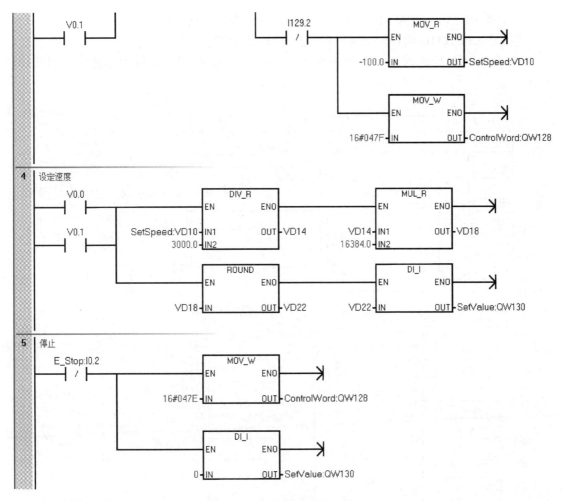

图 6-59　OB1 中的程序（续）

注意：编写程序时，控制字（QW128）和主设定值（QW130）要与图 6-56 中组态的一致。

6.3.2　S7-1200/1500 PLC 对伺服驱动系统的位置控制（PROFINET 通信方式）

【**例 6-6**】某设备上有一套 SINAMICS V90 伺服驱动系统（PN 版本），控制要求如下：

1）压下复位按钮 SB2，伺服驱动系统回原点。

2）压下起动按钮 SB1，伺服电动机带动滑块向前运行 50 mm，停 2 s，然后返回原点完成一个循环过程。

3）压下停止按钮 SB3 时，系统立即停止。

4）运行时，灯闪亮。

设计原理图，并编写程序。

【**解**】

1. 主要软硬件配置

① 1 套 TIA Portal V18。

微课
S7-1200/1500
PLC 对 V90 伺
服驱动系统
的位置控制
（PROFINET
通信方式）

② 1 套 SINAMICS V90 伺服系统（含伺服驱动器和伺服电动机）。

③ 1 台 CPU1211C 或 CPU1511-1PN、SM521、SM522。

S7-1200 PLC 控制的原理图如图 6-60 所示，S7 1500 PLC 控制的原理图如图 6-61 所示。

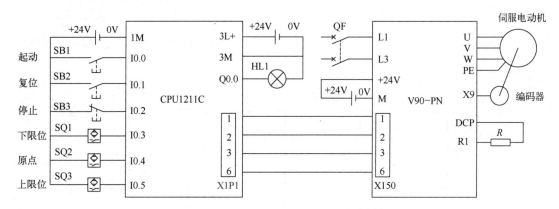

图 6-60　S7-1200 PLC 控制的原理图

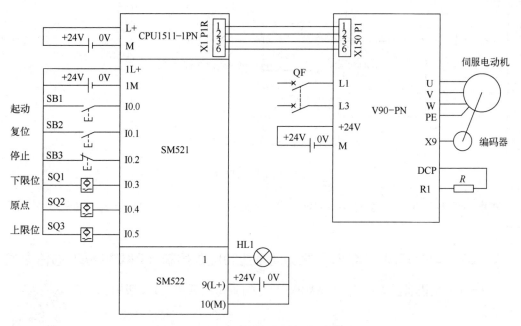

图 6-61　S7-1500 PLC 控制的原理图

2. 硬件和工艺组态

1) 新建项目，添加 CPU。打开 TIA Portal 软件，新建项目"MotionControl"，单击项目树中的"添加新设备"选项，添加 CPU1511-1PN。勾选"启用系统存储器字节"和"启用时钟存储器字节"，如图 4-76 所示。

2) 网络组态。网络组态如图 6-62 所示，通信报文采用报文 3，配置方法如图 6-63 所示，注意此处的报文必须与伺服驱动器中设置的报文一致，否则通信不能建立。

3) 添加工艺对象，命名为 AX1，工艺对象中组态的参数对保存在数据块中，本例使用

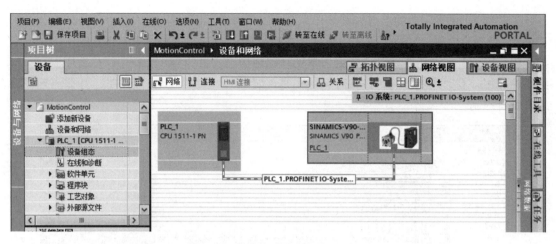

图 6-62 网络组态（1）

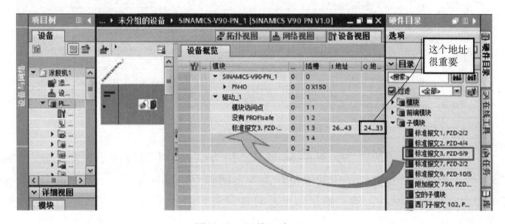

图 6-63 网络组态（2）

绝对位置指令，需要回参考点。工艺组态-驱动装置组态如图 6-64 所示，因为伺服驱动器是 PN 版本，所以驱动装置类型选择为"PROFIdrive"。

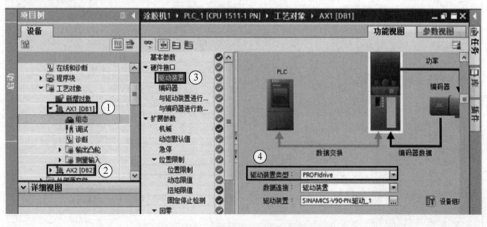

图 6-64 工艺组态-驱动装置组态

工艺组态-位置限制的组态如图 6-65 所示,因为原理图中限位开关为常开触点,故标记"3"处为高电平,如原理图中的限位开关为常闭触点,则标记"3"处为低电平,工程实践中,限位开关选用常闭触点的更加常见。顺便指出,虽然实际工程中,位置限制可以起到保护作用,有时还能参与寻找参考点(不是一定的),但在实验和调试时,并非一定需要组态位置限制。

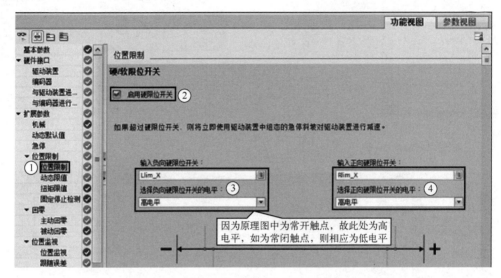

图 6-65　工艺组态-位置限制的组态

工艺组态-主动回零的组态如图 6-66 所示,因为原理图中限位开关为常开触点,故标记"3"处为高电平,如原理图中的限位开关为常闭触点,则标记"3"处为低电平。如负载在参考点(零点、原点)的左侧,向正方向(向右)寻找参考点,那么不需要正负限位

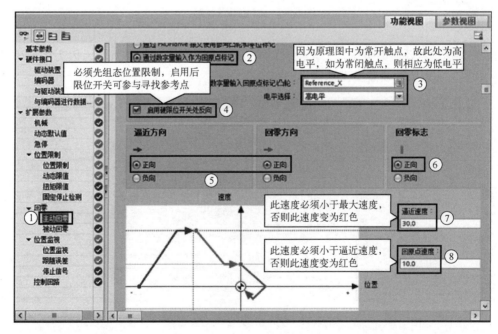

图 6-66　工艺组态-主动回零的组态

开关参与寻找参考点。如果负载在参考点的左侧向负方向（向左）寻找参考点，那么需要
负限位开关（左侧限位开关）参与寻找参考点。

3. 编写控制程序

程序与例 6-4 的相同。

限于篇幅，有关 SINAMICS V90 伺服驱动系统的参数的含义与设置，可
扫二维码观看视频。

微课
SINAMICS V90
的参数修改

第7章　西门子 PLC 的故障诊断技术

本章介绍西门子 PLC 常用故障诊断方法，主要介绍利用 TIA Portal 诊断的方法和利用软件工具的诊断等方法，特别是 Automation Tool 和 PRONETA 软件工具用于故障诊断非常简便，同时还介绍 28 个诊断实例。

7.1　S7-1200/1500 PLC 诊断简介

S7-1200/1500 PLC 的故障诊断功能相较于 S7-300/400 PLC 而言，更加强大，其系统诊断功能集成在操作系统中，用户甚至不需要编写程序就可以很方便地诊断出系统故障。

1. S7-1200/1500 PLC 的系统故障诊断原理

S7-1200/1500 PLC 的系统故障诊断原理如图 7-1 所示，一共分为五个步骤，具体如下。

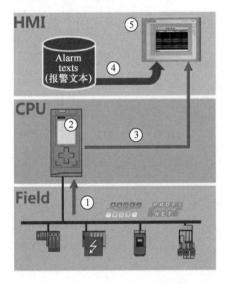

图 7-1　S7-1200/1500 PLC 的系统故障诊断原理图

1) 当设备发生故障时，识别及诊断事件发送到 CPU。

2) CPU 的操作系统分析错误信息，并调用诊断功能。

3) 操作系统的诊断功能自动生成报警，并将报警发送至 HMI（人机界面）、PC（如安装 WinCC）和 WebServer 等。

4) 在 HMI 中，自动匹配报警文本到诊断事件。

5) 报警信息显示在报警控件中，便于用户诊断故障。

2. S7-1200/1500 PLC 系统诊断的优势

1) 系统诊断是 PLC 操作系统的一部分，无需额外编程。

2) 无需外部资源。

3）操作系统已经预定义报警文本，减少了设计者编辑工作量。

4）无需大量测试。

5）错误最小化，降低了开发成本。

3. S7-1200/1500 PLC 故障诊断的方法

S7-1500 PLC 故障诊断的方法很多，归纳有如下方法：

1）通过模块或者通道的 LED 灯诊断故障。

2）通过 TIA Portal 软件 PG/PC 诊断故障。

3）通过 PLC 系统的诊断功能诊断故障。

4）通过 PLC 的 Web 服务器诊断故障。

5）通过 PLC 的显示屏诊断故障（S7-1200 PLC 无）。

6）通过用户程序诊断故障。

7）通过自带诊断功能的模块诊断故障。

8）通过 HMI 或者上位机软件诊断故障。

实际工程应用中，是以上一种或者几种方法组合应用。在后续章节，将详细介绍以上的故障诊断方法。

微课
通过模块或者通道的 LED 灯诊断故障

7.2　通过模块或者通道的 LED 灯诊断故障

7.2.1　通过模块的 LED 灯诊断故障

与 SIMATIC S7-300/400 PLC 相比，S7-1500 PLC 的 LED 灯较少，只有三只，用于指示当前模块的工作状态。对于不同类型的模块，LED 指示的状态可能略有不同。模块无故障时，运行 LED 为绿色，其余指示灯熄灭。以 CPU1511-1PN 模块为例，其顶部的三只 LED 灯，分别是 RUN/STOP（运行/停止）、ERROR（错误）和 MAINT（维护），这三只 LED 灯不同组合对应不同含义，其故障对照表见表 7-1。

表 7-1　CPU1511-1PN 模块的故障对照表

LED 指示灯			含　义
RUN/STOP	ERROR	MAINT	
灭	灭	灭	CPU 电源电压过小或不存在
灭	红色闪烁	灭	发生错误
绿色亮	灭	灭	CPU 处于 RUN 模式
绿色亮	红色闪烁	灭	诊断事件不确定
绿色亮	灭	黄色亮	设备需要维护，必须在短时间内检查/更换故障硬件
绿色亮	灭	黄色亮	激活了强制作业
绿色亮	灭	黄色亮	PROFIenergy 暂停
绿色亮	灭	黄色闪烁	设备需要维护，必须在短时间内检查/更换故障硬件
绿色亮	灭	黄色闪烁	组态错误
黄色亮	灭	黄色闪烁	固件更新已成功完成
黄色亮	灭	灭	CPU 处于 STOP 模式

7.2.2 通过模块的通道 LED 灯诊断故障

对于模拟量模块不仅有模块 LED 指示灯，有的模拟量模块（如带诊断功能的模拟量模块）每个通道的 LED 指示灯都是双色的，即可以显示红色或者绿色，这些颜色代表了对应通道的工作状态。以模拟量输入模块 AI 8xU/I HS（SE7531-7NF10-0AB0）为例，其每个通道的 LED 指示灯含义见表 7-2。

表 7-2　模拟量输入模块 AI 8xU/I HS 每个通道的 LED 指示灯含义

LEDCHx	灯熄灭	绿灯亮	红灯亮
含义	通道禁用	通道已组态，并且组态正确	通道已组态，但有错误

通过 LED 诊断故障简单易行，这是其优势，但这种方法往往不能精确定位故障，因此在工程实践中通常需要其他故障诊断方法配合使用，以精确诊断故障。

微课
通过 TIA Portal
软件的 PG/PC
诊断故障

7.3　通过 TIA Portal 软件的 PG/PC 诊断故障

当 PLC 有故障时，可以通过安装了 TIA Portal 软件的 PG/PC 进行诊断。在项目视图中，先单击"在线"按钮 ，使得 TIA Portal 软件 与 S7-1200/1500 PLC 处于在线状态。再单击项目树下 CPU 的"在线和诊断"菜单，即可查看"诊断"→"诊断缓冲区"的消息，通过 TIA Portal 软件查看诊断信息如图 7-2 所示。双击任何一条信息，其详细信息将显示在下方"事件详细信息"的方框中。

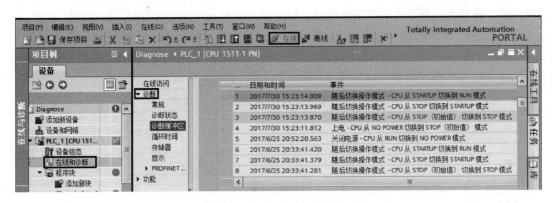

图 7-2　通过 TIA Portal 软件查看诊断信息（1）

查看"诊断"→"诊断状态"的消息，如图 7-3 所示，可以查看到故障信息，本例为"加载的组态和离线项目不完全相同。"

在项目视图中，单击"在线"按钮 ，使得 TIA Portal 软件 与 S7-1200/1500 PLC 处于在线状态。单击"设备视图"选项卡，通过 TIA Portal 软件查看设备状态如图 7-4 所示，可以看到标记"1"处的两个模块上有绿色的"√"，表明前两个模块正常。而标记"2"处的模块上有红色的"×"，表明此模块缺失或者有故障，经过检查，发现该硬件实际不存在。在硬件组态中，删除此模块，编译后，下载，不再显示故障信息。

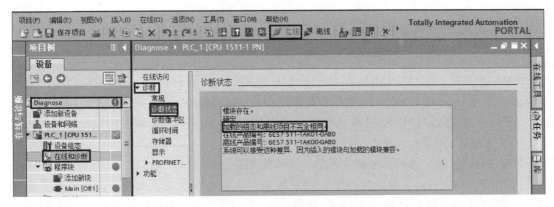

图 7-3 通过 TIA Portal 软件查看诊断信息（2）

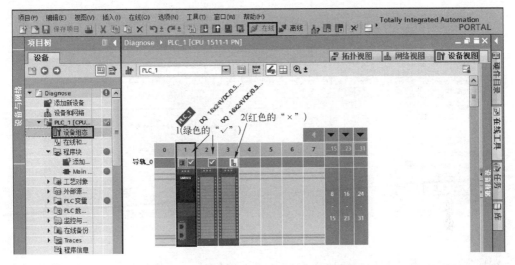

图 7-4 通过 TIA Portal 软件查看设备状态

在项目视图中，单击"在线"按钮，使得 TIA Portal 软件 与 S7-1200/1500 PLC 处于在线状态。单击"网络视图"选项卡，通过 TIA Portal 软件查看网络状态如图 7-5 所示，可以看到标记"1"处有红色扳手形状的标识，表明此处有网络故障，检查后发现第二个 CPU1511-1PN 模块的电源没有供电，导致网络断开。

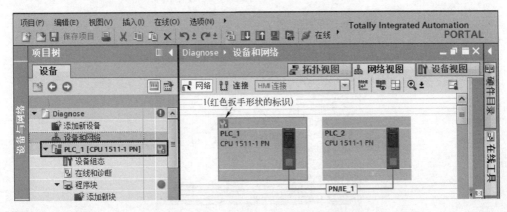

图 7-5 通过 TIA Portal 软件查看网络状态

7.4 通过 PLC 的 Web 服务器诊断故障

SIMATIC S7-1200/1500 PLC CPU 内置了 Web 服务器（有网口 S7-300/400 PLC 也有），可以通过 IE（Internet Explorer）浏览器实现对 PLC Web 服务器的访问，这为故障诊断带来很大的便利，特别是当用户的计算机没有安装 TIA Portal 软件或者未掌握使用此软件的方法时，更是如此。

通过 PLC 的 Web 服务器诊断故障的具体步骤如下：

1）激活 PLC 的 Web 服务器。选中 CPU 模块，在设备视图选项卡中，选择"Web 服务器"选项，勾选"启用模块上的 Web 服务器"选项，激活 PLC Web 服务器，如图 7-6 所示。

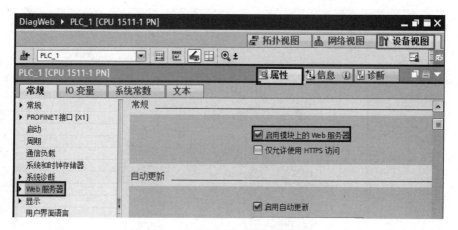

图 7-6　激活 PLC Web 服务器

单击"新增用户"按钮，添加用户"xxh"。选择其访问级别为"管理"，弹出"用户已授权"界面如图 7-7 所示，激活（勾选）所需的权限，单击"√"按钮，确认激活的权限。最后设置所需的密码，本例为"xxh"。

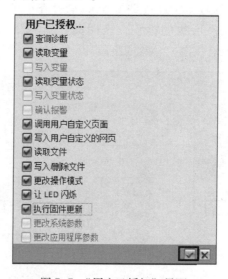

图 7-7　"用户已授权"界面

在"Web 服务器"→"接口概览"中，启用 Web 服务器访问，如图 7-8 所示。

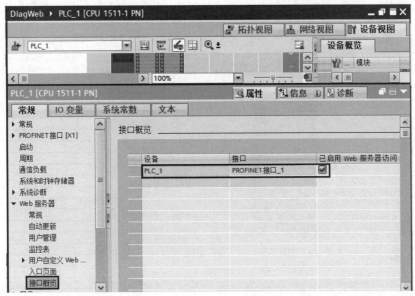

图 7-8 启用 Web 服务器访问

2）将项目编译和保存后，下载到 S7-1200/1500 PLC 中。

3）打开 IE 浏览器，输入 http://192.168.0.1，注意：192.168.0.1 是本例 S7-1500 PLC 的 IP 地址。弹出如图 7-9 所示的 SIMATIC S7-1500 PLC Web 服务器进入界面，单击"进入"按钮，弹出如图 7-10 所示的 SIMATIC S7-1500 PLC Web 服务器登录界面，输入正确的登录名和密码，单击"登录"按钮，即可进入主界面。

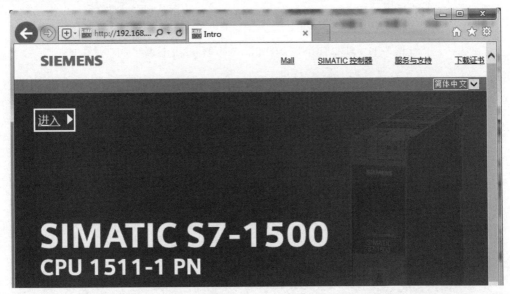

图 7-9 SIMATIC S7-1500 PLC Web 服务器进入界面

4）查看信息。

① 单击"诊断缓冲区"，可查看诊断缓冲区的信息，SIMATIC S7-1500 PLC Web 服务器的诊断缓冲区如图 7-11 所示。

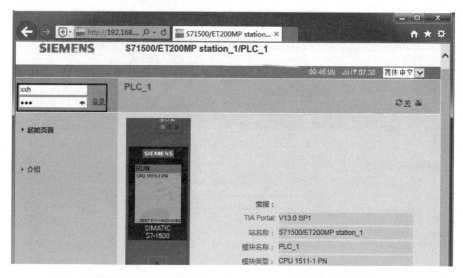

图 7-10　SIMATIC S7-1500 PLC Web 服务器登录界面

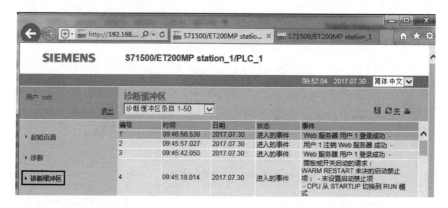

图 7-11　SIMATIC S7-1500 PLC Web 服务器的诊断缓冲区

② 单击"消息",可以看到消息文本,SIMATIC S7-1500 PLC Web 服务器的消息如图 7-12 所示,显示本例的错误是"硬件组件已移除或缺失"。

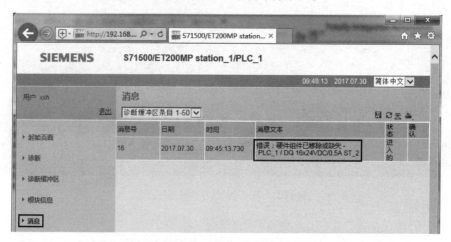

图 7-12　SIMATIC S7-1500 PLC Web 服务器的消息

③ 单击"模块信息",可以看到三个模块信息,SIMATIC S7-1500 PLC Web 服务器的模块信息如图 7-13 所示,插槽 1 和插槽 3 中的模块均有故障或者错误显示,而插槽 2 中正常。具体故障或者错误信息可以单击右侧的"详细信息"获得。

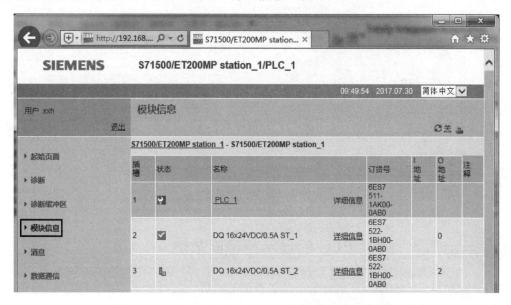

图 7-13　SIMATIC S7-1500 PLC Web 服务器的模块信息

④ 单击"变量表",SIMATIC S7-1500 PLC Web 服务器的变量表如图 7-14 所示,可以查看 CPU 的变量表,从此图中可以查看到程序中变量的状态。

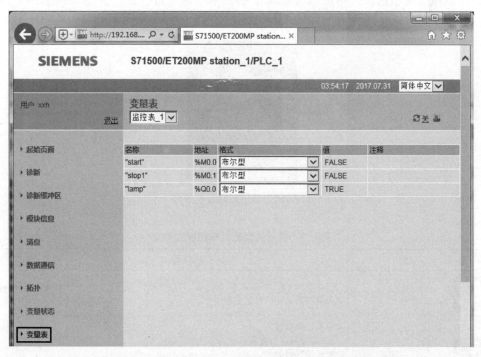

图 7-14　SIMATIC S7-1500 PLC Web 服务器的变量表

注意：如需要在 Web 服务器中查看监控表，必须首先创建一个监控表，然后在"属性"→"常规"→"Web 服务器"→"监控表"中，插入监控表（本例为监控表_1），如图 7-15 所示。最后这些组态信息还要下载到 CPU 的存储卡中。

图 7-15　插入监控表

7.5　通过 PLC 的显示屏诊断故障

每个标准的 S7-1500 PLC 都自带一块彩色的显示屏，通过此显示屏，可以查看 PLC 的诊断缓冲区，也可以查看模块和分布式 IO 模块的当前状态和诊断消息。

7.5.1　显示屏面板简介

在介绍故障诊断前，先对显示屏面板上的菜单图标进行介绍，其主界面如图 7-16 所示，共有五个菜单图标，含义见表 7-3。

图 7-16　显示屏面板主界面

表 7-3　显示屏面板菜单图标的含义

菜单图标	名　　称	含　　义
![概述图标]	概述	包含有关 CPU 和插入的 SIMATIC 存储卡属性的信息，有关是否有专有技术保护，是否链接有序列号的信息
![诊断图标]	诊断	显示诊断消息 读/写访问强制表和监控表 显示循环时间 显示 CPU 存储器使用情况 显示中断

（续）

菜单图标	名　称	含　义
	设置	指定 CPU 的 IP 地址和 PROFINET 设备名称 设置每个 CPU 接口的网络属性 设置日期、时间、时区、操作模式（RUN/STOP）和保护等级 通过显示密码禁用/启用显示 复位 CPU 存储器 复位为出厂设置 格式化 SIMATIC 存储卡 删除用户程序 通过 SIMATIC 存储卡，备份和恢复 CPU 组态 查看固件更新状态 将 SIMATIC 存储卡转换为程序存储卡
	模块	包含有关组态中使用的集中式和分布式模块的信息 外围部署的模块可通过 PROFINET 和/或 PROFIBUS 连接到 CPU 可在此设置 CPU 或 CP/CM 的 IP 地址 显示安全模块的故障安全参数
	显示屏	可组态显示屏的相关设置，例如，语言设置、亮度和省电模式。省电模式将使显示屏变暗。待机模式将使显示屏关闭

7.5.2　用显示屏面板诊断故障

1. 用显示屏面板查看诊断缓冲区信息

用显示屏面板查看诊断缓冲区信息的步骤如下：

1）先用显示屏下方的方向按钮，把光标移到诊断菜单 上，当移到此菜单上时，此菜单图标明显比其他菜单图标大，而且在下方显示此菜单的名称，如图 7-16 所示，表示光标已经移动到诊断菜单上。单击显示屏下方的"OK"按钮，即可进入诊断界面，如图 7-17 所示。

2）如图 7-17 所示，单击显示屏下方的方向按钮，把光标移到子菜单"诊断缓冲区"，浅颜色代表光标已经移到此处，在实际操作中颜色对比度并不强烈，所以读者要细心区分。之后，单击显示屏下方的"OK"按钮，弹出如图 7-18 所示的界面，显示了诊断缓冲区的信息。

图 7-17　诊断界面　　　　　　　　　图 7-18　诊断缓冲区界面

2. 用显示屏面板查看监控表信息

用显示屏面板查看监控表信息的步骤如下。

如图 7-17 所示，单击显示屏下方的方向按钮，把光标移到子菜单"监视表"，若为浅颜色则代表光标已经移到此处。之后，单击显示屏下方的"OK"按钮，弹出如图 7-19 所示的界面，显示了监控表的信息。监控表显示了各个参数的运行状态，可以借助此参数诊断故障。

注意：如需要在显示屏中查看监控表，必须首先创建一个监控表，然后在"属性"→"常规"→"显示"→"监控表"中，插入监控表（本例为监控表_1），如图 7-20 所示。最后这些组态信息还要下载到 CPU 的存储卡中。

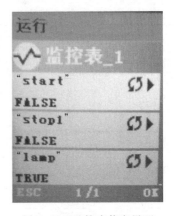

图 7-19　监控表信息界面

图 7-20　插入监控表

微课
在 HMI 上通过调用诊断控件诊断故障

7.6　在 HMI 上通过调用诊断控件诊断故障

1. 故障诊断原理简介

与 SIMATIC S7-300/400 PLC 不同，S7-1200/1500 PLC 的系统诊断功能已经作为 PLC 操作系统的一部分，并在 CPU 固件中集成，无须单独激活，也不需要生成和调用相关的程序块。PLC 系统进行硬件编译时，TIA Portal 软件根据当前的固件自动生成系统报警消息源，该消息源可以在项目树下的"PLC 报警"→"系统报警"中查看，也可以通过 CPU 的显示屏、Web 浏览器和 TIA Portal 软件在线诊断方式显示。

由于系统诊断功能通过 CPU 的固件实现，所以即使 CPU 处于停止模式，仍然可以对 PLC 系统进行系统诊断。如果配上 SIMATIC HMI，可以更加直观地在 HMI 上显示 PLC 的诊断信息。使用此功能，要求在同一项目中配置 PLC 和 HMI，并建立连接。非西门子公司的 HMI 不能实现以上功能。

2. 在 HMI 上通过调用诊断控件诊断故障应用

以下用一个例子介绍在 HMI 上通过调用诊断控件诊断故障的应用，其具体步骤如下。

1）创建项目"Diag_Control"。创建一个项目"Diag_Control"，并进行硬件配置，硬件配置的网络视图如图 7-21 所示，PLC_1 硬件配置的设备视图如图 7-22 所示。

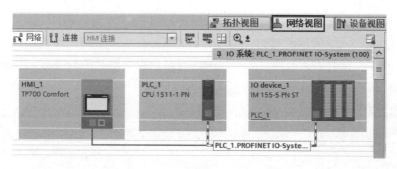

图 7-21　硬件配置的网络视图

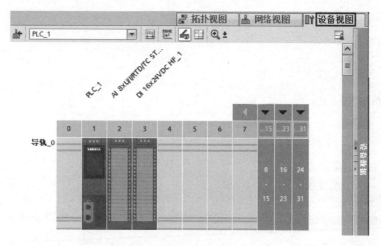

图 7-22　硬件配置的设备视图

2）配置 HMI。在项目树中，单击"添加新画面"，新添加一个画面，并把"工具箱"→"控件"目录中的"系统诊断视图"控件添加到画面中，添加完成如图 7-23 所示。

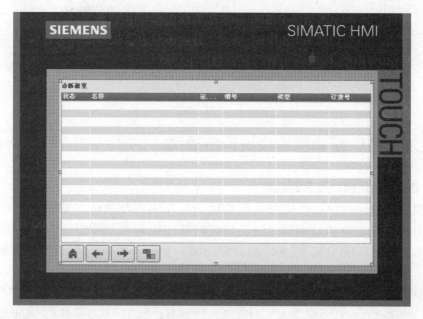

图 7-23　添加新画面

3）运行仿真。下载项目到仿真器，并运行。HMI 运行界面如图 7-24 所示，单击标记"1"处，弹出如图 7-25 所示的界面，可以看到"station_1"上的三个模块，如模块前面都是绿色对号"√"，则表明无故障，如有故障则有红色扳手形状的故障标记弹出。

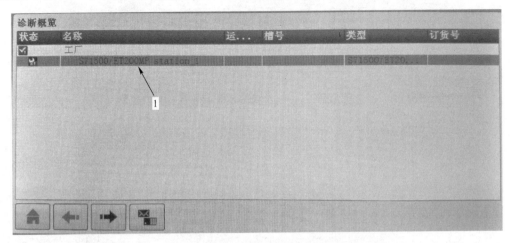

图 7-24　HMI 运行界面（1）

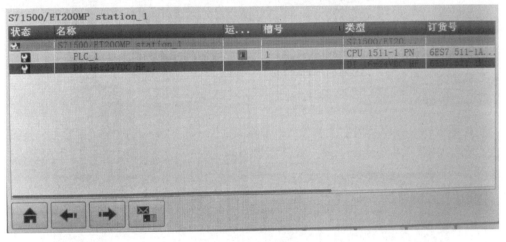

图 7-25　HMI 运行界面（2）

7.7　通过自带诊断功能的模块诊断故障

1. 自带诊断功能模块及其诊断简介

可以激活自带诊断功能模块的诊断选项，从而实现相关的诊断功能。在这种情况下，PLC 自动生成报警消息源，之后，如果模块中出现系统事件，对应的系统报警消息就可以通过 S7-1500 PLC 的 Web 服务器、CPU 显示屏和 HMI 诊断控件等多种方式显示出来。

SIMATIC S7-1500/ET200 MP 和 ET200 SP 模块分为四大系列，以尾部的字母区分，分别是：BA（基本型）、ST（标准型）、HF（高性能型）和 HS（高速型），基本型不支持诊断功能，标准型支持的诊断类型是组诊断或者模块，高性能型和高速型支持通道级诊断。

2. 自带诊断功能的模块诊断故障应用

以下用一个例子介绍自带诊断功能的模块诊断故障应用。

（1）创建一个项目"Diagnose1"

创建一个项目"Diagnose1"，并进行硬件配置，硬件配置的设备视图如图 7-26 所示，两个模块是 CPU1511-1PN 和 DI 16x24V DC HF，数字量输入模块具有通道诊断功能。

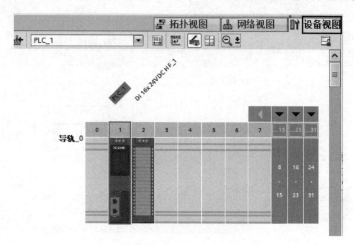

图 7-26　硬件配置的设备视图

（2）激活通道的诊断功能

在"设备视图"中，选中 DI 16x24V DC HF 模块，再选中"属性"→"常规"→"输入"→"通道 0-7"→"通道 0"，把参数设置改为"手动"，激活"断路"选项，激活通道 0 的诊断功能如图 7-27 所示。采用同样的方法激活通道 1 的诊断功能。

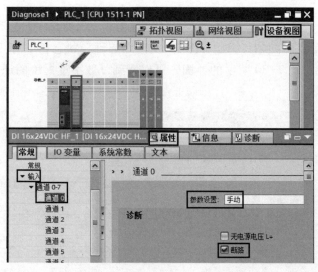

图 7-27　激活通道 0 的诊断功能

（3）启用 Web 服务器

在前面已经介绍过，故障可以用 Web 服务器、CPU 显示屏和 HMI 诊断控件等多种方式显示，本例采用 Web 服务器显示。

在"设备视图"中，选中 CPU1511-1PN 模块，再选中"属性"→"常规"→"Web 服务器"，激活"启用模块上的 Web 服务器"和"启用自动更新"选项，如图 7-28 所示。

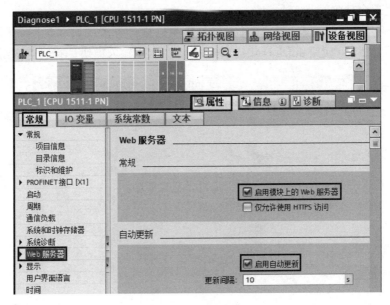

图 7-28 启用 Web 服务器

再单击"用户管理"中的"访问级别"，把弹出界面中的可选项全部选中，单击"√"按钮。

（4）下载和运行

将项目编译和保存后，下载到 S7-1500 PLC 中，并运行 PLC。

（5）显示故障

打开 IE 浏览器，输入 http://192.168.0.2，注意：192.168.0.2 是 S7-1500 PLC 的 IP 地址。单击"模块信息"按钮，弹出如图 7-29 所示界面，状态栏下有故障标识。单击标记"1"处，弹出如图 7-30 所示的界面，可以看到，数字量模块的通道 0 和 1 处于断路状态。

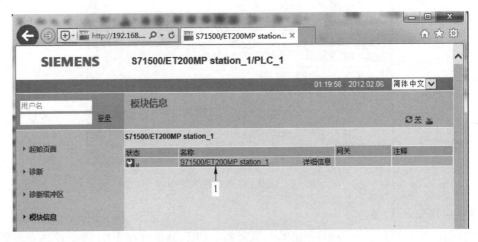

图 7-29 在 Web 服务器上显示故障（1）

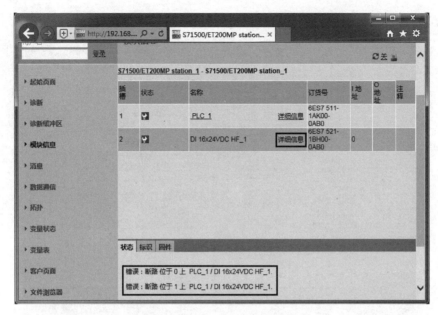

图 7-30　在 Web 服务器上显示故障（2）

7.8　利用诊断面板诊断故障

在西门子的运动控制调试过程中，使用诊断面板可以比较容易地诊断出常见的故障。无论在"手动模式"还是"自动模式"中，都可以通过在线方式查看诊断面板。诊断面板用于显示轴的关键状态和错误消息。以下将介绍这种故障诊断方法。

打开诊断面板。在 TIA Portal 软件项目视图的项目树中，选择"MotionControl"→"PLC_1"→"工艺对象"→"插入新对象"→"Axis1［DB1］"→"诊断"，如图 7-31 所示，双击"诊断"选项，打开诊断面板，状态和错误位如图 7-32 所示。因为没有错误，右下侧显示"正常"字样，关键的信息用绿色的方块（图 7-32 中已框出）提示用户，无关信息则是灰色方块提示。

在图 7-33 中，错误的信息用红色方块（图 7-33中已框出）提示用户，如"已逼近硬限位开关"前面有红色的方块，表示硬件限位开关已经触发，因此用户必须查看用于硬件限位的限位开关。

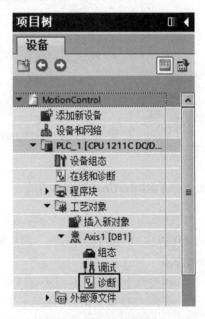

图 7-31　打开诊断面板

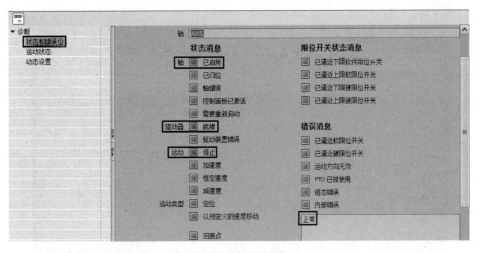

图 7-32　状态和错误位（1）

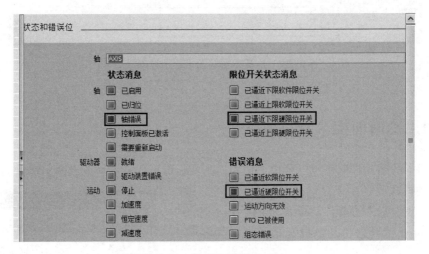

图 7-33　状态和错误位（2）

微课
通过 Automation
Tool 诊断故障

7.9　通过 Automation Tool 诊断故障

7.9.1　Automation Tool 功能

Automation Tool 是西门子全集成自动化的工具，适用的产品系列包括：S7-1200 PLC、S7-1500 PLC、SIMATIC ET200、SIMATIC HMI Basic/Comfort/Mobile Panels、SITOP 和 RFID。其功能如下：

1）扫描整个网络，识别所有连接到该网络的设备，常用于判断模块掉站故障。

2）设置 CPU 的指示灯闪烁，以协助确认具体被操作的 CPU，常用于设备定位，很重要。

3）设置设备的站地址（IP、Subnet、Gateway）及站名（PROFINET Device）。

4）同步 PG/PC 与 CPU 的时钟。

5）下载新程序到 CPU。

6）更新一个 CPU 及其扩展模块的固件。

7）设置 CPU 的运行（RUN）或停止（STOP）模式。

8）执行 CPU 内存复位。

9）读取 CPU 的诊断日志。

10）上载 CPU 的错误信息。

11）恢复 CPU 到出厂设置。

注意： 此软件可在西门子官方网站上下载，但需要购买授权。目前此软件不能诊断无 CPU 的分布式模块的故障，也不用于诊断 S7-300/400 PLC 的故障。

7.9.2　Automation Tool 诊断故障

利用 Automation Tool 软件诊断故障的步骤如下。

1. 扫描网络设备

启动 Automation Tool 软件，单击"扫描"按钮，软件开始扫描网络设备。当扫描到网络设备（如 PLC），所有网络设备将以列表的形式显示出来，如图 7-34 所示，此列表中包含设备名称、运行状态、设备类型、设备系列号和 IP 地址等信息。如果网络上的设备在这个列表中没有显示，则表示没有显示的设备处于掉站状态（CPU 模块不能访问）。

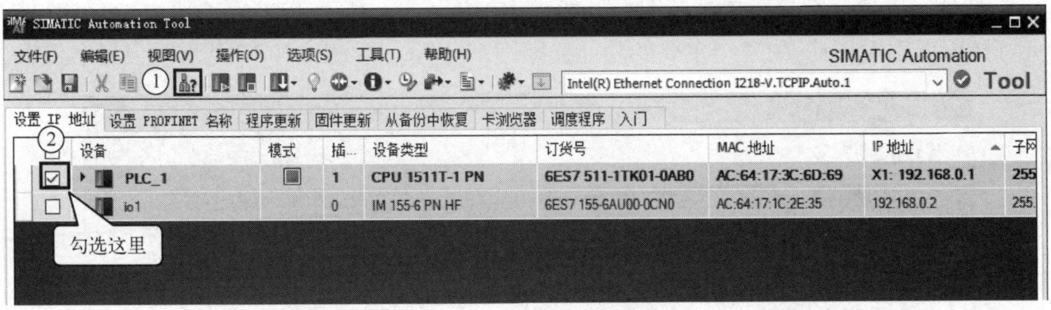

图 7-34　扫描网络设备

2. 诊断故障

如图 7-34 所示，勾选需要诊断的网络设备（本例为 PLC_1），单击"诊断"按钮，弹出诊断缓冲区界面，如图 7-35 所示，序号 4 显示为"由于类型不匹配，硬件组件不可用"，经过检查，的确是硬件组态的版本号不匹配。

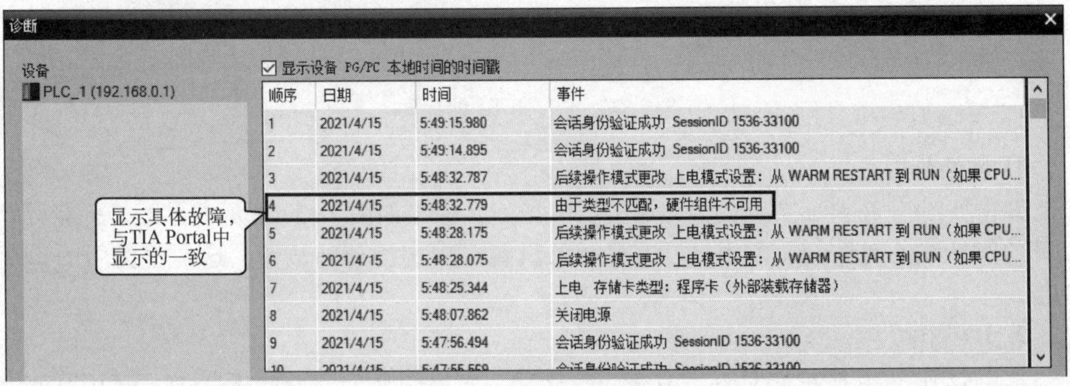

图 7-35　诊断缓冲区界面

7.10 通过 PRONETA 诊断故障

7.10.1 PRONETA 介绍

西门子的 PRONETA 软件是基于 PC 的免安装软件，是用于帮助诊断和调试自动化系统 PROFINET 网络的工具，其具有以下特点：

1）拓扑总览，自动扫描 PROFINET 网络，显示所有节点拓扑联结关系。

2）I/O 测试，快速测试现场 ET200 分布式 I/O 的接线和配置。

3）所有任务可在无 CPU 连接下进行。

PRONETA 分为 PRONETA Basic 和 PRONETA Professional 两个版本，后者增加了"PROFIenergy 诊断"任务和"记录助手"任务，本书仅介绍 PRONETA Basic。

7.10.2 PRONETA 诊断故障

打开 PRONETA Basic 的软件包，双击运行 PRONETA 图标 **PRONETA**，首次运行要安装一个插件，以后运行只要单击此图标，即弹出如图 7-36 所示 PRONETA 的首页，该界面显示了 PRONETA Basic 的三个主要的功能，即网络分析、IO 测试和 IP 地址与设备名设置。

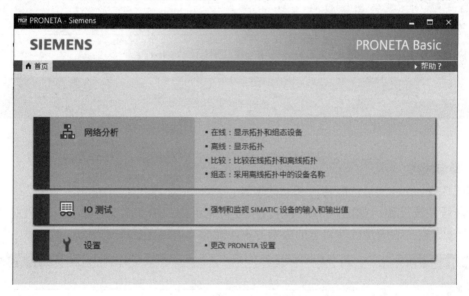

图 7-36 PRONETA 的首页

1. 网络分析

双击如图 7-36 所示界面的"网络分析"按钮，弹出如图 7-37 所示的界面，所有可以访问的网络设备都显示在图中，没有显示的设备可判定为掉站故障，这是很实用的诊断功能。

2. IO 测试

双击如图 7-36 所示界面的"IO 测试"按钮，弹出如图 7-38 所示的界面，选中有故障的模块（有红色标记），单击"诊断"选项，则显示该模块的诊断信息。

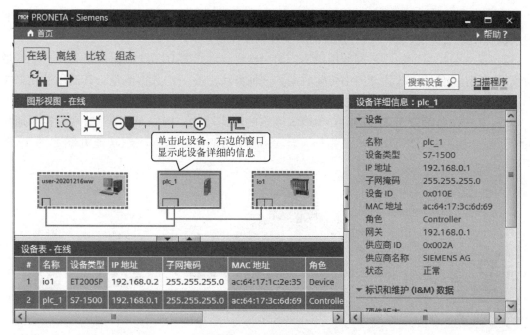

图 7-37　网络分析

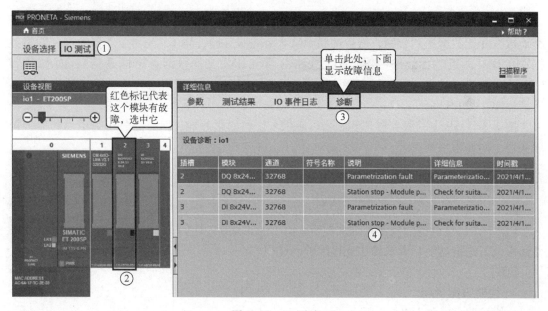

图 7-38　IO 测试

7.11　无线通信在远程维护中的应用

7.11.1　远程无线通信方案介绍

常见、典型的远程无线方案如下：

1）各大 PLC 厂家生产的，基于 4G/GPRS（通用分组无线业务）网络的 PLC 通信模块

（如西门子的 MD720-3 模块、CP1242-7 模块等），通常这些模块只能与 PLC 配合使用。利用手机移动网络传输数据，这种模块需要消耗数据流量。

2）某些公司生产的物联网通用模块，如四创科技生产的 DTU（数据传输单元）无线通信模块，利用 4G/GPRS 移动网络传输数据，这种模块需要消耗数据流量。其通用性比 PLC 专用模块强，不局限于 PLC 模块。

3）某些设备附带 WiFi 或者 4G/GPRS 网络的通信功能，例如 MCGS（监视与控制通用系统）昆仑通态的 TPC7022Nt 触摸屏，自带 WiFi 功能，其远程控制功能方案如图 7-39 所示。

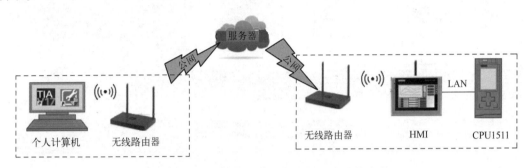

图 7-39 TPC7022Nt 触摸屏的远程控制功能方案

以计算机对远程的 CPU1511 下载程序为例说明其数据流向，个人计算机与无线路由器交换数据并把数据送到公网，然后送到 MCGS 公司服务器，MCGS 公司服务器通过公网将数据送到 HMI 附近的无线路由器，此无线路由器与 HMI 交换数据（WiFi 通信），而 HMI 与 CPU1511 是有线连接，即通过 HMI 把数据送到 CPU1511。由于使用的是 WiFi，所以并不需要消耗 4G/GPRS 网络流量。

关于图 7-39 中的服务器，有的公司使用本公司的服务器，而有的公司则租用其他公司服务器，例如租用阿里云。

7.11.2 MCGS 的 TPC7022Nt 在远程维护中的应用

以下仅用一个例子介绍 MCGS 的 TPC7022Nt 在远程维护中的应用。

【例 7-1】某设备的控制系统上配有 CPU1511T-PN、TPC7022Nt（WiFi 版），此系统具备远程设备维护功能，要求描述远程维护的过程。

【解】

1. 控制方案说明

总体控制方案如图 7-39 所示。

首先要设置 TPC7022Nt 触摸屏的参数，设置参数的目的有两个，一是使触摸屏（HMI）与附近的无线路由器建立 WiFi 连接，即将触摸屏（HMI）接入公网；二是为个人计算机与触摸屏（HMI）连接创立条件。

接着在个人计算机中运行专用程序"MCGS 调试助手"，此程序由官方提供，运行此程序的目的是建立个人计算机与触摸屏（HMI）的点对点连接，可理解为建立了一个从个人计算机到触摸屏（HMI）的通道。由于触摸屏与 CPU1511 组成的是局域网，实际就是创建一个从个人计算机到 CPU1511 的通道，这一步是远程故障是否能够成功实施诊断的关键。

个人计算机到 CPU1511 的通道创建完成后，其两者的距离再远，都可以从远程的个人计算机对 CPU1511 下载程序和故障诊断了。

2. TPC7022Nt 触摸屏的设置

1）进入系统参数设置。TPC7022Nt 触摸屏通电，按住触摸屏的空白处 3 s 后，弹出如图 7-40 所示的界面，单击"系统参数设置"按钮。

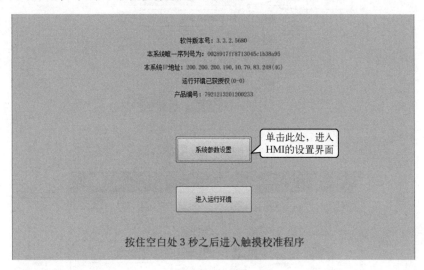

图 7-40 进入系统参数设置

2）网络设置。选中"网络"选项卡，如图 7-41 所示，在网卡后面选中 WiFi，在"DHCP"后勾选"启用动态 IP 地址分配模式"。弹出如图 7-42 所示 WiFi 配置界面，"SSID"后面的 WiFi 名称是 HMI 附近可以使用无线路由器的 WiFi，密码也是此无线路由器的 WiFi 密码。

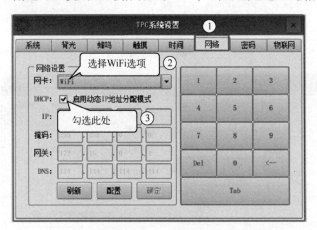

图 7-41 网络设置

3）物联网配置。选中"物联网"选项卡，如图 7-43 所示，设备名称为"1"，用户名为"Xiangxh"（也可以是别的合法名称），密码为 11111111，这里的用户名和密码，与后续远程个人计算机端的"MCGS 调试助手"的登录用户名和密码是一致的。勾选"开机自动上线"，再单击"确定"和"上线"按钮。

当触摸屏中显示"在线"，物联网配置成功如图 7-44 所示，表明触摸屏已经接入了无线 WiFi 网络，且已经做好了与远程个人计算机通信的准备。

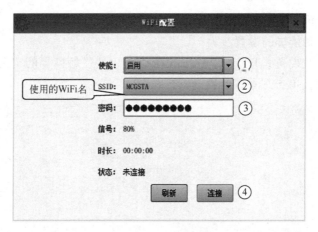

图 7-42 WiFi 配置

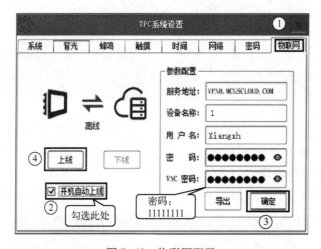

图 7-43 物联网配置

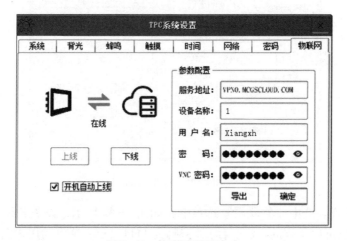

图 7-44 物联网配置成功

3. 运行 MCGS 调试助手

1）登录 MCGS 调试助手。运行 MCGS 调试助手的目的就是创建一条从个人计算机到远程触摸屏的通道。此软件由 MCGS 官方提供。运行 MCGS 调试助手软件，弹出如图 7-45 所示的登录界面，输入用户名与密码（此处的用户名与密码与图 7-43 中的用户名和密码相同），单击"登录"按钮登录成功，弹出如图 7-46 所示的画面。

图 7-45　登录 MCGS 调试助手

图 7-46　登录 MCGS 调试助手成功

2）建立远程个人计算机与触摸屏连接的通道。在图 7-46 中，单击"联机"按钮，弹出如图 7-47 所示的调试助手联机界面，单击"Continue"（继续）按钮，弹出如图 7-48 所示的界面，在"Password"（密码）后输入"11111111"（这个密码与图 7-43 中的密码相同），单击"OK"按钮。

在图 7-49 中，"状态"显示联机，表示 MCGS 调试助手联机成功。如联机不成功，则需要将安装 MCGS 调试助手计算机中除无线网卡和 TAP Windows Adapter V9 虚拟网卡以外的有线网卡和虚拟网卡全部禁用。TAP

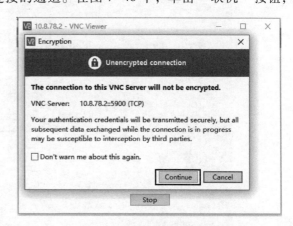

图 7-47　调试助手联机（1）

Windows Adapter V9 虚拟网卡的 IP 地址设置为"自动搜索获得 IP 地址"。

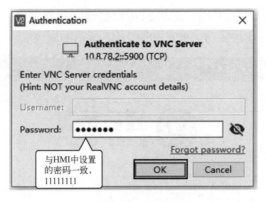

图 7-48　调试助手联机（2）

图 7-49　调试助手联机成功

4. 远程下载与维护

1）远程下载。当 CPU1511 的程序需要更新时，就需要进行远程下载。打开 TIA Portal V17 软件，单击工具栏的"下载到设备"按钮，弹出如图 7-50 所示的下载界面，按照图中选择"PG/PC 接口"的设置，单击"开始搜索"按钮，搜索到"PLC_1"后，单击"下载"按钮，弹出如图 7-51 所示的界面。单击"完成"按钮，下载完成如图 7-52 所示。

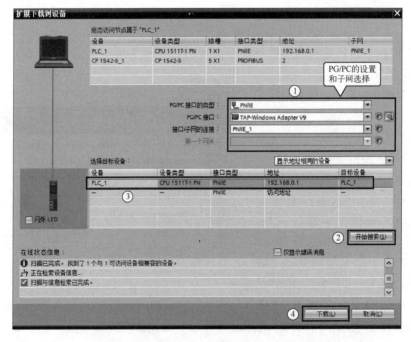

图 7-50　下载（1）

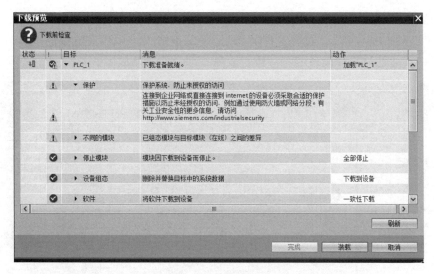

图 7-51　下载（2）

图 7-52　下载完成

注意："PG/PC 接口"是 TAP Windows Adapter V9 虚拟网卡，不是本计算机的有线或者无线网卡，而且其 IP 地址设置为"自动搜索获得 IP 地址"（默认值）。

2）远程故障诊断。如图 7-53 所示，单击"转至在线"按钮，在项目树中出现红色圆圈内有感叹号和红色扳手图标，表示有系统故障。

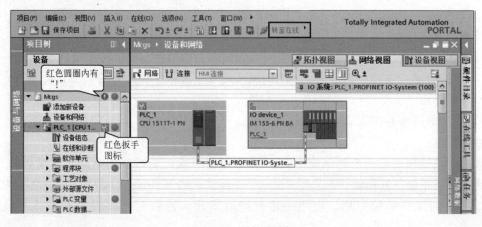

图 7-53　转至在线

故障诊断如图 7-54 所示，选中"在线访问"，再选中"诊断缓冲区"，可以看到"IO 设备故障-找不到 IO 设备"，通常这种情况是 IO 设备站故障、通信电缆断线，或者组态的设备名称和 IP 地址与实际设备的不一致等故障，即俗称掉站故障。

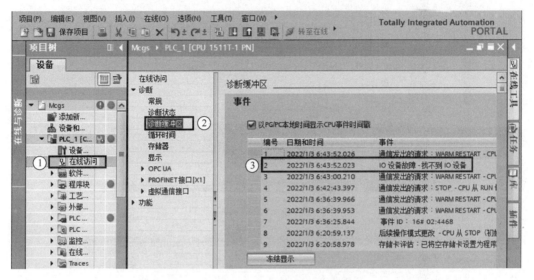

图 7-54　故障诊断

很显然，当远程设备的程序需要升级，及远程设备有故障需要维护时，利用远程故障诊断技术对远程设备进行诊断，不需要远程差旅，节省了时间，减少了维护成本，非常具有工程实用价值。

7.12　诊断故障实例

以下有 28 个故障诊断实例，故障涉及 PLC、变频器、伺服驱动和通信，是编者在调试和维修设备时碰到的典型问题，具有代表性。

【调试和故障诊断实例 1】

故障现象：

某冲压设备，控制系统由 PLC、伺服和变频器组成，运料小车由伺服驱动同步带驱动。使用一段时间后，发现同步带松弛，张紧同步带后发现定位不准。

故障检查与排除：

1）这是正常现象，同步带松弛，张紧后，同步带的节距变长，导致定位不准。

2）解决方案：需要重新定位。使用伺服系统和同步带定位时，必须要设计重新定位的程序和操作界面。

【调试和故障诊断实例 2】

故障现象：

某钻杆热处理设备，控制系统由 PLC 和变频器组成，变频器和电动机驱动丝杠旋转，从而使运料小车做往复运动。工艺要求送料小车前进时慢速（20 Hz），后退时快速（90 Hz），且要求前进到位后尽快返回。使用一段时间后发现，返程时小车经常超程，导致损害设备。

故障检查与排除：

1）最容易采用的办法是：加长停机时的减速时间，但本例的工艺不允许修改起停时间。

2）解决方案：在后退的限位开关前，加一个限位开关，变频器接到此信号后，减速到（20 Hz），然后停下，问题解决。很显然，这是系统设计的问题。

【调试和故障诊断实例 3】

故障现象：

实例 3 原理图如图 7-55 所示，为某初学者设计的控制系统，使用几天后，变频器电源烧毁。

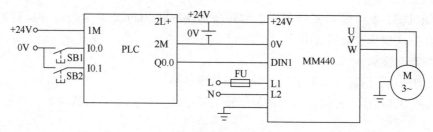

图 7-55　实例 3 原理图

故障检查与排除：

1）如图 7-55 所示的原理图错误。错误在于变频器的 DIN1 有 2 个供电电源，一个是外部电源，一个是变频器内部电源，通常这是不允许的。

2）解决方案：方案 1，只要变频器的内部电源不接入即可，只用一个电源，这是最佳办法；方案 2，可以使用双电源供电，改进后的电源如图 7-56 所示。

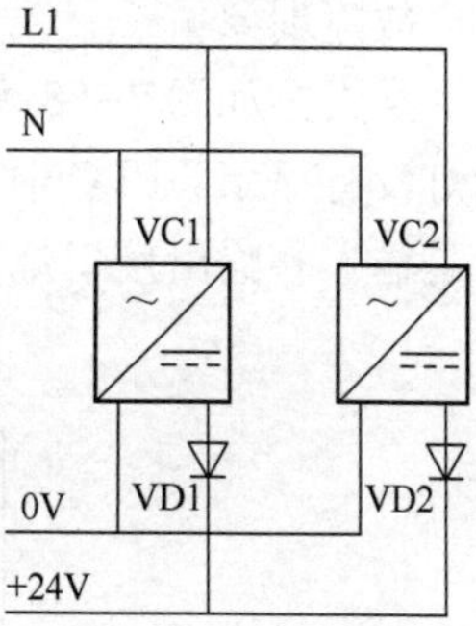

【调试和故障诊断实例 4】

故障现象：

某设备的电磁阀额定功率为 20 W，额定电压为+24 V，电磁阀上电，系统工作正常，但断电时会造成直流电源跳闸。

故障检查与排除：

本例的跳闸应与短路无关。由于电磁阀的功率较大，断电后产生较大的感应电动势，对直流电源产生较大的干扰，因此直流电源跳闸。

图 7-56　改进后的电源

解决方案 1：加续流二极管即可解决，如图 7-57 所示，这是最容易想到的方法。

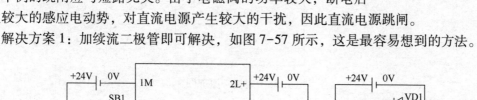

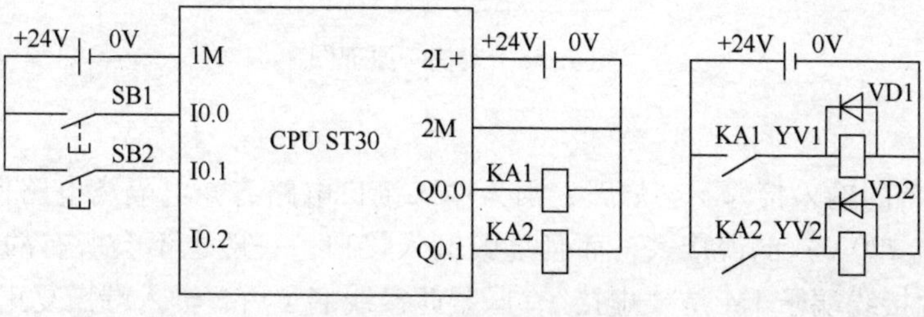

图 7-57　实例 4 原理图

解决方案 2：单独给冲击性负载供电。

【调试和故障诊断实例 5】

故障现象：

某设备的主回路有变频器，电源开关为剩余电流断路器，运行时经常跳闸。

故障检查与排除：

一般不能在变频器前使用剩余电流断路器。因为变频器的大功率器件是 IGBT（绝缘栅双极型晶体管），容易造成剩余电流断路器跳闸。通常使用一般断路器。

如一定要使用剩余电流断路器，则选用剩余电流较大的剩余电流断路器。

【调试和故障诊断实例 6】

故障现象：

某纺织机械，配丹佛斯变频器，正常转速为 10000 r/min，正常起动和运行时无故障，但停机阶段数次烧坏变频器的电容。

故障检查与排除：

1）起动和运行阶段无故障表明变频器的功率足够。

2）设备的转速高，停机时巨大的动能转换成电能反冲到变频器的电容，过量的电量致使电容烧毁。

3）在直流回路中添加制动电阻后，问题解决，再无烧坏电容现象。

4）还有一种解决办法是在直流回路中加充放电电容，好处是在制动时存储电力，在运行时释放电力，可以节省能源。

【调试和故障诊断实例 7】

故障现象：

某人按如图 7-58 所示原理图接线，之后压下 SB1、SB2 和 SB3 按钮，发现输入端的指示灯没有显示，PLC 中没有程序，但灯 HL 常亮，接线没有错误，+24 V 电源也正常，其分析是输入和输出接口烧毁，读者试判断该分析是否正确。

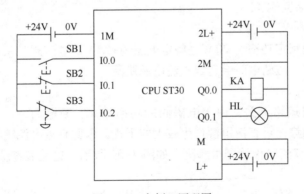

图 7-58 实例 7 原理图

分析如下：

1）实验设备的输入接口不会烧毁，因为输入接口电路有光电隔离电路保护，除非有较大电压（如交流 220 V）的误接入，而且烧毁输入接口，一般也不会所有的接口同时烧毁。经过检查，发现接线端子 1M 是"虚接"，压紧此接线端子后，输入端恢复正常。

2）错误接线容易造成晶体管输出回路的元器件烧毁，晶体管的击穿会造成回路导通，从而造成灯 HL 常亮。

【调试和故障诊断实例 8】

某设备的控制系统由 PLC 和 5 台 G120 变频器组成，操作工反映每天晚上有 1~2 次变频器停机，上电后可正常使用，白天正常。

故障现象：

维修检查发现报警信息为"F06310"，晚上的电压偏高，为 420 V，而白天电压基本正常，为 390 V。晚上为过电压报警。

故障检查与排除：

安装 20 kW 的自耦变压器，将电压调整到 370~400 V，问题得到解决。

【调试和故障诊断实例 9】

故障现象：

某设备的控制系统由 S7-300 PLC、数字量和模拟量模块组成，通电后发现模拟量模块的通道烧毁（系统并无短路和过电压故障）。

故障检查与排除：

维修检查发现接线电工疏忽，把接地线和中性线接错，由于模拟量通道无光电隔离，所以容易烧毁。把接错的线更正，问题得到解决。

【调试和故障诊断实例 10】

故障现象：

某自动化设备上配有 PLC，最后一道工序是打标机，打标信号由 PLC 继电器的触点送给打标机，发现 90% 的情况打标机能正常工作，而 10% 的情况不能打标，分析原因。原理图如图 7-59 所示。

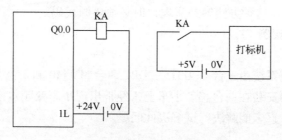

图 7-59　实例 10 原理图

故障检查与排除：

经过检查，打标机无故障，自动化设备的前端也没有问题，分析是继电器触点闭合瞬间产生较大干扰，导致打标机不工作，加滤波后工作正常，改进后的原理图如图 7-60 所示。

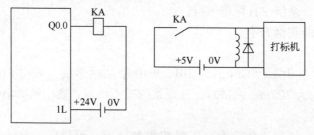

图 7-60　实例 10 改进后的原理图

【调试和故障诊断实例 11】

故障现象：

某初学者，下载程序到 S7-300 PLC 后，SF 灯亮，但不知是硬件故障还是程序错误。

故障检查与排除：

只要删除下载的程序，只下载正确的硬件组态，检查 SF 指示灯是否亮，如不亮则程序错误。

【调试和故障诊断实例 12】

故障现象：

某设备的控制器为 S7-300 PLC 和 CP343-1，发现 CPU 的 STOP 和 SF 灯亮，而 CP343-1 的灯都不亮。

故障检查与排除：

1）首先检查接线是否正确，有无断线、短路和接错线，DC 24V 供电电压是否正常。

2）系统断电，检查模块是否安装牢固。

3）排除以上问题基本可以得出，CP343-1 模块故障，需要拆下，更换新的模块，问题得以解决。

【调试和故障诊断实例 13】

故障现象：

维修人员发现 S7-200 SMART PLC（继电器型输出）的 Q0.3 烧毁，怎样解决？

故障检查与排除：

1）方法 1：拆开主板，更换继电器，这种办法对维修人员要求高。

2）方法 2：此 PLC 还有备用点 Q3.3，将 Q0.3 上的硬接线改到 Q3.3 上，再把程序中的 Q0.3 全部替换成 Q3.3，这种办法容易实现，但必须要源代码。

【调试和故障诊断实例 14】

故障现象：

某钢厂设备的控制系统由 1 台 CPU315-2DP、3 台 MM440 和 2 台 ET200M 以及 I/O 模块组成。其中一台变频器安装在一台移动小车上，经常出现小车变频器接头松动而造成系统崩溃的情况，生产厂家一直未能解决。试解决此问题。

故障检查与排除：

1）移动小车造成 PROFIBUS-DP 通信接头松动，这是很正常的事情，也很难防止其再次松动。

2）解决方案：将小车上的变频器和 CPU 的信息沟通不采用 PROFIBUS-DP 通信，而直接用 ET200M 上的模拟量调速，起停等信息用 ET200M 上的 I/O 端子。

3）做此改进后，系统一直稳定运行。

【调试和故障诊断实例 15】

故障现象：

某设备的控制系统由 1 台 CPU315-2DP 和 10 个从站组成，采用 PROFIBUS-DP 通信。站间通信距离最远约为 200 m。调试时，发现系统很不稳定，通信频繁出错。试查找原因。

故障检查与排除：

1）厂家的此设备已经出售多台，未发现类似原因，可排除设备设计和程序上的重大缺陷。

2）检查 DP 接头和所有屏蔽线都接线正常。

3）把传输速率从 500 kbit/s 降至 9.6 kbit/s，也无明显改善。

4）后检查现场发现有多台大功率变频器和中频淬火炉，且频繁起停，现场的设备较多，后停止运行附近所有设备，通信正常，故判断通信故障为干扰所致。

5）解决方案：将 DP 通信电缆改为光纤通信电缆，问题得以解决，因为光纤抗干扰能力强。

【调试和故障诊断实例 16】

故障现象：

某设备的控制系统由 1 台 CPU315-2DP 和多个从站组成。有一台 AGV（自动导引车）运料小车与主站采用无线通信。试用一段时间后，发现系统不稳定，主要是对 AGV 小车控制不准确，有时甚至压下急停按钮也不停机。试查找原因。

故障检查与排除：

1）AGV 小车收不到急停信号，说明干扰信号还比较大，对无线信号的影响比较大。这种影响有时甚至是致命的。

2）解决方案：将无线信号改为有线控制，控制线由软链拖拽，使用效果良好。

【调试和故障诊断实例 17】

故障现象：

S7-300 PLC AI 模块，输入信号为 4~20 mA 电流信号，接线与程序均正确，但是在程序监控中显示接收的数据不稳定，"跳动"很大，地线和屏蔽线接线良好。

故障检查与排除：

1）方法 1：将信号负 AI- 与 AI 模块的电源负短接，这种解决办法简单易行。

2）方法 2：在模拟量模块和传感器之间安装模拟信号隔离器。

【调试和故障诊断实例 18】

故障现象：

WinCC 通过 CP5621 通信卡与 PLC 进行 MPI 通信，所有组态、设置均正确，但是连接时通信时断时续，通过软件检测硬件，结果正常，但是通信一直存在问题。

故障检查与排除：

将通信所用的 DP 电缆与 DP 接头全部拆下，发现 DP 电缆的屏蔽层与 DP 接头内的接地没有连接，重新制作，再测试，通信正常。

【调试和故障诊断实例 19】

故障现象：

现场一台 CPU315-2DP 采用 PID 输出调节变频器的频率，发现 PID 输出到 100%（也就是 AO 模块输出最大 20 mA 电流信号），但是变频器的频率没有到最大的 50 Hz，检测电流只有 16 mA。

故障检查与排除：

查找问题，发现 AO 模块后面有隔离器，将隔离器拆除，AO 模块直接输出到变频器上去，问题解决。

【调试和故障诊断实例 20】

故障现象：

检查时，发现 CPU315-2DP 的信号线与动力线布放在同一个桥架内，且现场设备信号没有传送到 PLC，所有的接线正确。但是 PLC 的一个 DI 模块上的 LED 指示灯一直处于点亮状态。

故障检查与排除：

用万用表测量电压，竟然达到 110 V。

原因：强电的感应电。

解决方案：强电和弱电布线分开。可见，强电和弱电分开布置是非常重要的

【调试和故障诊断实例 21】

故障现象：

某钢厂改造一套输灰设备，原控制系统方案为 CPU414 带 ET200M 远程站，改造后，增加了硬件模块，所以程序要重新下载。改造时，业主允许进行程序调试，造成的停机时间是 30 min，问业主要求是否合理？

故障检查与排除：

先把组态和程序进行模拟仿真，确保程序正确。下载硬件组态 CPU 会停机重启，但下载软件 CPU 不会停机，因此，30 min 停机时间是足够的，即使程序不正确，也可以重新下载，但必须保证硬件组态正确。

【调试和故障诊断实例 22】

故障现象：

某设备的控制系统由 1 台 CPU315-2DP、1 台 MM420（控制风机）、3 台软起动器（控制风机）和 3 台 ET200M 组成，ET200M 与 CPU315-2DP 为 DP 通信。MM420 模拟量速度给定，端子排起停控制，软起动器为直接端子排起停控制。

某日发现 2 台风机不能在远程中控室中用 HMI 控制运行，变频器控制不能就地起动，而软起动的可以就地起动。其他设备均可在中控室控制。

故障检查与排除：

在中控室发出软起动器起停信号，PLC 上有灯指示，表明信号到达 PLC，说明通信正常；接着查找，发现中间继电器不吸合，更换中间继电器即可。

变频器处，用信号发生器给模拟量信号和端子排起停信号，也不能起动，表明变频器故障，需要维修。

【调试和故障诊断实例 23】

故障现象：

洗衣机不锈钢内筒生产线上的液压专机发生故障，油缸下行后无法上行，一直停留在下极限位置。手动进行上行操作无效。

故障检查：

此液压专机电气控制系统为 PLC 控制，检查液压系统，无故障。此油缸由二位五通电磁阀控制，直接用螺钉旋具按压电磁阀换向阀芯，也无法换向。而此时发现电磁阀线圈有吸力。后测量发现电磁阀线圈有电压，但 PLC 信号输出指示灯显示无输出。再次检查发现 PLC 输出触点粘连，造成下降线圈一直得电。

故障排除：更换 PLC 输出触点，故障排除（此故障为电气系统设计不合理，PLC 输出点直接控制电磁阀线圈，而未经过中间继电器转接）。

【调试和故障诊断实例 24】

故障现象：

　　洗衣机装配生产线上的搬运机械手在工件到位后无夹紧动作，检测工件到位信号的是对射式光电传感器，根据 I/O 接线图，先检查 PLC 输入端信号是否正常，结果发现流水线有工件，但输入端无信号。

　　故障检查：

　　根据经验先重点检查红外线传感器及相关线路。经过现场测试工作正常，再检查相关信号线路，没有发现断线等故障。短接信号输入端与公共端，PLC 输入端也没有信号，故障为 PLC 输入端内部光电耦合器损坏。

　　故障排除：

　　更换到备用的 PLC 输入端，故障排除。故障分析，此红外线传感器信号由继电器输出，通过接线端子送到控制柜，安装接线端子的接线盒在设备的下面，由于接线盒锈蚀，线路凌乱，外部的潮气进入接线盒，致使信号端子附近强电窜入弱电回路，烧毁 PLC 光电耦合器。

　　【调试和故障诊断实例 25】

　　故障现象：

　　洗衣机离合器生产线的轴承压入机在运行中突然发生故障，无自动运行，尝试手动操作进行复位，手动也无动作。

　　故障检查：

　　首先检查电气控制系统（三菱 FX2N），发现 PLC 面板上电源指示灯闪烁，运行指示灯不亮，根据此现象，推断为 PLC 故障，但更换 PLC 故障未排除。后查阅图样发现，外接的 2 只 3 线式传感器使用的是 PLC 内部的 24 V 电源（厂家为节约成本）。后将 PLC 上的 24 V 电源的正极接线断开，PLC 恢复正常。

　　故障排除：

　　经检查，发现一只传感器的线缆破损，传感器电源的正负极短路，从而造成 PLC 短路保护。经询问操作工人，故障发生前有一箱零件倾倒下来，故分析此故障的原因是倾倒下来的零件砸伤了传感器的线缆造成短路故障。

　　建议不要使用 PLC 的内部电源向传感器供电，而要使用外部开关电源供电。

　　【调试和故障诊断实例 26】

　　故障现象：

　　FR-E700 变频器，刚起动时 E.0C1 报警，可能是什么故障？

　　故障检查与排除：

　　1）先查手册，E.0C1 为加速过电流报警，最简单的方案是把加减速时间都延长，但仍然报警。

　　2）把电动机脱开，也就是不加负载，看有无报警，若无，则很可能是负载卡死或者过大，若仍然报警，则很可能是变频器故障。

　　3）后发现是变频器故障，送厂家维修。

　　【调试和故障诊断实例 27】

　　故障现象：

　　某系统，配有 2 套伺服系统，伺服系统拖动小车快速送料，调试时，发现振动较大，影响生产。

　　故障检查与排除：

　　1）先检查机械结构，对机械结构紧固，振动有所改善。

2）后将伺服驱动器的加速和减速时间加大，问题最终解决。

【调试和故障诊断实例 28】

故障现象：

某设备的运料翻斗，控制系统由 PLC 和变频器组成，翻斗从低处取料，再到高处，下移后卸料，运行时，变频器经常在下移过程中报警。系统有制动电阻。

故障检查与排除：

检查发现，翻斗在下降过程中，翻斗带动电动机转动，电动机变成发电机，多余的电力使泵升电压升高，从而致使变频器过电压报警。

解决方案：把制动电阻的功率调大，问题得以解决；也可采用增加回馈单元，或者直流共母线的方法加以解决。

第8章　西门子 PLC 高速计数器及应用技术

工艺功能包括高速输入、高速输出和 PID 功能，工艺功能是 PLC 学习中的难点内容。学习本章后应掌握如下知识和技能。

1) 掌握高速计数器的基本概念和指令。

2) 掌握利用高速计数器测距离和测速度编写程序。

本章是 PLC 晋级的关键。

8.1　S7-200 SMART PLC 的高速计数器及其应用

8.1.1　S7-200 SMART PLC 高速计数器简介

对超出 CPU 普通计数器能力的脉冲信号进行测量，S7-200 SMART PLC CPU 提供了多个高速计数器（HSC0~HSC5）以响应快速脉冲输入信号，不同固件版本 CPU 的高速计数器的性能指标有差异，目前版本为 V2.7，功能较为强大。高速计数器的计数速度比 PLC 的扫描速度要快得多，因此高速计数器可独立于用户程序工作，不受扫描时间的限制。用户通过相关指令，设置相应的特殊存储器控制计数器的工作。高速计数器的一个典型的应用是利用光电编码器测量转速和位移。

1. 高速计数器的工作模式和输入

高速计数器有 8 种、共 4 类工作模式，每个计数器都有时钟、方向控制和复位启动等特定输入。对于双相计数器，两个时钟都可以运行在最高频率上，高速计数器的最高计数频率取决于 CPU 的类型。在正交模式下，可选择 1×（一倍频）或者 4×（四倍频）输入脉冲频率的内部计数频率。高速计数器 4 类工作模式如下。

（1）无外部方向输入信号的单相加/减计数器（模式 0 和模式 1）

用高速计数器的控制字的第 3 位控制加减计数，该位为 1 时为加计数，为 0 时为减计数。高速计数器模式 0 和 1 工作原理如图 8-1 所示。

（2）有外部方向输入信号的单相加/减计数器（模式 3 和模式 4）

方向信号为 1 时，为加计数，方向信号为 0 时，为减计数。高速计数器模式 3 和 4 工作原理如图 8-2 所示。

（3）有加计数时钟脉冲和减计数时钟脉冲输入的双相计数器（模式 6 和模式 7）

若加计数脉冲和减计数脉冲的上升沿出现的时间间隔短，高速计数器认为这两个事件同时发生，当前值不变，也不会有计数方向变化的指示。否则高速计数器能捕捉到每一个独立的信号。高速计数器模式 6 和 7 工作原理如图 8-3 所示。

（4）A/B 相正交计数器（模式 9 和模式 10）

它的两路计数脉冲的相位相差 90°，正转时 A 相时钟脉冲比 B 相时钟脉冲超前 90°。反

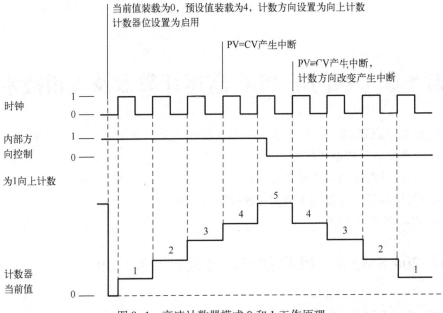

图 8-1　高速计数器模式 0 和 1 工作原理

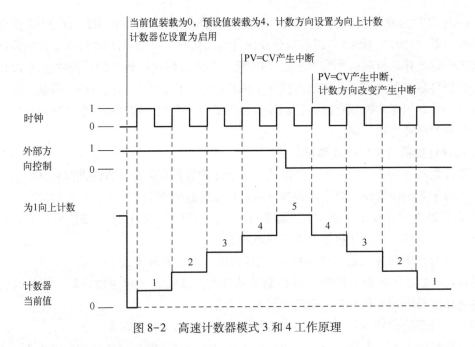

图 8-2　高速计数器模式 3 和 4 工作原理

转时 A 相时钟脉冲比 B 相时钟脉冲滞后 90°。利用这一特点，正转时加计数，反转时减计数。

　　高速计数器模式 9 和 10 就是 A/B 相正交计数器，又分为一倍频和四倍频，一倍频即高速计数器模式 9 和 10（A/B 正交相位 1×），工作原理如图 8-4 所示，四倍频即高速计数器模式 9 和 10（A/B 正交相位 4×），在相同的条件下，四倍频时的计数值是一倍频的四倍。

　　高速计数器的输入分配和功能见表 8-1。

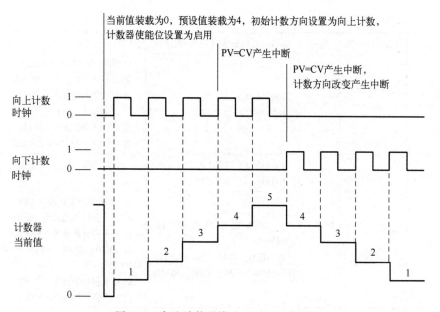

图 8-3 高速计数器模式 6 和 7 工作原理

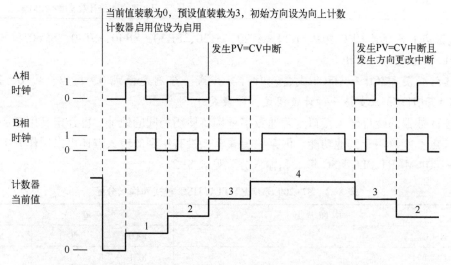

图 8-4 高速计数器模式 9 和 10（A/B 正交相位 1×）工作原理

表 8-1 高速计数器的输入分配和功能

计数器	时钟 A	DIR/时钟 B	复位	单相、双相最大时钟/输入速率	正交最大时钟/输入速率
HSC0	I0.0	I0.1	I0.4	200 kHz（S 型号 CPU） 100 kHz（C 型号 CPU）	1. 100 kHz（S 型号 CPU） 最大 1 倍计数速率 = 100 kHz 最大 4 倍计数速率 = 400 kHz 2. 20 kHz（C 型号 CPU） 最大 1 倍计数速率 = 20 kHz 最大 4 倍计数速率 = 80 kHz
HSC1	I0.1			200 kHz（S 型号 CPU） 100 kHz（C 型号 CPU）	

（续）

计数器	时钟 A	DIR/时钟 B	复位	单相、双相最大时钟/输入速率	正交最大时钟/输入速率
HSC2	I0.2	I0.3	I0.5	200 kHz（S 型号 CPU） 100 kHz（C 型号 CPU）	1. 100 kHz（S 型号 CPU） 最大 1 倍计数速率 = 100 kHz 最大 4 倍计数速率 = 400 kHz 2. 20 kHz（C 型号 CPU） 最大 1 倍计数速率 = 50 kHz 最大 4 倍计数速率 = 200 kHz
HSC3	I0.3			200 kHz（S 型号 CPU） 100 kHz（C 型号 CPU）	
HSC4	I0.6	I0.7	I1.2	1. SR30 和 ST30 型号 CPU：200 kHz 2. SR20、ST20、SR40、ST40、SR60 和 ST60 型号 CPU：30 kHz	1. SR30 和 ST30 型号 CPU 最大 1 倍计数速率 = 100 kHz 最大 4 倍计数速率 = 400 kHz 2. SR20、ST20、SR40、ST40、SR60 和 ST60 型号 CPU 最大 1 倍计数速率 = 20 kHz 最大 4 倍计数速率 = 80 kHz
HSC5	I1.0	I1.1	I1.3	S 型号 CPU：30 kHz	S 型号 CPU 最大 1 倍计数速率 = 20 kHz 最大 4 倍计数速率 = 80 kHz

【关键点】S 型号 CPU 包括 SR20、ST20、ST30、SR30、SR40、ST40、SR60 和 ST60，C 型号 CPU 包括 CR40、CR60。

高速计数器 HSC0 和 HSC2 支持八种计数模式，分别是模式 0、1、3、4、6、7、9 和 10。HSC1 和 HSC3 只支持一种计数模式，即模式 0。

高速计数器的硬件输入接口与普通数字量接口使用相同的地址。已经定义用于高速计数器的输入点不能再用于其他功能。但某些模式下，没有用到的输入点还可以用作开关量输入点。S7-200 SMART PLC HSC 模式和输入分配见表 8-2。

表 8-2　S7-200 SMART PLC HSC 模式和输入分配

模式	中断描述	输　入　点		
	HSC0	I0.0	I0.1	I0.4
	HSC1	I0.1		
	HSC2	I0.2	I0.3	I0.5
	HSC3	I0.3		
	HSC4	I0.6	I0.7	I1.2
	HSC5	I1.0	I1.1	I1.3
0	具有内部方向控制的单相计数器	时钟		
1		时钟		复位
3	具有外部方向控制的单相计数器	时钟	方向	
4		时钟	方向	复位
6	带有 2 个时钟输入的双相计数器	加时钟	减时钟	
7		加时钟	减时钟	复位
9	A/B 正交计数器	时钟 A	时钟 B	
10		时钟 A	时钟 B	复位

2. 高速计数器的控制字和初始值、预置值

所有的高速计数器在 S7-200 SMART PLC CPU 的特殊存储区中都有各自的控制字。控制字用来定义计数器的计数方式和一些其他设置，以及在用户程序中对计数器的运行进行控制。高速计数器的控制字的位地址分配见表 8-3。

表 8-3 高速计数器的控制字的位地址分配表

HSC0	HSC1	HSC2	HSC3	HSC4	HSC5	描　　述
SM37.0	不支持	SM57.0	不支持	SM147.0	SM157.0	复位有效控制，0=复位高电平有效，1=复位低电平有效
SM37.2	不支持	SM57.2	不支持	SM147.2	SM157.2	正交计数器速率选择，0=4×计数率，1=1×计数率
SM37.3	SM47.3	SM57.3	SM137.3	SM147.3	SM157.3	计数方向控制，0=减计数，1=加计数
SM37.4	SM47.4	SM57.4	SM137.4	SM147.4	SM157.4	向 HSC 中写入计数方向，0=不更新，1=更新
SM37.5	SM47.5	SM57.5	SM137.5	SM147.5	SM157.5	向 HSC 中写入预置值，0=不更新，1=更新
SM37.6	SM47.6	SM57.6	SM137.6	SM147.6	SM157.6	向 HSC 中写入初始值，0=不更新，1=更新
SM37.7	SM47.7	SM57.7	SM137.7	SM147.7	SM157.7	HSC 允许，0=禁止 HSC，1=允许 HSC

高速计数器都有初始值和预置值，初始值就是高速计数器的起始值，而预置值就是计数器运行的目标值，当前值（当前计数值）等于预置值时，会引发一个内部中断事件，初始值、预置值和当前值都是 32 位有符号整数。必须先设置控制字以允许装入初始值和预置值，并且初始值和预置值存入特殊存储器中，然后执行 HSC 指令使新的初始值和预置值有效。装载高速计数器的初始值、预置值和当前值的寄存器与计数器的对应关系见表 8-4。

表 8-4 装载初始值、预置值和当前值的寄存器与计数器的对应关系表

高速计数器	HSC0	HSC1	HSC2	HSC3	HSC4	HSC5
初始值	SMD38	SMD48	SMD58	SMD138	SMD148	SMD158
预置值	SMD42	SMD52	SMD62	SMD142	SMD152	SMD162
当前值	HC0	HC1	HC2	HC3	HC4	HC5

3. 指令介绍

高速计数器（HSC）指令根据 HSC 特殊内存位的状态配置和控制高速计数器。高速计数器定义（HDEF）指令选择特定的高速计数器（HSCx）的操作模式。模式选择定义高速计数器的时钟、方向、起始和复原功能。高速计数器指令的格式见表 8-5。

表 8-5 高速计数器指令的格式

LAD	输入/输出	参数说明	数据类型
HDEF EN　ENO HSC MODE	HSC	高速计数器的号码，取值 0、1、2、3	BYTE
	MODE	模式，取值为 0、1、3、4、6、7、9、10	BYTE
HSC EN　ENO N	N	指定高速计数器的号码，取值 0、1、2、3	WORD

以一个简单例子说明控制字和高速计数器指令的具体应用，梯形图如图 8-5 所示。

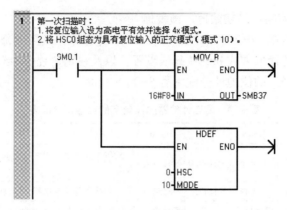

图 8-5　梯形图

4. 滤波时间

S7-200 SMART PLC 的数字量输入的默认滤波时间是 6.4 ms，可以测量的最大频率是 78 Hz，因此要测量高速输入信号时需要修改滤波时间，否则对于高于 78 Hz 的信号，测量会产生较大的误差。HSC 可检测到的各种输入滤波组态的最大输入频率见表 8-6。

表 8-6　**HSC 可检测到的各种输入滤波组态的最大输入频率**

输入滤波时间	可检测到的最大频率	输入滤波时间	可检测到的最大频率
0.2 μs	200 kHz（S 型号 CPU） 100 kHz（C 型号 CPU）	0.2 ms	2.5 kHz
0.4 μs	200 kHz（S 型号 CPU） 100 kHz（C 型号 CPU）	0.4 ms	1.25 kHz
0.8 μs	200 kHz（S 型号 CPU） 100 kHz（C 型号 CPU）	0.8 ms	625 Hz
1.6 μs	200 kHz（S 型号 CPU） 100 kHz（C 型号 CPU）	1.6 ms	312 Hz
3.2 μs	156 kHz（S 型号 CPU） 100 kHz（C 型号 CPU）	3.2 ms	156 Hz
6.4 μs	78 kHz	6.4 ms	78 Hz
12.8 μs	39 kHz	12.8 ms	39 Hz

例如，如果要测量 100 kHz 的高速输入信号的频率，则应把滤波时间修改为 3.2 μs 或者更小。先打开系统块，修改输入点 I0.0 和 I0.1 滤波时间的方法如图 8-6 所示，勾选"I0.0-I0.7"选项，用下拉菜单把 I0.0 和 I0.1 的滤波时间修改成 3.2 μs，并勾选"脉冲捕捉"选项，单击"确定"按钮即可。

8.1.2　S7-200 SMART PLC 高速计数器的应用——测量位移和速度

1. 光电编码器简介

利用 PLC 高速计数器测量转速，一般要用到光电编码器。光电编码器是集光、机、电技术于一体的数字化传感器，可以高精度测量被测物的转角或直线位移量。光电编码器通过测量被测物体的旋转角度或者直线距离，并将测量到的旋转角度转化为脉冲电信号输出，控

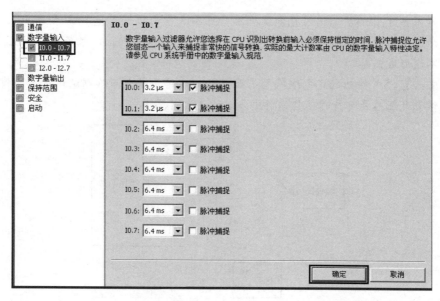

图 8-6　修改输入点 I0.0 和 I0.1 滤波时间的方法

制器［PLC 或者数控系统的 CNC（计算机数控）］检测到这个输出的电信号即可得到速度或者位移。

（1）光电编码器的分类

按测量方式，可分为旋转编码器、直尺编码器。

按编码方式，可分为绝对式编码器、增量式编码器和混合式编码器。

（2）光电编码器的应用场合

光电编码器在机器人、数控机床上得到广泛应用，一般而言只要用到伺服电动机就可能用到光电编码器。

2. 应用实例

以下用例子说明高速计数器在转速测量中的应用。

【例 8-1】用 S7-200 SMART PLC 和光电编码器测量滑台运动的实时位移。光电编码器为 500 线（500 脉冲/r），与电动机同轴安装，电动机的角位移和光电编码器的角位移相等，滚珠丝杠螺距是 10 mm，电动机每转一圈滑台移动 10 mm。硬件系统的示意图如图 8-7 所示。

微课
用 S7-200
SMART PLC
对滑台的实时
位移测量

图 8-7　硬件系统的示意图

【解】

1）设计电气原理图。由于编码器是 NPN 型输出，所以 CPU 模块是 NPN 型的输入，1M 连接的是+24 V。查表 8-2，可知采用 A/B 正交模式输入时，编码器的 A 相和 B 相分别连接 PLC 的 I0.0 和 I0.1。设计电气原理图如图 8-8 所示。

【关键点】光电编码器的输出脉冲信号有+5 V 和+24 V（或者+18 V），而多数 S7-200 SMART PLC CPU 的输入端的有效信号是+24 V（PNP 接法时），因此，在选用光电编码器时要注意最好不要选用+5 V 输出的光电编码器。图 8-8 中的编码器是 PNP 型输出，这一点非常重要，涉及程序的初始化，在选型时要注意。此外，编码器的 A-端子要与 PLC 的 1M 短接。否则不能形成回路。

那么若只有+5 V 输出的光电编码器是否可以直接用于以上回路测量速度？答案是不能，但经过晶体管升压后是可行的，具体解决方案读者自行思考。

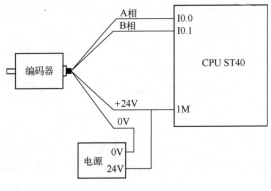

图 8-8　电气原理图

2）设置脉冲捕捉时间。打开系统块，选中"数字量输入"→"I0.0-I0.7"，将 I0.0 和 I0.1 的捕捉时间设置为 3.2 μs，同时勾选"脉冲捕捉"，最后单击"确定"按钮，如图 8-6 所示。

3）编写程序。本例的编程思路是先对高速计数器进行初始化，启动高速计数器，高速计数器计数个数，转化成编码器旋转的圈数，乘以螺距，也就是工作台的位移。光电编码器为 500 线，也就是说，高速计数器每收到 500 个脉冲，电动机就转 1 圈。电动机的转速公式如下。

$$s = \frac{N}{500} \times 10 \text{ mm} = \frac{N}{50} \text{ mm}$$

式中，s 为工作台的位移；N 为高速计数器计数个数（收到脉冲个数）。

特殊寄存器 SMB37 各位的含义如图 8-9 所示。梯形图如图 8-10 所示。

SMB37(HSC:0)=16#FC=2#11111100

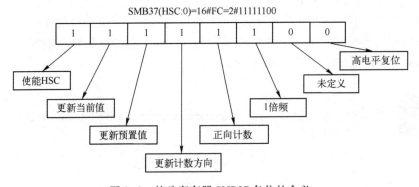

图 8-9　特殊寄存器 SMB37 各位的含义

【例 8-2】一台电动机上配有一台光电编码器（光电编码器与电动机同轴安装），如图 8-11 所示，试用 S7-200 SMART PLC 测量电动机的转速，要求正向旋转为正数转速，反向旋转为负数转速。

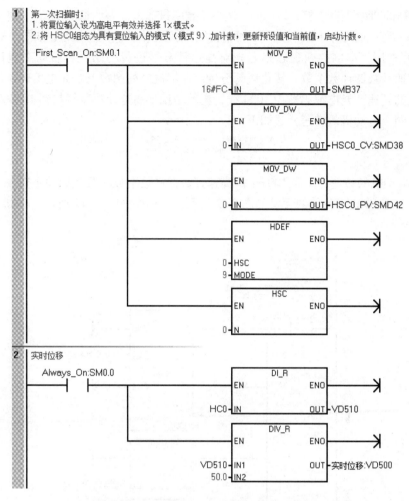

图 8-10　梯形图

图 8-11　测量电动机转速示意图

【解】

由于光电编码器与电动机同轴安装，所以光电编码器的转速就是电动机的转速。用高速计数器 A/B 正交计数器的模式 9 或 10 测量，可以得到有正负号的转速。

方法一：直接编写程序。

1）软硬件配置。

① 1 套 STEP7-Micro/WIN SMART V2.7。

② 1 台 CPU ST40。

③ 1 台光电编码器（1024 线，即 1024 脉冲/r）。

④ 1 根以太网线。

电气原理图如图 8-8 所示。

2）设置脉冲捕捉时间。打开系统块，选中"数字量输入"→"I0.0-I0.7"，将 I0.0 和 I0.1 的捕捉时间设置为 3.2 μs，同时勾选"脉冲捕捉"，最后单击"确定"按钮，如图 8-6 所示。

3）编写程序。本例的编程思路是先对高速计数器进行初始化，启动高速计数器，在 100 ms 内高速计数器计数个数，转化成每分钟编码器旋转的圈数就是光电编码器的转速，也就是电动机的转速。光电编码器为 1024 线，也就是说，高速计数器每收到 1024 个脉冲，电动机就转 1 圈。电动机的转速公式如下。

$$n = \frac{N \times 10 \times 60}{1024} \text{r/min} = \frac{N \times 75}{2^7} \text{r/min}$$

式中，n 为电动机的转速；N 为 100 ms 内高速计数器计数个数（收到脉冲个数）。

特殊寄存器 SMB37 各位的含义如图 8-9 所示。主程序如图 8-12 所示，中断程序 INT_0 如图 8-13 所示。

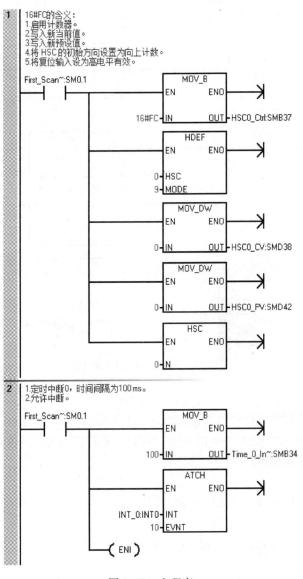

图 8-12　主程序

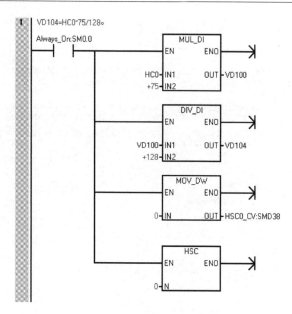

图 8-13 中断程序 INT_0

方法二：使用指令向导编写程序。

初学者学习高速计数器是有一定难度的，STEP7-Micro/WIN SMART 软件内置的指令向导提供了简单方案，能快速生成初始化程序，以下介绍这一方法。

1）设置脉冲捕捉时间。设置脉冲捕捉时间与方法一相同。

2）打开指令向导。单击菜单栏中的"工具"→"高速计数器"按钮，如图 8-14 所示，弹出如图 8-15 所示的界面。

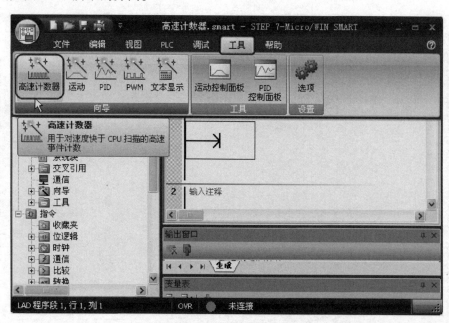

图 8-14 打开"高速计数器"指令向导

3）选择高速计数器编号。本例选择高速计数器 0，也就是要勾选"HSC0"，如图 8-15

所示。选择哪个高速计数器由具体情况决定，单击"模式"选项或者单击"下一个"按钮，弹出如图 8-16 所示的界面。

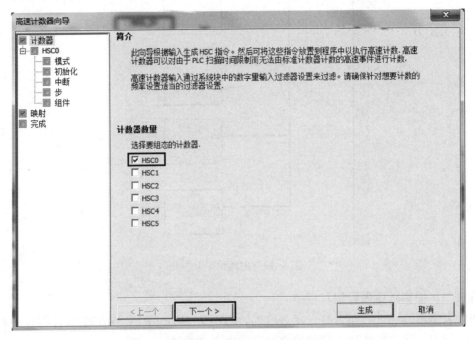

图 8-15 选择高速计数器编号

4）选择高速计数器的工作模式。如图 8-16 所示，在"模式"选项中，选择"模式 9"（A/B 相模式），单击"下一个"按钮，弹出如图 8-17 所示的界面。

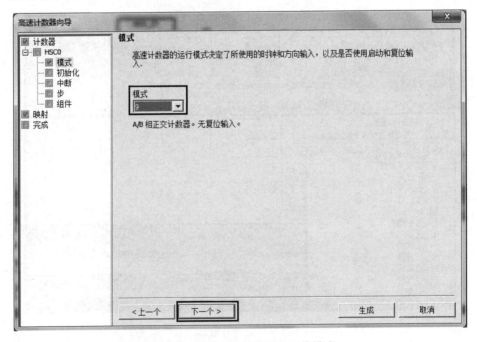

图 8-16 选择高速计数器的工作模式

5）设置高速计数器的参数。如图 8-17 所示，初始化程序的名称可以使用系统自动生成的，也可以由读者重新命名，本例的预设值为"100"，当前值为"0"，输入初始计数方向为"上"，计数速率为"1×"。单击"下一个"按钮，弹出如图 8-18 所示的界面。

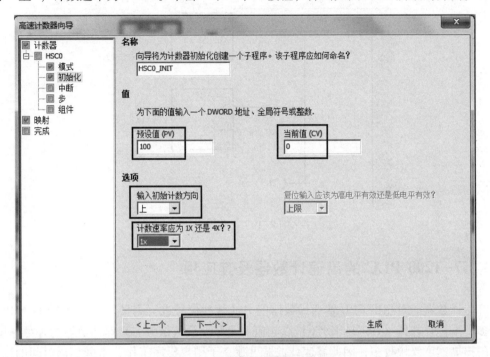

图 8-17　设置高速计数器的参数

6）设置完成。本例不需要设置高速计数器中断、步和组件，因此单击"生成"按钮即可，如图 8-18 所示。

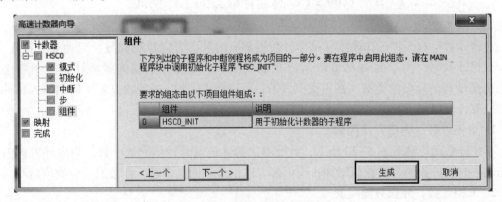

图 8-18　高速计数器设置完成

高速计数器设置完成后，可以看到指令向导自动生成初始化程序"HSC0_INIT"。编写主程序如图 8-19 所示，中断程序 INT_0 如图 8-13 所示。

【关键点】利用指令向导只能生成高速计数器的初始化程序，其余的程序仍然需要读者编写。

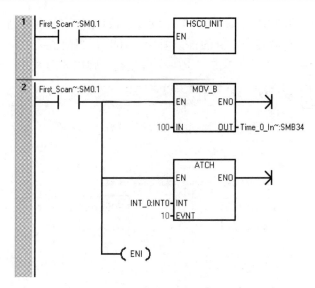

图 8-19　主程序

8.2　S7-1200 PLC 的高速计数器及其应用

高速计数器能对超出 CPU 普通计数器能力的脉冲信号进行测量。S7-1200 PLC CPU 提供了多个高速计数器（HSC1～HSC6）以响应快速脉冲输入信号。高速计数器的计数速度比 PLC 的扫描速度要快得多，因此高速计数器可独立于用户程序工作，不受扫描时间的限制。用户通过相关指令和硬件组态控制计数器的工作。高速计数器的典型应用是利用光电编码器测量转速和位移。

8.2.1　S7-1200 PLC 高速计数器的工作模式

高速计数器有 5 种工作模式，每个计数器都有时钟、方向控制和复位启动等特定输入。对于双相计数器，两个时钟都可以运行在最高频率，高速计数器的最高计数频率取决于 CPU 的类型和信号板的类型。在正交模式下，可选择 1 倍频、2 倍频或者 4 倍频输入脉冲频率的内部计数频率。高速计数器 5 种工作模式介绍如下。

1. 单相计数，内部方向控制

单相计数的原理如图 8-20 所示，计数器采集并记录时钟信号的个数，当内部方向信号为高电平时，计数的当前数值增加；当内部方向信号为低电平时，计数的当前数值减小。

2. 单相计数，外部方向控制

单相计数的原理如图 8-20 所示，计数器采集并记录时钟信号的个数，当外部方向信号（例如外部按钮信号）为高电平时，计数的当前数值增加；当外部方向信号为低电平时，计数的当前数值减小。

3. 两个相位计数，两路时钟脉冲输入

加/减两个相位计数原理如图 8-21 所示，计数器采集并记录时钟信号的个数，加计数信号端子和减计数信号端子分开。当加计数有效时，计数的当前数值增加；当减计数有效时，计数的当前数值减少。

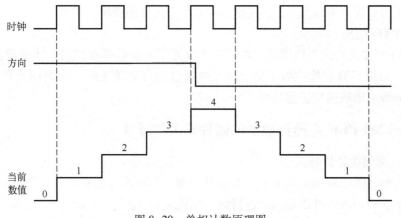

图 8-20　单相计数原理图

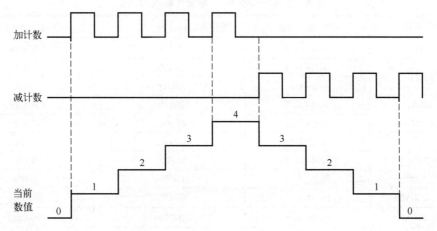

图 8-21　加/减两个相位计数原理图

4. A/B 相正交计数

A/B 相正交计数原理如图 8-22 所示，计数器采集并记录时钟信号的个数。A 相计数信号端子和 B 相信号计数端子分开，当 A 相计数信号超前时，计数的当前数值增加；当 B 相计数信号超前时，计数的当前数值减少。利用光电编码器（或者光栅尺）测量位移和速度时，通常采用这种模式，这种模式很常用。

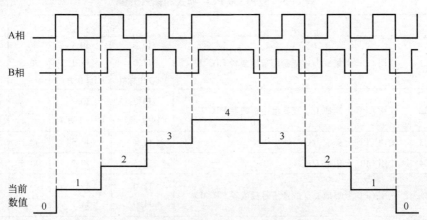

图 8-22　A/B 相正交计数原理图

S7-1200 PLC 支持 1 倍频、2 倍频或者 4 倍频输入脉冲频率。

5. 监控 PTO 输出

HSC1 和 HSC2 支持此工作模式。在此工作模式，不需要外部接线，用于检测 PTO 功能发出的脉冲。如用 PTO 功能控制步进驱动系统或者伺服驱动系统，可利用此模式监控步进电动机或者伺服电动机的位置和速度。

8.2.2 S7-1200 PLC 高速计数器的硬件输入与寻址

1. 高速计数器的硬件输入

并非所有的 S7-1200 PLC 都有 6 个高速计数器，不同型号略有差别，例如 CPU1211C 最多只支持 4 个。S7-1200 PLC 高速计数器的性能见表 8-7。

表 8-7　S7-1200 PLC 高速计数器的性能

CPU/信号板	CPU 输入通道	相位模式：单相或者双相	A/B 相正交相位模式
CPU1211C	Ia. 0～Ia. 5	100 kHz	80 kHz
CPU1212C	Ia. 0～Ia. 5	100 kHz	80 kHz
	Ia. 6～Ia. 7	30 kHz	20 kHz
CPU1214C	Ia. 0～Ia. 5	100 kHz	80 kHz
CPU1215C	Ia. 6～Ib. 1	30 kHz	20 kHz
CPU1217C	Ia. 0～Ia. 5	100 kHz	80 kHz
	Ia. 6～Ib. 1	30 kHz	20 kHz
	Ib. 2～Ib. 5	1MHz	1MHz
SB1221，200 kHz	Ie. 0～Ie. 3	200 kHz	160 kHz
SB1223，200 kHz	Ie. 0～Ie. 1	200 kHz	160 kHz
SB1223	Ie. 0～Ie. 1	30 kHz	20 kHz

注意： CPU1217C 的高速计数器功能最为强大，因为这款 PLC 主要针对运动控制设计。

高速计数器的硬件输入接口与普通数字量接口使用相同的地址。已经定义用于高速计数器的输入点不能再用于其他功能。但某些模式下，没有用到的输入点还可以用作开关量输入点。S7-1200 PLC 模式和输入分配见表 8-8。

表 8-8　S7-1200 PLC 模式和输入分配

项目		描　述	输　入　点			功　能
HSC	HSC1	使用 CPU 上集成 I/O 或者信号板或者 PTO 0	I0.0 I4.0 PTO 0 脉冲	I0.1 I4.1 PTO 0 方向	I0.3	
	HSC2	使用 CPU 上集成 I/O 或者信号板或者 PTO 1	I0.2 PTO 1 脉冲	I0.3 PTO 1 方向	I0.1	
	HSC3	使用 CPU 上集成 I/O	I0.4	I0.5	I0.7	
	HSC4	使用 CPU 上集成 I/O	I0.6	I0.7	I0.5	
	HSC5	使用 CPU 上集成 I/O 或者信号板或者 PTO 0	I1.0 I4.0	I1.1 I4.1	I1.2	
	HSC6	使用 CPU 上集成 I/O	I1.3	I1.4	I1.5	

（续）

项目	描　述	输　入　点		功　能
模式	单相计数，内部方向控制	时钟		
			复位	
	单相计数，外部方向控制	时钟	方向	计数或频率
			复位	计数
	双相计数，两路时钟脉冲输入	加时钟	减时钟	计数或频率
			复位	计数
	A/B 相正交计数	A 相	B 相	计数或频率
			Z 相	计数
	监控 PTO 输出	时钟	方向	计数

　　读懂表 8-8 是至关重要的，以 HSC1 的 A/B 相正交计数为例，表 8-8 中 A 相对应 I0.0，B 相对应 I0.1，与硬件组态中的"硬件输入"是对应的，如图 8-23 所示。根据表 8-8，能设计出 8.2.3 节中的原理图，表明已经理解高速计数器的硬件输入。

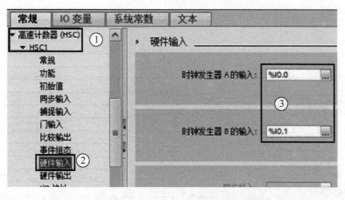

图 8-23　A/B 相正交计数高速计数器的硬件输入组态

　　高速计数器的输入滤波器时间和可检测到的最大输入频率有一定的关系，见表 8-9。当输入点（如 I0.0）用作高速计数器的输入点时，通常需要修改滤波时间，这是十分关键的。

表 8-9　高速计数器的输入滤波器时间和可检测到的最大输入频率的关系

序号	输入滤波器时间/μs	可检测到的最大输入频率	序号	输入滤波器时间/ms	可检测到的最大输入频率
1	0.1	1 MHz	11	0.05	10 kHz
2	0.2	1 MHz	12	0.1	5 kHz
3	0.4	1 MHz	13	0.2	2.5 kHz
4	0.8	625 kHz	14	0.4	1.25 kHz
5	1.6	312 kHz	15	0.8	25 Hz
6	3.2	156 kHz	16	1.6	312 Hz
7	8.4	78 Hz	17	3.2	156 Hz
8	10.0	50 kHz	18	8.4	78 Hz
9	12.8	39 kHz	19	12.8	39 Hz
10	20.0	25 kHz	20	20.0	25 Hz

学习小结

1) 在不同的工作模式下，同一物理输入点可能有不同的定义，使用时需要查看表 8-8，此表特别重要，理解此表后可根据此表设计编码器与 S7-1200 PLC 正确的接线图，例如 8.2.3 节中的原理图。

2) 用于高速计数的物理点，只能使用 CPU 上集成 I/O 或者信号板，不能使用扩展模块，如 SM1221 数字量输入模块。

3) 设置正确的滤波时间很重要，不正确设置，则读取不到较高频率的脉冲信号，初学者容易忽视。

2. 高速计数器的寻址

S7-1200 PLC CPU 将每个高速计数器的测量值存储在输入过程映像区内。数据类型是双整数型（DINT），用户可以在组态时修改这些存储地址，在程序中可以直接访问这些地址。但由于过程映像区受扫描周期的影响，在一个扫描周期中不会发生变化，但高速计数器中的实际值可能在一个周期内变化，因此用户可以通过读取物理地址的方式读取当前时刻的实际值，例如 ID1000:P。

高速计数器默认的寻址见表 8-10，这个地址在硬件组态中可以查询和修改，其 I/O 地址如图 8-24 所示。

表 8-10　高速计数器默认的寻址

高速计数器编号	默认地址	高速计数器编号	默认地址
HSC1	ID1000	HSC4	ID1012
HSC2	ID1004	HSC5	ID1016
HSC3	ID1008	HSC6	ID1020

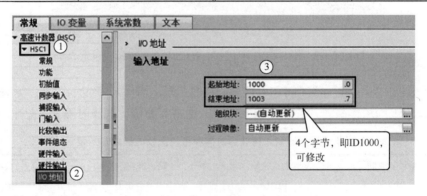

图 8-24　高速计数器的 I/O 地址

8.2.3　S7-1200 PLC 高速计数器的应用——测量位移和速度

1. 高速计数器指令介绍

高速计数器（HSC）指令共有 2 条，高速计数时，不是一定要使用，以下仅介绍 CTRL_HSC 指令。高速计数指令 CTRL_HSC 的格式见表 8-11。

2. S7-1200 PLC 高速计数器的应用

与其他小型 PLC 不同，使用 S7-1200 PLC 的高速计数器完成高速计数功能，主要的工作在组态上，而不在程序编写上，简单的高速计数甚至不需要编写程序，只要进行硬件组态即可。以下用例子说明高速计数器的应用。

表 8-11　高速计数指令 CTRL_HSC 的格式

LAD	输入/输出	参 数 说 明
	HSC	HSC 标识符
	DIR	1：请求新方向
	CV	1：请求设置新的计数器值
	RV	1：请求设置新的参考值
	PERIOD	1：请求设置新的周期值（仅限频率测量模式）
	NEW_DIR	新方向，1，向上；−1，向下
	NEW_CV	新计数器值
	NEW_RV	新参考值
	NEW_PERIOD	以 s 为单位的新周期值（仅限频率测量模式）： 1000：1 s 100：0.1 s 10：0.01 s
	BUSY	功能忙
	STATUS	状态代码

注：状态代码（STATUS）为 0 时，表示没有错误，为其他数值表示有错误，具体可以查看手册。

【例 8-3】用 S7-1200 PLC 和光电编码器测量滑台运动的实时位移。光电编码器为 500 线，与电动机同轴安装，电动机的角位移和光电编码器角位移相等，滚珠丝杠螺距是 10 mm，电动机每转一圈滑台移动 10 mm。硬件系统的示意图如图 8-7 所示。

微课

用 S7-1200 PLC 和编码器对滑台的实时位移测量

【解】

1）设计电气原理图。由于编码器是 NPN 型输出，所以 CPU 模块是 NPN 型的输入，1M 连接的是 +24 V。查表 8-8，可知采用 A/B 正交模式输入时，编码器的 A 相和 B 相分别连接 PLC 的 I0.0 和 I0.1。设计电气原理图如图 8-25 所示。

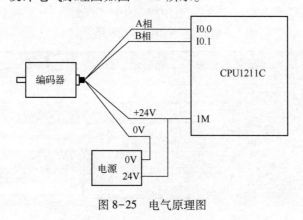

图 8-25　电气原理图

2）编写控制程序。

① 硬件组态。

a. 新建项目，添加 CPU。打开 TIA Portal 软件，新建项目，单击项目树中的"添加新设备"选项，添加 CPU1211C，如图 8-26 所示。

图 8-26　新建项目，添加 CPU

b. 启用高速计数器。在设备视图中，选中"属性"→"常规"→"高速计数器（HSC）"→"HSC1"，勾选"启用该高速计数器"选项，如图 8-27 所示。

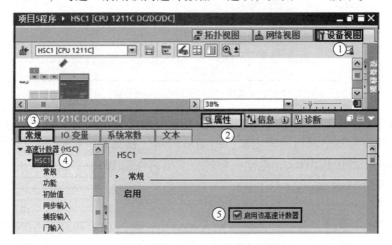

图 8-27　启用高速计数器

c. 组态高速计数器的功能。在设备视图中，选中"属性"→"常规"→"高速计数器（HSC）"→"HSC1"→"功能"，组态选项如图 8-28 所示。

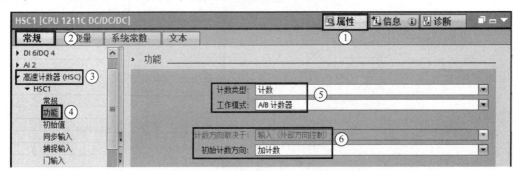

图 8-28　组态高速计数器的功能

计数类型分为计数、时间段、频率和运动控制四个选项。

工作模式分为单相、双相、A/B 相和 A/B 相四倍频。

计数方向的选项与工作模式相关。当选择单相计数模式时，计数方向取决于内部程序控制和外部物理输入点控制。当选择 A/B 相或双相模式时，没有此选项。

初始计数方向分为加计数和减计数。

d. 组态 I/O 地址。在设备视图中，选中"属性"→"常规"→"高速计数器（HSC）"→"HSC1"→"I/O 地址"，组态选项如图 8-29 所示，I/O 地址可不更改。本例占用 IB1000～IB1003，共 4 个字节，实际就是 ID1000，是高速计数器计数值存储的地址。

图 8-29　组态 I/O 地址

e. 修改输入滤波时间。在设备视图中，选中"属性"→"常规"→"DI 6/DO 4"→"数字量输入"→"通道 0"。将输入滤波时间从原来的 8.4 ms 修改到 3.2 μs，如图 8-30 所示，这个步骤极为关键。此外要注意，在此处的上升沿和下降沿不能启用。同理，"通道 1"的滤波时间也要修改为 3.2 μs。

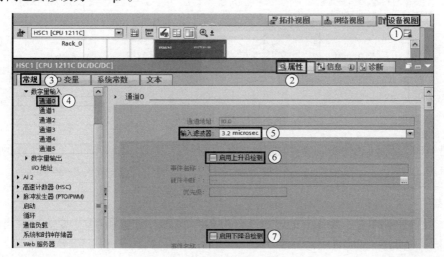

图 8-30　修改输入滤波时间

② 编写程序。

a. 测量距离的原理。由于光电编码器与电动机同轴安装，所以光电编码器的旋转圈数就是电动机的旋转圈数。PLC 的高速计数器测量光电编码器产生脉冲的个数，光电编码器为 500 线，丝杠螺距是 10 mm，所以 PLC 每测量到 500 个脉冲，表示电动机旋转 1 圈，相当于滑台移动 10 mm（即 50 个脉冲对应滑台移动 1 mm）。

PLC 高速计数器 HSC1 接收到脉冲数存储在 ID1000 中，所以每个脉冲对应的距离为

$$\frac{10 \times ID1000}{500}mm = \frac{ID1000}{50}mm$$

b. 测量距离的程序。上电时，把停电前保存的数据传送到新值 MD24 中，OB100 中的程序如图 8-31 所示。启用数据块 DB_HSC. Retain 的"保持"选项，就可以实现断电后，数据块的内容不丢失（断电保持），如图 8-32 所示。

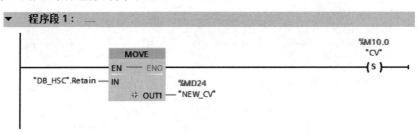

图 8-31　OB100 中的程序

图 8-32　数据块 DB_HSC. Retain

每 100 ms 把计数值传送到数据块保存，OB30 中的程序如图 8-33 所示。

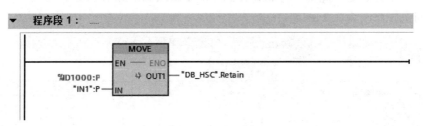

图 8-33　OB30 中的程序

先把 M10.0 置位（为 1），将数据块中保存的数据取出，作为新值，即计数的起始值，接着把 M10.0 复位，计数值经计算得到当前位移，OB1 中的程序如图 8-34 所示。

任务小结

1）设计原理图时，编码器的电源 0 V 和 PLC 的输入端电源的 0 V 要短接，当然也可以使用同一电源。

2）Z 相可以不连接，A、B 相测量可以显示运行的方向（即正负），如只有一个方向，只用 A 相即可。

3）正确的硬件组态非常关键，初学者特别容易忽略修改滤波时间。

4）测量距离的算法（测量距离的原理）也特别重要，必须理解。

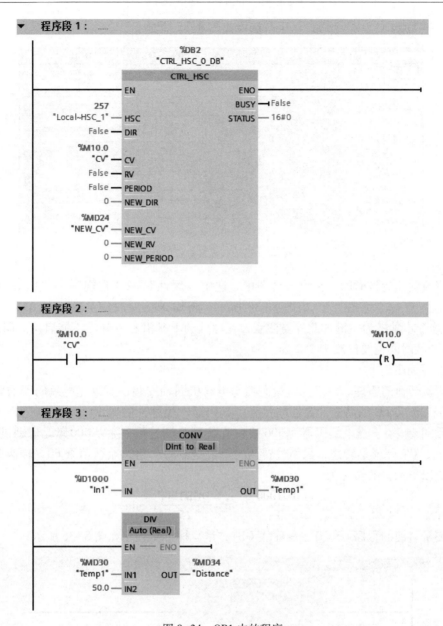

图 8-34　OB1 中的程序

【例 8-4】用 S7-1200 PLC 和光电编码器测量滑台运动的实时速度。光电编码器为 500 线，与电动机同轴安装，电动机的转速和光电编码器速度相等。硬件系统的示意图如图 8-11 所示。

微课
用 S7-1200 PLC
和编码器对
电动机的实时
转速测量

【解】

1）设计电气原理图。设计电气原理图如图 8-25 所示。

2）编写控制程序。

① 硬件组态。硬件组态与例 8-3 类似，先添加 CPU 模块。在设备视图中，选中"属性"→"常规"→"高速计数器（HSC）"，勾选"启用该高速计数器"选项。

② 组态高速计数器的功能。在设备视图中，选中"属性"→"常规"→"高速计数器

（HSC）"→"HSC1"→"功能"，组态选项如图 8-35 所示。

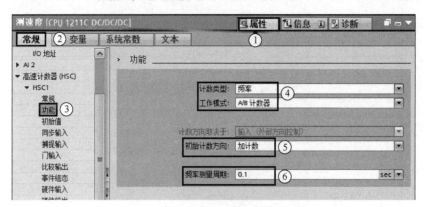

图 8-35　组态高速计数器的功能

③ 修改输入滤波时间。在设备视图中，选中"属性"→"常规"→"DI 6/DO 4"→"数字量输入"→"通道 0"。如图 8-30 所示，将输入滤波时间从原来的 8.4 ms 修改到 3.2 μs，这个步骤极为关键。此外要注意，在此处的上升沿和下降沿不能启用。同理，"通道 1"的滤波时间也要修改为 3.2 μs。

④ 编写程序。

a. 测量转速的原理。由于光电编码器与电动机同轴安装，所以光电编码器的转速就是电动机的转速。PLC 的高速计数器测量光电编码器产生脉冲的频率（ID1000 是光电编码器 HSC1 的脉冲频率），光电编码器为 500 线，所以 PLC 测量频率除以 500 就是电动机在 1 s 内旋转的圈数（实际就是转速，只不过转速的单位是 r/s），将这个数值乘 60，转速单位变成 r/min，所以电动机的转速为

$$\frac{60\times ID1000}{500}r/min = \frac{3\times ID1000}{25}r/min$$

b. 测量转速的程序。打开主程序块 OB1，编写梯形图程序如图 8-36 所示。

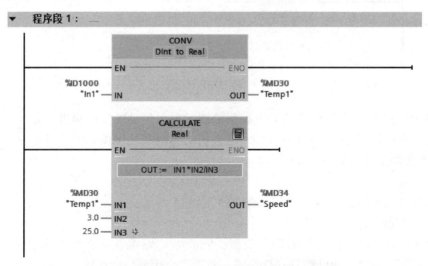

图 8-36　OB1 中的梯形图程序

任务小结

1）设计原理图时，编码器的电源 0 V 和 PLC 输入端电源的 0 V 要短接，当然也可以使用同一电源。

2）Z 相可以不连接，A、B 相测量可以显示运行的方向（即正负），如只有一个方向，只用 A 相即可。

3）正确的硬件组态非常关键，初学者特别容易忽略修改滤波时间。

4）测量转速的算法（测量转速的原理）也特别重要，必须理解。

8.3　S7-1500 PLC 的高速计数器及其应用

8.3.1　S7-1500 PLC 高速计数器基础

在 S7-1500 PLC 中，紧凑型 CPU 模块（如 CPU1512C-1PN）、计数模块（如 TM Count 2x24 V）、位置检测模块（如 TM PosInput 2）和高性能型数字输入模块（如 DI 16x24 V DC HF）都具有高速计数功能。

1. 工艺模块及其功能

工艺模块 TM Count 2x24 V 和 TM PosInput 2 的功能如下：

1）高速计数。

2）测量功能（频率、速度和持续周期）。

3）用于定位控制的位置检查。

工艺模块 TM Count 2x24 V 和 TM PosInput 2 可以安装在 S7-1500 PLC 的中央机架和扩展 ET200MP 上。

2. 工艺模块的技术性能

工艺模块 TM Count 2x24 V 和 TM PosInput 2 的技术性能见表 8-12。

表 8-12　TM Count 2x24 V 和 TM PosInput 2 的技术性能

序号	特　性	TM Count 2x24 V	TM PosInput 2
1	每个模块通道数	2	2
2	最大计数频率	200 kHz	1 MHz
3	计数值	32 bit	32 bit
4	捕捉功能	√	√
5	比较功能	√	√
6	同步功能	√	√
7	诊断中断	√	√
8	硬件中断	√	√
9	输入滤波	√	√

注：表中"√"表示有此功能。

3. 工艺模块 TM Count 2x24 V 的接线

（1）工艺模块 TM Count 2x24 V 的接线端子的功能

工艺模块 TM Count 2x24 V 的接线端子的功能定义见表 8-13。

表 8-13　TM Count 2x24 V 的接线端子的功能定义

外　形	编号	定义	具 体 解 释		
	计数器通道 0				
	1	CH0. A	编码器信号 A	计数信号 A	向上计数信号 A
	2	CH0. B	编码器信号 B	方向信号 B　　—	向下计数信号 B
	3	CH0. N	编码器信号 N　　—		
	4	DI0. 0	数字量输入 DI0		
	5	DI0. 1	数字量输入 DI1		
	6	DI0. 2	数字量输入 DI2		
	7	DQ0. 0	数字量输出 DQ0		
	8	DQ0. 1	数字量输出 DQ1		
	两个计数器通道的编码器电源和接地端				
	9	DC 24 V	DC 24 V 编码器电源		
	10	M	编码器电源、数字输入和数字输出的接地端		

（2）工艺模块 TM Count 2x24 V 的接线图

工艺模块 TM Count 2x24 V 的接线图如图 8-37 所示，标号 A、B 和 N 是编码器的 A 相、B 相和 N 相。标号 41 和 44 是外部向工艺模块供电，而标号 9 和 10 是向编码器供电。

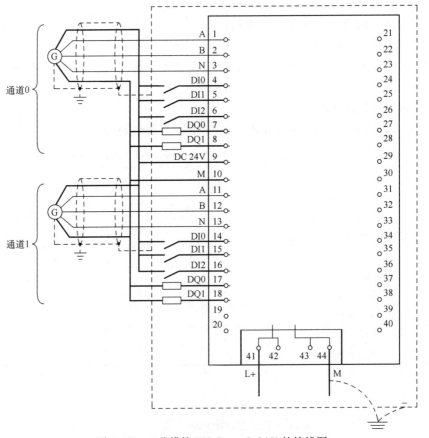

图 8-37　工艺模块 TM Count 2x24 V 的接线图

8.3.2　S7-1500 PLC 高速计数器应用——测量位移和速度

微课

用 S7-1500 PLC 和编码器对滑台的实时位移和速度的测量

【例 8-5】用光电编码器测量位移和速度，光电编码器为 500 线，电动机与编码器同轴相连，电动机每转一圈，滑台移动10 mm，要求在 HMI 上实时显示位移和速度数值。原理图如图 8-38 所示。

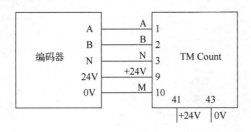

图 8-38　原理图

【解】

1. 硬件组态

1）新建项目，添加 CPU。打开 TIA Portal 软件，新建项目"HSC1"，单击项目树中的"添加新设备"选项，添加 CPU1511-1PN 和 TM Count 2x24 V 模块，如图 8-39 所示。

图 8-39　新建项目，添加 CPU

2）选择高速计数器的工作模式。在巡视窗口中，选中"属性"→"常规"→"工作模式"，选择使用工艺对象"计数和测量"操作选项，如图 8-40 所示。

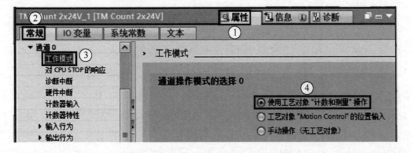

图 8-40　选择高速计数器的工作模式

2. 组态工艺对象

1）在项目树中，选中"工艺对象"，双击"新增对象"选项，在弹出的"新增对象"界面中，选择"计数和测量"→"High_Speed_Counter"，单击"确定"按钮，如图 8-41 所示。

图 8-41 "新增对象"界面

2）组态基本参数。在工艺对象界面，选中"基本参数"，在模块中，选择"TM Count 2x24 V_1"，在通道中，选择"通道 0"，如图 8-42 所示。

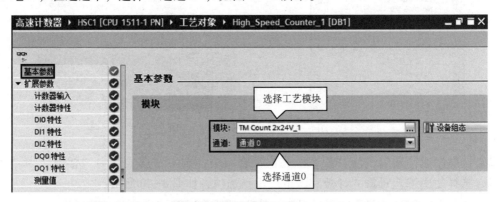

图 8-42 组态基本参数

3）组态计数器输入。在工艺对象界面，选中"计数器输入"，在信号类型中，选择"增量编码器（A、B、相移）"，在信号评估中，选择"单一"，如选择"双重"则计数值增加 1 倍，在传感器类型中，选择"源型输出"，即编码器输出高电平，在滤波器频率中选择"200 kHz"，这个值与脉冲频率有关，脉冲频率大，则应选择滤波器的频率大，如图 8-43 所示。

4）组态测量值。在工艺对象界面，选中"测量值"，在测量变量中，选择"速度"，在每个单位的增量中，输入编码器的分辨率/螺距，本例为"50"（即每 50 脉冲代表 1 mm），如图 8-44 所示。

3. 编写程序

打开硬件主程序块 OB1，编写梯形图程序如图 8-45 所示。

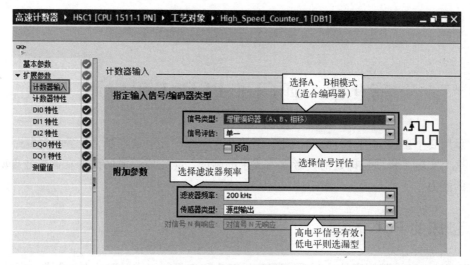

图 8-43　组态计数器输入

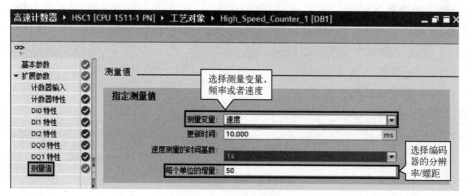

图 8-44　组态测量值

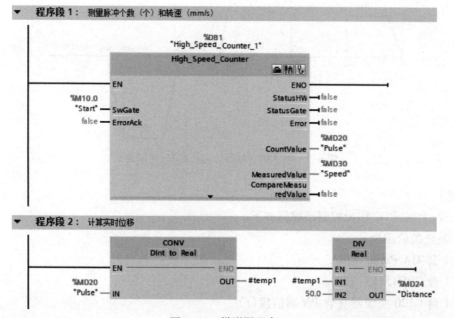

图 8-45　梯形图程序

第9章 西门子PLC工程应用

本章用2个工程实例进行介绍。此实例涉及逻辑控制和运动控制，任务相对复杂，难度较大。这个实际工程项目即是对读者学习成果的验证，能完成则说明读者具备小型自动化系统集成的能力。

9.1 刨床的PLC控制

【例9-1】已知某刨床的控制系统主要由PLC和变频器组成，PLC对变频器进行通信速度给定，刨床的变频器的运行频率-时间曲线如图9-1所示，变频器以20 Hz（600 r/min）、30 Hz（900 r/min）、50 Hz（1500 r/min，同步转速）、0 Hz和反向50 Hz运行，减速和加速时间都是2 s，如此工作2个周期自动停止。要求如下：

1）试设计此系统，设计原理图。

2）正确设置变频器的参数。

3）报警时，报警灯亮。

4）编写程序。

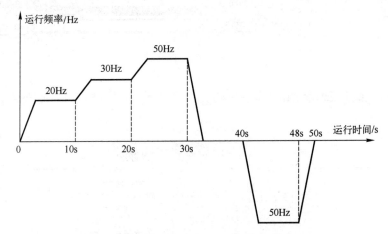

图9-1 刨床的变频器的运行频率-时间曲线

【解】

用S7-1500 PLC作为控制器解题如下。

1. 系统的软硬件

① 1套TIA Portal V18。

② 1台CPU1511T-1PN。

③ 1台G120变频器（含PN通信接口）。

系统的硬件组态如图9-2所示。

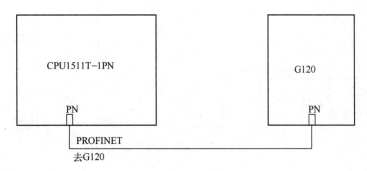

图 9-2　系统的硬件组态图

2. PLC 的 I/O 分配

PLC 的 I/O 分配见表 9-1。

表 9-1　PLC 的 I/O 分配表

名　称	符　号	输 入 点	名　称	符　号	输 出 点
起动按钮	SB1	I0.0	接触器	KM1	Q0.0
停止按钮	SB2	I0.1	指示灯	HL1	Q0.1
前限位	SQ1	I0.2			
后限位	SQ2	I0.3			

3. 控制系统的接线

控制系统的接线按照如图 9-3 和图 9-4 所示执行。图 9-3 是主电路原理图，图 9-4 是控制电路原理图。

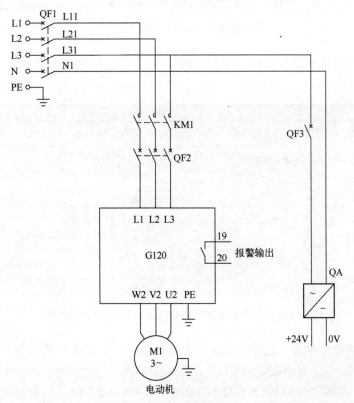

图 9-3　主电路原理图

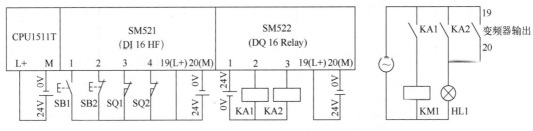

图 9-4　控制电路原理图

4. 硬件组态

1）创建项目，组态主站。创建项目，命名为"Planer"，先组态主站。添加 CPU1511T-1PN 模块，模块的输入地址是"IB0"和"IB1"，模块的输出地址是"QB0"和"QB1"，主站的硬件组态如图 9-5 所示。

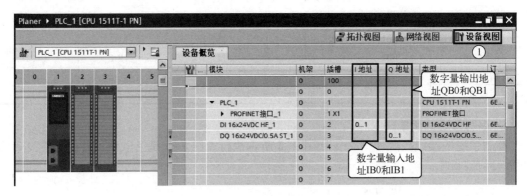

图 9-5　主站的硬件组态

2）设置 CPU1511T-1PN 的 IP 地址是"192.168.0.2"，子网掩码是"255.255.255.0"，如图 9-6 所示。

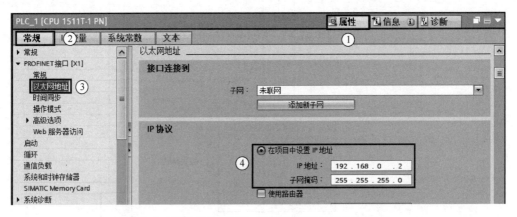

图 9-6　设置 CPU1511T-1PN 的 IP 地址及子网掩码

3）变频器的硬件组态。选中"Other field devices"（其他现场设备）→"PROFINET IO"→"Drives"→"SIEMENS AG"→"SINAMICS"→"SINAMICS G120 CU240E-2 PN(-F)V4.7"，并将"SINAMICS G120 CU240E-2 PN(-F)V4.7"拖拽到如图 9-7 所示位置。

图 9-7　变频器的硬件组态

4）设置变频器的 IP 地址。设置"SINAMICS G120 CU240E-2 PN（-F）V4.7"的 IP 地址是"192.168.0.2"，子网掩码是"255.255.255.0"，如图 9-8 所示。

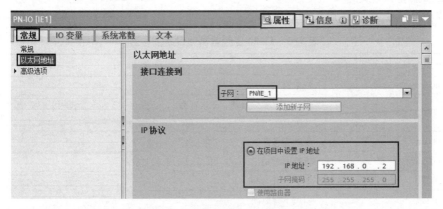

图 9-8　设置变频器的 IP 地址

5）创建 CPU 和变频器的连接。用鼠标左键选中如图 9-9 所示的标记"1"处，按住不放，拖至标记"2"处，这样控制器站 CPU 和设备站变频器创建起 PROFINET 连接。

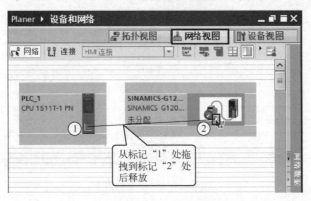

图 9-9　创建 CPU 和变频器的连接

6）组态 PROFINET PZD。将硬件目录中的"标准报文 1，PZD-2/2"拖拽到"设备概览"视图的插槽中，自动生成输出数据区为 QW2 和 QW4（字节表示为 QB2~QB5），输入数据区为

IW2 和 IW4（字节表示为 IB2~IB5），如图 9-10 所示。这些数据在编写程序时都会用到。

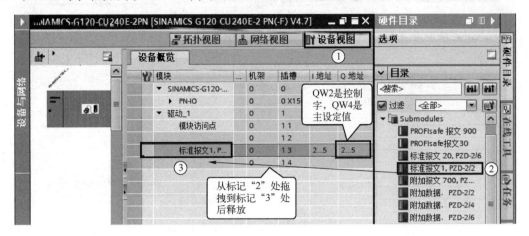

图 9-10   组态 PROFINET PZD

5. 变频器参数设定

G120 变频器需要设置的参数见表 9-2。

表 9-2   G120 变频器需要设置的参数

序号	变频器参数	设定值	单位	功能说明
1	p0003	3	—	权限级别，3 是专家级
2	p0010	1/0	—	驱动调试参数筛选。先设置为 1，当把 p0015 和电动机相关参数修改完成后，再设置为 0
3	p0015	1	—	驱动设备宏 7 指令（1 号报文）
4	p0730	52.3	—	将继电器输出 DO 0 功能定义为变频器故障
5	p1120	2	s	斜坡上升时间
6	p1121	2	s	斜坡下降时间

6. 编写程序

1）编写主程序和初始化程序。在编写程序之前，先填写 PLC 变量表如图 9-11 所示。

	名称	变量表	数据类型	地址
1	Start	默认变量表	Bool	%I0.0
2	KM	默认变量表	Bool	%Q0.0
3	Stp	默认变量表	Bool	%I0.1
4	Limit1	默认变量表	Bool	%I0.2
5	Limit2	默认变量表	Bool	%I0.3
6	Lamp	默认变量表	Bool	%Q0.1
7	ControlWord	默认变量表	Word	%QW2
8	SetWord	默认变量表	Word	%QW4
9	SpeedValue	默认变量表	Real	%MD10
10	Value	默认变量表	Real	%MD16
11	<新增>			

图 9-11   PLC 变量表

从图 9-1 可看到，一个周期的运行时间是 50 s，上升和下降时间直接设置在变频器中，也就是 p1120＝p1121＝2 s，编写程序不用考虑上升和下降时间。编写程序时，可以将 2 个周期当作一个工作循环考虑，编写程序更加方便。主程序（OB1）的梯形图如图 9-12 所示。

OB100 的程序如图 9-13 所示，其功能是初始化。

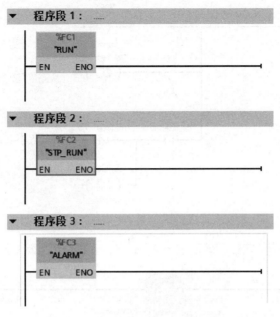

图 9-12　主程序（OB1）的梯形图

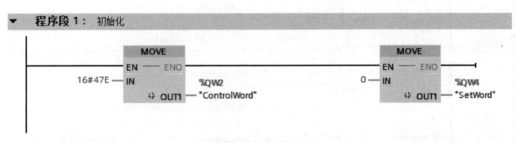

图 9-13　OB100 的程序

2）编写程序 FC1。在变频的通信中，主设定值 16#4000 是十六进制，变换成十进制就是 16384，代表的是 50 Hz，因此设定变频器的时候，需要规格化。例如要将变频器设置成 40 Hz，主设定值为

$$f = \frac{40\,\mathrm{Hz}}{50\,\mathrm{Hz}} \times 16384 = 13107.2$$

而 13107 对应的十六进制是 16#3333，所以设置时，应设置的数值是 16#3333，实际就是规格化。FC1 的功能是通信频率给定的规格化。

FC1 的程序主要是自动逻辑，如图 9-14 所示。

3）编写运行程序 FC2。S7-1500 PLC 通过 PROFINET PZD 通信方式将控制字 1 和主设定值周期性地发送至变频器，变频器将状态字 1 和实际转速发送到 S7-1500 PLC。因此掌握控制字和状态字的含义对于编写变频器的通信程序非常重要。

在 S7-1500 PLC 与变频器的 PROFINET 通信中，16#47E 代表停止，16#47F 代表正转，16# C7F 代表反转。

停止运行程序 FC2 如图 9-15 所示。报警程序 FC3 如图 9-16 所示。

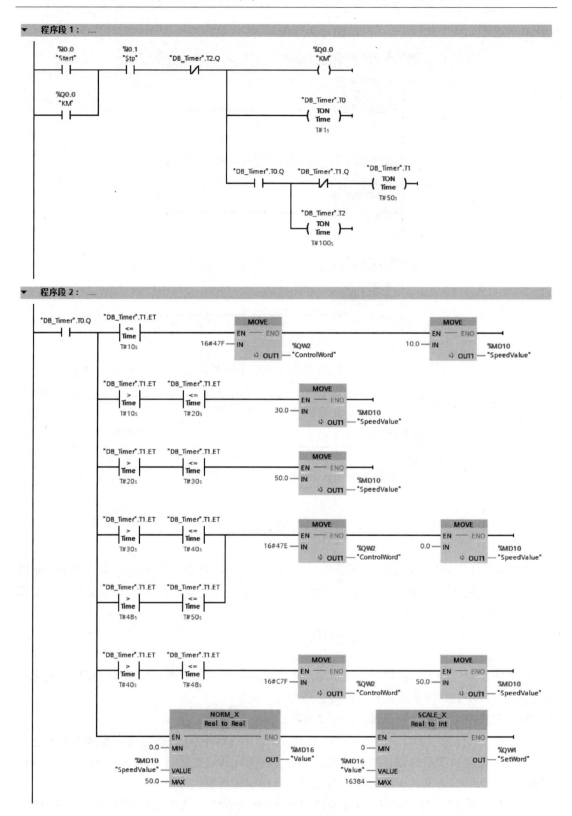

图 9-14 FC1 的程序

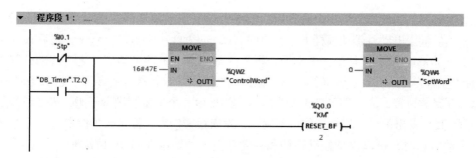

图 9-15　停止运行程序 FC2

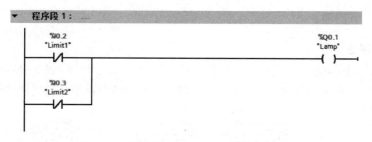

图 9-16　报警程序 FC3

9.2　旋转料仓的 PLC 控制

【例 9-2】有一条盒子包装生产线，其设备如图 9-17 所示，该生产线分为三部分，即旋转工作台、气动机械手和传送带。右侧是传送带，接收盒子生产设备生产的盒子，把盒子从右侧输送到左侧，其转速由 G120 变频器控制；中间是气动机械手，当盒子到达检测传感器（SQ8）位置时，升降气缸下行，吸盘吸住盒子，升降气缸上行，旋转气缸转到左侧，升降气缸下行，如果旋转工作台准备好了，则吸盘释放，释放后，升降气缸上行，回转气缸转到右侧，等待盒子到来；左侧的是旋转工作台，工作台的最下面是气动分度盘，分度盘带动转轴和转盘旋转，圆形的转盘上有 4 个工位，每个工位有 1 个容器，每个容器中可以放 3 个盒子，盒

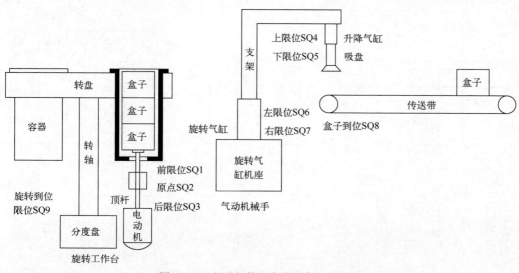

图 9-17　盒子包装生产线设备的示意图

子不能碰撞容器，因此当放第一个盒子时，伺服电动机带动顶杆停在最上面（90 mm 处），接住盒子，然后伺服电动机带动顶杆下降到中间（60 mm 处），接第二个盒子，之后顶杆再次下降到底部（30 mm 处），接住第三个盒子，再下降到 10 mm 处离开容器，之后气动分度盘旋转 90°，新的容器旋转到释放位置（第一个工位）。转盘上的 4 个容器最多可以装 12 个盒子，只要转盘离开释放位置，人工即可搬走，当转盘上的最后一个工位装满盒子时，人工没搬走，限位开关（SQ9）发出信号，旋转工作台不旋转，发出报警信号，提示人工搬走。

在手动状态时，可以手动操纵顶杆和分度盘。手动控制在 HMI 中实现。

压下复位按钮，系统复位，气缸到原始位置，伺服系统回原点，回原点成功则指示灯闪亮。

【解】

1. 设计原理图

设计气动原理图和电气原理图（主回路、控制回路）如图 9-18～图 9-20 所示。图中 Q0.0 是高速脉冲输出，Q0.1 是方向信号，需要与 CPU1214C 模块脉冲发生器的硬件输出组态匹配。

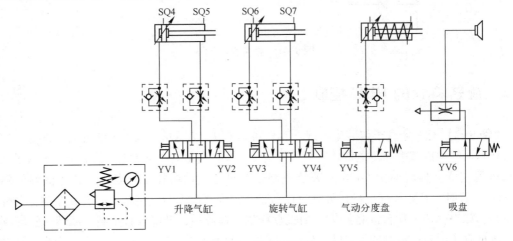

图 9-18　气动原理图

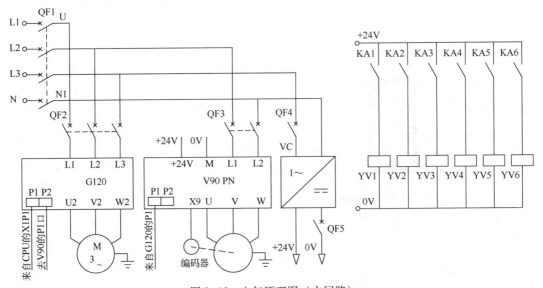

图 9-19　电气原理图（主回路）

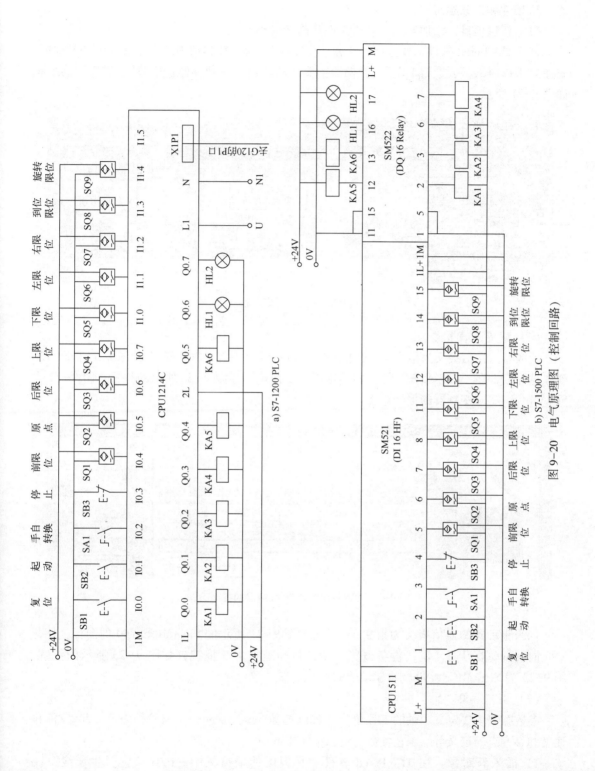

图 9-20　电气原理图（控制回路）

2. 硬件和工艺组态

（1）新建项目，添加 CPU、硬件组态和网络组态

打开 TIA Portal 软件，新建项目"盒子生产线"，单击项目树中的"添加新设备"选项，添加 CPU1214C，勾选"启用系统存储器字节"和"启用时钟存储器字节"。进行网络组态如图 9-21 所示。

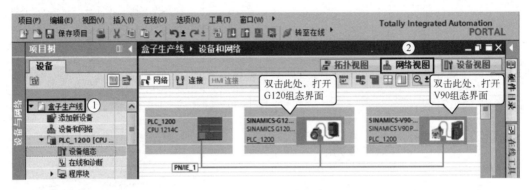

图 9-21　进行网络组态

（2）配置通信报文

变频器的通信报文为报文 1，双击如图 9-21 所示的 SINAMICS G120 的图标，打开 G120 变频器界面，在"设备概览"中，将标准报文 1 拖拽到如图 9-22 所示的位置。图 9-22 为 SINAMICS G120 变频器的报文组态。

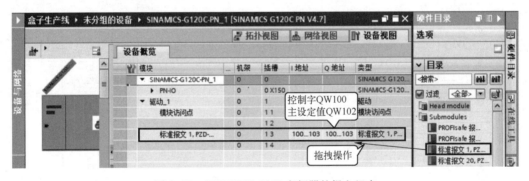

图 9-22　SINAMICS G120 变频器的报文组态

伺服驱动器的通信报文为报文 3，双击如图 9-21 所示的 SINAMICS V90 的图标，打开 V90 伺服驱动器界面，在"设备概览"中，将标准报文 3 拖拽到如图 9-23 所示的位置。图 9-23 为 SINAMICS V90 伺服驱动器的报文组态。

（3）工艺对象"轴"配置

参数配置主要定义了轴的工程单位（如脉冲数/min、r/min）、软硬件限位、起动/停止速度和参考点的定义等。工艺参数的组态步骤如下：

1）插入新对象。在 TIA Portal 软件项目视图的项目树中，选择"盒子生产线"→"PLC_1200"→"工艺对象"→"插入新对象"，双击"插入新对象"，弹出如图 9-24 所示的界面，图 9-24 为定义工艺对象数据块，选择"运动控制"→"TO_PositioningAxis"，单击"确定"按钮，弹出如图 9-25 所示的界面。

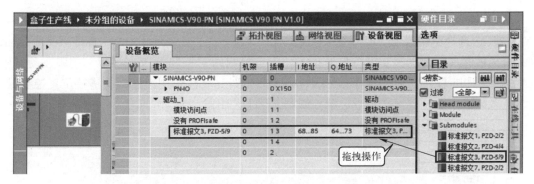

图 9-23　SINAMICS V90 伺服驱动器的报文组态

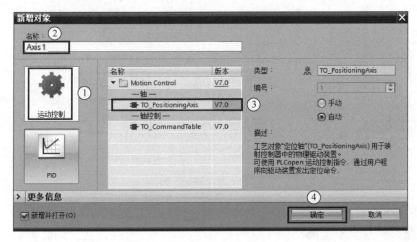

图 9-24　定义工艺对象数据块

2）组态常规参数。在"功能图"选项卡中，选择"基本参数"→"常规"，"驱动器"项目中有三个选项：PTO（表示运动控制由脉冲控制）、模拟驱动装置接口（表示运动控制由模拟量控制）和 PROFIdrive（表示运动控制由通信控制），本例选择"PROFIdrive"选项，测量单位可根据实际情况选择，本例选用默认设置，如图 9-25 所示。

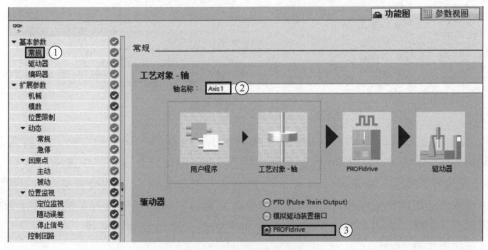

图 9-25　组态常规参数

3) 组态驱动器参数。如图 9-26 所示，在"功能图"选项卡中，选择"基本参数"→"驱动器"，选择驱动器为"SINAMICS V90-PN 驱动_1"，驱动器报文为"标准报文 3"。报文 3 是速度报文，而本例要进行位置控制，位置控制的"三环"怎么完成？伺服驱动器中完成速度环和电流环，而位置环在 PLC 中完成。此外，要注意用速度报文进行位置控制时，需要工艺组态，而位置报文进行位置控制则无须工艺组态。

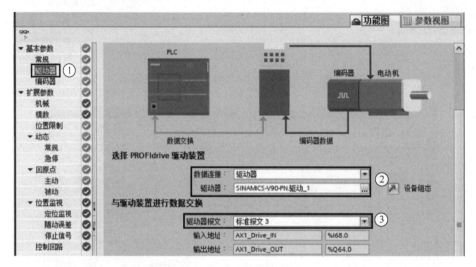

图 9-26　组态驱动器参数

4) 组态机械参数。在"功能图"选项卡中，选择"扩展参数"→"机械"。"电动机每转的负载位移"取决于机械结构，如伺服电动机与丝杠直接连接，则此参数就是丝杠的螺距，本例为"10.0"，如图 9-27 所示。

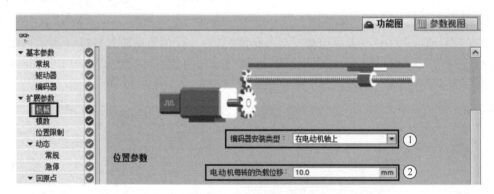

图 9-27　组态机械参数

5) 组态位置限制参数。在"功能图"选项卡中，选择"扩展参数"→"位置限制"，勾选"启用硬限位开关"，如图 9-28 所示。在"硬件下限位开关输入"中选择"I0.6"，在"硬件上限位开关输入"中选择"I0.4"，选择电平为"高电平"，这些设置必须与原理图匹配。由于本例的限位开关在原理图中接入的是常开触点，因此当限位开关起作用时为高电平，所以此处选择"高电平"，如果输入端是常闭触点，那么此处应选择"低电平"，这一点读者须特别注意。

6) 组态回原点参数。在如图 9-29 所示的"功能图"选项卡中，选择"扩展参数"→

"回原点" → "主动"，根据原理图选择"输入归位开关"为 I0.5。由于原点开关是常开触点，所以"选择电平"选项是"高电平"。

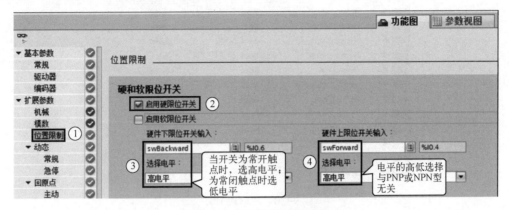

图 9-28 组态位置限制参数

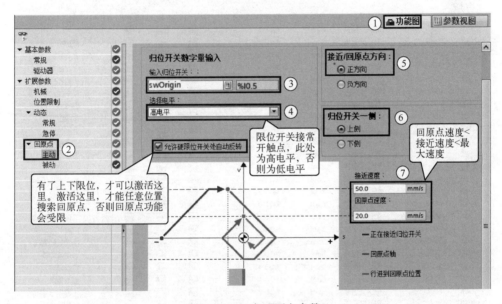

图 9-29 组态回原点参数

用 S7-1500 PLC 作为控制的硬件组态和工艺组态与 S7-1200 PLC 的类似，而程序完全相同，在此不做赘述。

3. 编写程序

创建数据块 DB1，如图 9-30 所示。运动控制程序中需要用到的重要变量都在此数据块中。PLC 的变量如图 9-31 所示。

初始化程序 OB100 如图 9-32 所示。主程序 OB1 如图 9-33 所示，主程序采用梯形图程序，而功能块和功能采用 SCL 程序。主程序分为 6 个程序段，其完成的功能如下。

程序段 1：主要功能是清除以前的回参考点（原点）标志，清除并确认故障，回参考点，置位回参考点标志。

程序段 2：主要功能是伺服系统控制顶杆在不同的位置接住盒子，控制气动分度盘的旋转。

DB1

名称	数据类型	起始值
▼ Static		
Reset_OK	Bool	false
Reset_Done	Bool	false
Home_Start	Bool	false
Home_Done	Bool	false
Home_OK	Bool	false
Move_Executive	Bool	false
Move_Done	Bool	false
Move_OK	Bool	false
Velocity	Real	100.0
velJog	Real	20.0
Position	Real	90.0
Speed	Real	375.0

图 9-30　数据块 DB1

PLC 变量

名称	变量表	数据类型	地址	保持	从 H...	从 H...	在 H...	监控	注释
Clock_0.5Hz	默认变量表	Bool	%M0.7	☐	☑	☑	☑		
btnReset	默认变量表...	Bool	%I0.0	☐	☑	☑	☑		复位按钮
btnStart	默认变量表...	Bool	%I0.1	☐	☑	☑	☑		起动按钮
btnStop	默认变量表...	Bool	%I0.2	☐	☑	☑	☑		停止按钮
Auto_Man	默认变量表...	Bool	%I0.3	☐	☑	☑	☑		手自转换
swForward	默认变量表...	Bool	%I0.4	☐	☑	☑	☑		前限位
swOrigin	默认变量表...	Bool	%I0.5	☐	☑	☑	☑		参考点
swBackward	默认变量表...	Bool	%I0.6	☐	☑	☑	☑		后限位
swUp	默认变量表	Bool	%I0.7	☐	☑	☑	☑		上限位
swDown	默认变量表	Bool	%I1.0	☐	☑	☑	☑		下限位
swRight	默认变量表	Bool	%I1.1	☐	☑	☑	☑		右限位
swLeft	默认变量表	Bool	%I1.2	☐	☑	☑	☑		左限位
swArrive	默认变量表	Bool	%I1.3	☐	☑	☑	☑		盒子到来检测
swFinish	默认变量表	Bool	%I1.4	☐	☑	☑	☑		旋转到位
cylPressOut	默认变量表...	Bool	%Q0.0	☐	☑	☑	☑		下压气缸伸出
cylPressBack	默认变量表...	Bool	%Q0.1	☐	☑	☑	☑		下压气缸缩回
cylRotateLeft	默认变量表...	Bool	%Q0.2	☐	☑	☑	☑		回转气缸左转
cylRotateRight	默认变量表...	Bool	%Q0.3	☐	☑	☑	☑		回转气缸右转
cylPlate	默认变量表...	Bool	%Q0.4	☐	☑	☑	☑		分度盘旋转
suckOn	默认变量表...	Bool	%Q0.5	☐	☑	☑	☑		吸盘吸附
ledReset	默认变量表...	Bool	%Q0.6	☐	☑	☑	☑		复位指示
ledAlarm	默认变量表...	Bool	%Q0.7	☐	☑	☑	☑		报警指示
robotStep	默认变量表...	Byte	%MB201	☐	☑	☑	☑		机械手步
tableStep	默认变量表	Byte	%MB200	☐	☑	☑	☑		工作台步
moveForward	默认变量表	Bool	%M100.0	☐	☑	☑	☑		顶杆向上
moveBackward	默认变量表	Bool	%M100.1	☐	☑	☑	☑		顶杆向下
Rotate	默认变量表	Bool	%M100.2	☐	☑	☑	☑		气缸旋转
setValue	默认变量表	Int	%QW102	☐	☑	☑	☑		变频器设定值
controlWord	默认变量表	Word	%QW100	☐	☑	☑	☑		变频器控制字

图 9-31　PLC 的变量

```
"DB1".Home_OK := FALSE;      //清除回参考点标志
"DB1".Position := 90.0;      //顶杆初始位置
"DB1".Velocity := 100.0;     //顶杆初始速度
"DB1".Speed := 375.0;        //变频器的初始转速
"robotStep" := 0;            //气动机械手的初始步号
"tableStep" := 0;            //旋转工作台的初始步号
"QB0" := 0;                  //所有的输出为0
```

图 9-32　初始化程序 OB100

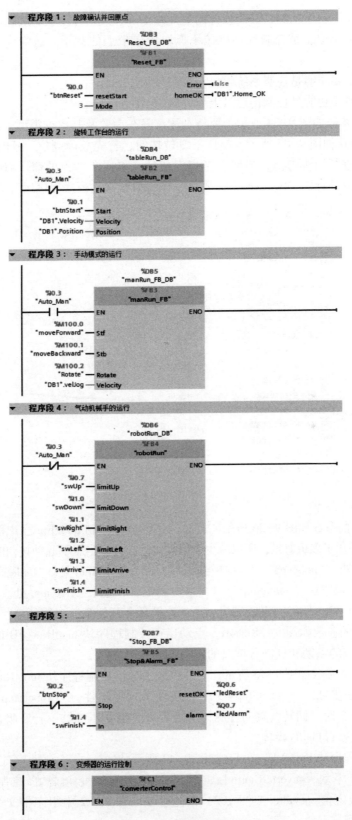

图 9-33　主程序 OB1

程序段 3：在手动模式时，控制顶杆的上升和下降、气动分度盘的旋转。

程序段 4：主要功能是控制气动机械手抓取传送带上的盒子，送到旋转工作台上的容器中。

程序段 5：主要功能是控制系统停机和报警显示。

程序段 6：主要功能是控制传送带上变频器的运行控制。

Reset_FB 的参数如图 9-34 所示，要特别注意静态参数及其数据类型。故障复位和回参考点程序 Reset_FB 如图 9-35 所示。当压下复位按钮，首先故障复位，延时 0.5 s 后，开始对步进驱动系统进行回参考点，当回参考点完成后，将回参考点的命令#Home_Start 复位，并将回参考点完成的标志 DB.Home_OK 置位，作为后续自动模式程序运行的必要条件。

		名称	数据类型	默认值
Reset_FB				
◀	▼	Input		
◀	■	resetStart	Bool	false
◀	■	Mode	Int	0
◀	▼	Output		
◀	■	Error	Bool	false
◀	■	homeOK	Bool	false
	▼	Static		
	■	homeDone	Bool	false
◀	■	homeStart	Bool	false
◀	■	resetDone	Bool	false
◀	■	resetOK	Bool	false
◀	■ ▶	t0Timer1	TON_TIME	
◀	■ ▶	MC_POWER1	MC_POWER	
◀	■ ▶	MC_RESET1	MC_RESET	
◀	■ ▶	R_TRIG1	R_TRIG	
◀	■ ▶	MC_HOME	MC_HOME	

图 9-34　Reset_FB 的参数

tableRun_FB 的参数如图 9-36 所示。旋转工作台运行控制 tableRun_FB 程序块如图 9-37 所示，该程序块使用了多重背景，所以减少了数据块的数量。当压下起动按钮时，"tableStep"=0，运行到 90 mm 处。"tableStep"=1，感应到工件，运行到 60 mm 处。"tableStep"=2，感应到工件，运行到 30 mm 处。"tableStep"=3，感应到工件，运行到 10 mm 处。"tableStep"=4，分度盘旋转。"tableStep"=5，系统完成一个工作循环，开始第二个循环。

manRun_FB 的参数如图 9-38 所示，点动运行控制程序块 manRun_FB 如图 9-39 所示，包含步进驱动系统的点动和气动分度盘的点动。

robotRun_FB 的参数如图 9-40 所示，气动机械手运行控制程序块 robotRun_FB 如图 9-41 所示，robotStep 是步号，当 robotStep=1 时，气缸下行夹工件，当 robotStep=2 时，气缸上行，当 robotStep=3 时，回转气缸向左旋转，之后依次是下压气缸下行、吸盘释放工件、下压气缸上行、回转气缸向右旋转。

停止和报警程序块 Stop&Alarm_FB 如图 9-42 所示。

变频器的程序块 converterControl 如图 9-43 所示。变频器的控制字 controlWord（QW100）和主设定值 setValue（QW102）的地址要与图 9-22 中组态报文的地址一致，即组态和程序要匹配。

```
 1 ⊟#MC_POWER1(Axis:="Axis1",              //使能轴
 2              Enable:="AlwaysTRUE",
 3              StartMode:=1,
 4              StopMode:=0,
 5              Error=>#Error);
 6
 7   #R_TRIG1(CLK:=#resetStart);
 8 ⊟IF #R_TRIG1.Q THEN
 9      #homeOK := FALSE;                   //对回原点标志复位
10      "DB1".Position := 90.0;            //顶杆初始位置
11      "DB1".Velocity := 150.0;           //顶杆初始速度
12      "DB1".Speed := 375.0;              //变频器的初始转速
13      "robotStep" := 0;                  //气动机械手的初始步号
14      "tableStep" := 0;                  //旋转工作台的初始步号
15      "QB0" := 0;                        //所有的输出为0
16   END_IF;
17
18 ⊟#MC_RESET1(Axis:="Axis1",              //对故障复位
19              Execute:=#resetStart,
20              Done=>#resetDone);
21 ⊟IF #resetDone THEN
22      #resetOK := TRUE;                   //故障复位完成
23   END_IF;
24
25   #t0Timer1(IN:=#resetOK, PT:=t#0.5s);  //延时0.5s, 开始回原点
26 ⊟IF #t0Timer1.Q THEN
27      #homeStart := TRUE;
28      #resetOK := FALSE;
29   END_IF;
30
31 ⊟#MC_HOME(Axis:="Axis1",                //回原点
32              Execute:=#homeStart,
33              Position:=0.0,
34              Mode:=#Mode,
35              Done=>#homeDone);
36
37 ⊟IF #homeDone THEN                      //赋值回原点成功
38      #homeOK := TRUE;
39      #homeStart := FALSE;
40   END_IF;
```

图 9-35　故障复位和回参考点程序 Reset_FB

tableRun_FB			
	名称	数据类型	默认值
◄▯ ▼	Input		
◄▯ ▪	Start	Bool	⊞ false
◄▯ ▼	Output		
▪	<新增>		
◄▯ ▼	InOut		
◄▯ ▪	Velocity	Real	0.0
◄▯ ▪	Position	Real	0.0
◄▯ ▼	Static		
◄▯ ▪	moveExecutive	Bool	false
◄▯ ▪	moveDone	Bool	false
◄▯ ▪ ▶	MC_MOVEABSOLUTE1	MC_MOVEABSOLUTE	
◄▯ ▪ ▶	t0Timer	TON_TIME	
◄▯ ▪	t0TimerEx	Bool	false

图 9-36　tableRun_FB 的参数

```
1    #MC_MOVEABSOLUTE1(Axis:="Axis1",              //绝对定位轴指令
2                      Execute:=#moveExecutive,
3                      Position:=#Position,
4                      Velocity:=#Velocity,
5                      Done=>#moveDone);
6
7    IF #moveDone THEN
8        #moveExecutive := FALSE;
9    END_IF;
10
11   IF "tableStep"=0 AND "DB1".Home_OK AND #Start AND NOT #moveExecutive  THEN   //满足条件
12       #Position := 90.0;
13       #Velocity := 100.0;
14       #moveExecutive := TRUE;    //起动绝对定位轴运行到90.0mm位置. 第一工位
15       "tableStep" := 1;
16   END_IF;
17
18   CASE "tableStep" OF
19       1:
20           IF NOT #moveExecutive AND "swArrive" THEN    //运行到60.0mm位置. 第二工位
21               #Position := 60.0;
22               #Velocity := 100.0;
23               #moveExecutive := TRUE;
24               "tableStep" := 2;
25           END_IF;
26       2:
27           IF NOT #moveExecutive AND "swArrive" THEN    //运行到30.0mm位置. 第三工位
28               #Position := 30.0;
29               #Velocity := 100.0;
30               #moveExecutive := TRUE;
31               "tableStep" := 3;
32           END_IF;
33       3:
34           IF NOT #moveExecutive AND "swArrive" THEN    //运行到,10.0mm位置. 离开容器
35               #Position := 10.0;        //顶杆离开容器. 为工作台旋转做准备
36               #Velocity := 150.0;
37               #moveExecutive := TRUE;
38               "tableStep" := 4;
39           END_IF;
40       4:
41           IF NOT #moveExecutive THEN
42               #t0TimerEx := TRUE;
43               IF #t0Timer.ET < t#1s THEN
44                   "cylPlate" := TRUE;        //分度盘电磁阀得电旋转
45               END_IF;
46               IF #t0Timer.Q THEN
47                   "cylPlate" := FALSE;    //分度盘电磁阀断电
48                   #t0TimerEx := FALSE;    //关断定时器
49                   "tableStep" := 5;
50               END_IF;
51           END_IF;
52       5:
53           IF NOT #moveExecutive AND "swArrive" THEN
54               #Position := 90.0;
55               #Velocity := 100.0;
56               #moveExecutive := TRUE;  //运行到第一工位
57               "tableStep" := 1;
58           END_IF;
59   END_CASE;
60
61   #t0Timer(IN:=#t0TimerEx,PT:=T#2s);    //启动定时器
```

图 9-37 tableRun_FB 程序块

manRun_FB

名称	数据类型	默认值
▼ Input		
Stf	Bool	false
Stb	Bool	false
Rotate	Bool	false
▼ Output		
<新增>		
▼ InOut		
Velocity	Real	0.0
▼ Static		
▶ MC_MOVEJOG1	MC_MOVEJOG	
▶ R_TRIG1	R_TRIG	
▶ F_TRIG1	F_TRIG	

图 9-38　manRun_FB 的参数

```
#MC_MOVEJOG1(Axis:="Axis1",     //点动指令块
             JogForward:=#Stf,
             JogBackward:=#Stb,
             Velocity:=#Velocity);

#R_TRIG1(CLK:=#Rotate);      //上升沿
#F_TRIG1(CLK:=#Rotate);      //下降沿
IF #R_TRIG1.Q THEN           //以下是点动
    "cylPlate" := TRUE;
END_IF;

IF #F_TRIG1.Q THEN
    "cylPlate" := FALSE;
END_IF;
```

图 9-39　点动运行控制程序块 manRun_FB

robotRun_FB

名称	数据类型	默认值
▼ Input		
limitUp	Bool	false
limitDown	Bool	false
limitRight	Bool	false
limitLeft	Bool	false
limitArrive	Bool	false
limitFinish	Bool	false
▼ Output		
<新增>		
▼ InOut		
<新增>		
▼ Static		
▶ t0Timer	TON_TIME	
t0TimerStart	Bool	false
enSuckOff	Bool	false

图 9-40　robotRun_FB 的参数

```
 1 IF #limitUp AND #limitRight AND #limitArrive  THEN  //原始位置
 2     "robotStep":=1;
 3 END_IF;
 4
 5 IF #limitFinish AND"DB1".Velocity = 0 AND"DB1".Position >= 10.0 THEN
 6     #enSuckOff := TRUE;   //允许气缸下降并释放工件
 7 ELSE
 8     #enSuckOff := FALSE;
 9 END_IF;
10
11 CASE "robotStep" OF
12     1:
13         "cylPressBack" := FALSE;
14         "cylPressOut" := TRUE;        //气缸下压
15         IF #limitDown  THEN
16             "suckOn" := TRUE;         //下压气缸到位，吸工件
17             #t0TimerStart := TRUE;   //延时1s
18             IF #t0Timer.Q THEN        //延时时间到，跳转到下一步
19                 "robotStep" := 2;
20                 #t0TimerStart := FALSE;
21             END_IF;
22         END_IF;
23     2:
24         "cylPressOut" := FALSE;
25         "cylPressBack" := TRUE;    //气缸返回
26         IF #limitUp  THEN            //回转气缸左转
27             "cylRotateRight" := FALSE;
28             "cylRotateLeft" := TRUE;
29             "robotStep" := 3;
30         END_IF;
31     3:
32         IF #limitLeft  AND #enSuckOff THEN
33             "cylPressBack" := FALSE;
34             "cylPressOut" := TRUE;   //气缸下压
35         END_IF;
36         IF #limitDown  THEN
37             "suckOn" := FALSE;        //下压气缸到位，释放工件
38             #t0TimerStart := TRUE;   //起动延时
39             #enSuckOff := FALSE;
40         END_IF;
41         IF #t0Timer.Q THEN
42             "robotStep" := 4;
43             #t0TimerStart := FALSE;
44         END_IF;
45     4:
46         "cylPressBack" := TRUE;
47         "cylPressOut" := FALSE;       //下压气缸上行
48         IF #limitUp  THEN                    //下压气缸上行到位，回转气缸右转
49             "cylRotateRight" := TRUE;
50             "cylRotateLeft" := FALSE;
51             "robotStep" := 5;
52         END_IF;
53     5:
54         IF #limitUp AND #limitRight AND #limitArrive THEN
55             "robotStep" := 1;
56         END_IF;
57 END_CASE;
58 #t0Timer(IN:=#t0TimerStart,PT:=T#1s);  //定义定时器
```

图 9-41 气动机械手运行控制程序块 robotRun_FB

```
1   #MC_STOP1(Axis:="Axis1",Execute:=#Stop);   //停止指令
2 ┌ IF NOT #Stop THEN
3 │     "cylPlate" := FALSE;        //停止分度盘
4 └ END_IF;
5
6 ┌ IF "DB1".Home_OK AND "Clock_0.5Hz" THEN    //回原点成功指示
7 │     #resetOK := TRUE;
8 │ ELSE
9 │     #resetOK := FALSE;
10 └ END_IF;
11
12  #t0Timer(IN:=#In,PT:=T#3s,Q=>#alarm);    //第4工位工件超过3s不运动,报警
```

图 9-42　停止和报警程序块 Stop&Alarm_FB

```
1   #Normal1:= NORM_X(MIN:=0.0, VALUE:="DB1".Speed, MAX:=1500.0);
2   "setValue":= SCALE_X(MIN := 0, VALUE :=#Normal1, MAX := 16384);   //变频器转速输出
3 ┌ IF "btnStart" AND  "btnStop" AND "controlWord" = 16#47E THEN     //变频器起动
4 │     "controlWord" := 16#47F;
5 └ END_IF;
6 ┌ IF NOT "btnStop" THEN          //变频器停止
7 │     "controlWord" := 16#47E;
8 │     "setValue" := 0;
9 └ END_IF;
```

图 9-43　变频器的程序块 converterControl

参 考 文 献

［1］向晓汉. 西门子 PLC 高级应用实例精解［M］. 2 版. 北京：机械工业出版社，2015.

［2］向晓汉. 西门子 PLC 工业通信完全精通教程［M］. 北京：化学工业出版社，2013.

［3］西门子（中国）有限公司　自动化与驱动集团. 深入浅出西门子 S7-300 PLC［M］. 北京：北京航空航天大学出版社，2004.

［4］奚茂龙，向晓汉. S7-1200 PLC 编程及应用技术［M］. 北京：机械工业出版社，2022.

［5］向晓汉，唐克彬. 西门子 SINAMICS G120/S120 变频器技术与应用［M］. 北京：机械工业出版社，2019.